遥感图像处理 实践教程

王文娟　张海涛◎编著

TUTORIAL FOR REMOTE SENSING IMAGE PROCESSING PRACTICE

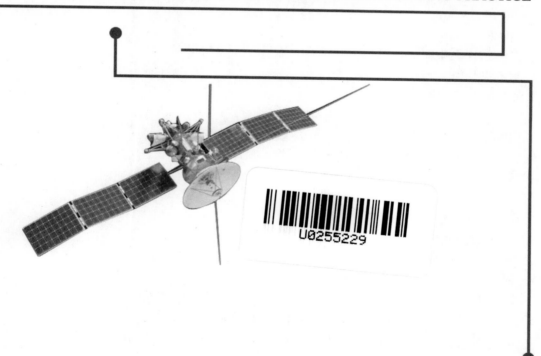

U0255229

经济管理出版社
ECONOMY & MANAGEMENT PUBLISHING HOUSE

图书在版编目（CIP）数据

遥感图像处理实践教程／王文娟，张海涛编著．—北京：经济管理出版社，2023.7
ISBN 978-7-5096-9136-6

Ⅰ.①遥… Ⅱ.①王… ②张… Ⅲ.①遥感图像—图像处理—教材 Ⅳ.①TP751

中国国家版本馆 CIP 数据核字（2023）第 142142 号

组稿编辑：赵亚荣
责任编辑：赵亚荣
责任印制：许 艳
责任校对：王淑卿

出版发行：经济管理出版社
　　　　　（北京市海淀区北蜂窝 8 号中雅大厦 A 座 11 层　100038）
网　　　址：www. E-mp. com. cn
电　　　话：（010）51915602
印　　　刷：北京晨旭印刷厂
经　　　销：新华书店
开　　　本：787mm×1092mm／16
印　　　张：22.75
字　　　数：497 千字
版　　　次：2023 年 8 月第 1 版　　2023 年 8 月第 1 次印刷
书　　　号：ISBN 978-7-5096-9136-6
定　　　价：98.00 元

序 言

　　遥感是 20 世纪 60 年代初发展起来的一门新兴技术，作为空间信息三大技术（导航与位置服务、遥感和地理信息系统）之一，经过 60 多年的发展，已成为 21 世纪标志性的科学技术成就之一。当前遥感技术已被广泛应用于农林、水文、地质、海洋、测绘、生态环境、防灾减灾、工程建设等多个领域，对支持经济社会发展和保护人类生存环境起到重要作用。因此，学习和掌握遥感图像处理的相关理论及技术方法对于相关学科的学生、教师、科研工作者以及从业人员具有重要意义，可以较好地帮助其开展工作。

　　笔者自 2010 年进入河南财经政法大学资源与环境学院以来，一直从事本科生和研究生的遥感相关课程的教学，在 10 多年的教学过程中，通过学生课堂反馈、实验和实践教学、考试、本科和硕士毕业论文中对于遥感相关理论和实践知识的应用，发现学生在学习过程中存在很多问题，比如理论和实践脱节，对单一的实践操作很熟悉，但是一遇到综合问题就无从下手。另外，在教学过程中，最初仅参考经典教材按部就班地讲授，后来随着自身教学经验的不断积累，逐渐发现调整某些章节的顺序更有利于学生理解和掌握，以及可以根据学生专业需求的不同设置不同的教学内容……正是 10 多年教学经验的累积，促使笔者想编写一本实践教材，以期帮助学生在实践操作方面打下坚实基础，同时在综合应用方面又起到抛砖引玉的作用。总之，笔者希望自己的教学和科研经验能够帮助学生更好地学习和工作，同时也希望本书能为广大相关从业人员提供相应的帮助。

　　本书共分为九章，以教授应用技能为主，对于遥感图像处理的实践操作主要以 ENVI 软件为例进行演示。第一章为绪论，对 ENVI 软件背景、主要体系结构与特点、不同版本、ENVI 5.3 操作界面、常用系统设置及本书常用数据资源等内容进行了综述。第二章为 ENVI 图像处理操作基础，主要包括 ENVI 常用的文件数据的基础知识、数据的输入/输出、ENVI 图像处理基础操作等常用知识。第三章为遥感图像预处理方法，主要包括数据统计并查看图像直方图、感兴趣区创建、图像裁剪、波段提取及叠加、波段运算和图像镶嵌。第四章为遥感图像校正，分别为辐射校正、几何校正和正射校正三种。第五章为遥感图像增强方法，主要内容涉及对比度变换、彩色变换、多光谱变换、图像运算、空间域滤波和傅里叶变换等知识。第六章为遥感图像去噪声及融合，讲授空间滤波去噪声、数学形态学去噪声、傅里叶变换去噪声、坏道填补、去条带处理、图像融合等操作方法。第七章为遥感图像分类，主要涉及监督分类、分类后处理、精度评价、非监督分类和决策树分类等内容。第八章为面向对象图像特征提取，包括图像分割、对象提取、基于样本和规则的面向对象信息提取等内容。第九章为遥感动态监测，主要包括遥感变化检测的工作流程和常用方法、图像直接比较法和分类后比较法三种方法。

本书是编写团队在总结多年教学经验、参考相关文献资料基础上共同完成的。王文娟负责本书的总体设计，主要包括本书大纲、各章节内容、知识点确定、统稿和定稿。具体编写任务分工如下：王文娟参与编写了本书的第一、第二、第三、第五、第六、第七章，共约 36 万字；张海涛参与编写了本书的第四、第八、第九章，共约 12 万字。

本书的写作及出版衷心感谢河南财经政法大学资源与环境学院领导和同事的支持，没有学院作为后盾，就不会有本书；衷心感谢经济管理出版社的赵亚荣编辑，她认真、负责、热情、向上的精神和态度感染着我；衷心感谢我的学生们，我们相互砥砺，实现了教学相长。

当前遥感技术发展迅速，版本更新很快，功能也会增加很多，因此本书中某些实验模块不会和新版本完全一致，也不会面面俱到，会有需要完善的地方；另外，虽然本书编写团队对书稿进行了多次修改和校正，但是书中仍难免会有不足与疏漏之处，恳请广大读者批评指正。

本书实验数据按照章节存放，每一章节下设置 data 和 result 两个文件夹，分别代表使用的原始数据和处理得到的结果，数据具体的下载地址链接为 https：//pan. baidu. com/s/118T0iPUTv1_pNCBulapZHQ？ pwd＝ihd5，提取码为 ihd5，也可以通过微信扫描下方二维码获得实验数据。

目 录

第一章

绪　论

概述

本章主要学习的内容包括 ENVI 软件背景、ENVI 主要体系结构与特点、ENVI 不同版本介绍、ENVI 5.3 操作界面简介、ENVI 常用系统设置及 ENVI 常用资源，主要涉及软件的一些基础应用知识。

目的

了解 ENVI 软件的背景及主要架构，为接下来的软件学习奠定理论基础。

数据

（1）ENVI 自带图像数据：

C:\Program Files \ Exelis \ ENVI53 \ classic \ data \ bhtmref. img

C:\Program Files \ Exelis \ ENVI53 \ classic \ data \ can_tmr. img

C:\Program Files \ Exelis \ ENVI53 \ data \ qb_boulder_msi

C:\Program Files \ Exelis \ ENVI53 \ classic \ data \ vector \ 任意数据

（2）提供数据：

附带数据文件夹下的...\ chapter01 \ data \

龙子湖融合影像 20210930. tif

实践要求

1. 安装实践课使用软件 ENVI 5.3

2. 了解 ENVI 5.3 操作界面命令及其功能

3. 了解 ENVI 常用系统设置的含义与使用

第一节　ENVI 软件背景

ENVI 是 The Environment for Visualizing Images 的缩写，是一个完整的遥感图像处理平台，是由遥感领域的科学家采用交互式数据语言（Interactive Data Language，IDL）开发的一套功能强大的遥感图像处理软件，ENVI 和 IDL 是美国 Exelis Visual Information Solutions 公司的旗舰产品。

ENVI 已经被广泛应用于科研、环境保护、气象、石油矿产勘探、农业、林业、医学、国防安全、地球科学、公用设施管理、遥感工程、水利、海洋、测绘勘察、城市与区域规划等领域。

IDL 是进行二维及多维数据可视化表现、分析及应用开发的理想软件工具。作为面向矩阵、语法简单的第四代可视化语言，IDL 致力于科学数据的可视化和分析，是跨平台应用开发的最佳选择。1982 年 NASA 的火星飞越航空器的开发使用的就是 IDL 软件，目前 IDL 已经被列为国外许多大学的标准课程，IDL 使科研人员无须编写传统程序就可直接研究数据。IDL 语言与大型图形和 GIS 应用软件相近，应用 IDL 可以快速地开发出功能强大的三维图形图像处理软件和三维 GIS 应用系统。

IDL 语言强大的功能和独特的特点，使其可以应用于任何领域的三维数据可视化、数值计算、三维图形建模、科学数据读取等。概括来说，在地球科学（包括气象、水文、海洋、土壤、地质、地下水等）、医学影像、图像处理、GIS 系统、软件开发、大学教学、实验室、测试技术、天文、航空航天、信号处理、防御工程、数学统计及分析、环境工程等很多领域，IDL 语言都可以得到广泛而深远的应用，目前，应用 IDL 语言已经开发出了 ENVI、IMAGIS、RiverTools 等成熟产品。

Research Systems Inc.（RSI）公司创建于 1977 年，其主要业务是为用户提供可视化软件服务。该公司于 1994 年基于 IDL 开发了 ENVI 软件，专门用于处理遥感图像，获取有用的地学信息。2000 年，柯达（Kodak）公司收购了 RSI，随后在 2004 年，RSI 连同 Kodak 的 Remote Sensing Systems（RSS）部门并入上市公司 ITT 公司，并与 ITT 的 GOES/POES and GPS 部门重新组合成 Space Systems Group 部门，2006 年 5 月正式成立 ITT Visual Information Solutions（ITT VIS）公司。该公司的成立加速了 ENVI 和 IDL 的发展，新功能和新算法更加快捷地加入新的版本中。ITT VIS 公司是全球领先的遥感软件及增值服务提供商，长期从事影像数据技术的深层次开发，其 ENVI 产品被美国国家影像与制图局（NIMA）等权威机构评为"最佳的遥感目标识别软件"。ENVI/IDL 独到、强大的影像处理与开发定制功能以及极高的性价比，奠定了 ITT VIS 在行业内的领导者地位。2007 年 6 月，ESRI 公司和 ITT Visual Information Solutions 公司宣布开展商务合作计划，ENVI 与 ArcGIS 无缝融合，真正意义上的遥感与 GIS 一体化集成开始展开，正如 ESRI 总裁 Jack Dangermond 所说："与 ITT Visual Information Solutions 这样的行业领导者合作，对 ArcGIS 地理信息系统平台进行功能拓展，可以大大地扩展和提高用户的影像处理能力。" 2011 年，ITT Visual Information Solutions（ITT VIS）公司重组为 Exelis Visual Information Solutions（Exelis VIS）公司。目前，ITT Visual Information Solutions 的用户数超过 20 万，遍布 80 个国家与地区，其中 ENVI/IDL 软件至今已有 30 多年的历史，各大洲都有其办事处，正版软件用户数超过 15000 人，成为使用最广泛的遥感图像处理软件之一。

第二节　ENVI 主要体系结构与特点

一、ENVI 主要体系结构

ENVI/IDL 的体系结构比较简单（见图 1.1），首先是 IDL，它还包括两个扩展工具包——数学与统计扩展工具包和数据库连接工具包。其次是由 IDL 开发的遥感图像处理平台 ENVI，除了主模块外，还有 6 个扩展模块。构建在 ENVI 之上的服务器产品 ENVI for ArcGIS Server，可以将 ENVI 专业遥感功能部署在 Server 上。另外一个构建在 ENVI 上的雷达图像处理平台 SARscape，可以完成对 InSAR 等专业雷达数据的处理和分析。

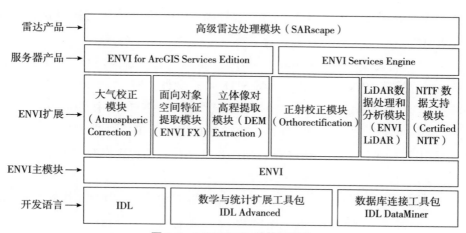

图 1.1　ENVI/IDL 的体系结构

ENVI 主模块可以完成的数据处理操作包括图像数据的输入/输出、定标、几何校正、图像融合、镶嵌、裁剪、图像增强、图像解译、图像分类、基于知识的决策树分类、动态监测、矢量处理等功能。

ENVI 主要包括 6 个扩展模块，主要功能如下：

（1）大气校正模块（Atmospheric Correction），采用目前精度最高的 MODTRAN 4+模型，通过高光谱像素光谱上的特征来估计大气的属性；可以有效地去除水蒸气、气溶胶散射、漫反射的邻域效应；能够获得地物反射率和辐射率、地表温度等真实物理模型参数；提供基于 MODTRAN 模型的快速大气校正（Quick Atmospheric Correction Algorithm, QUAC）工具，并提供扩展函数。

（2）面向对象空间特征提取模块（ENVI FX），根据图像的空间和光谱特征信息，提供面向对象、易于使用的向导操作流程，从高分辨率全色和多光谱数据中提取地物信息，例如识别和提取交通工具、建筑物、基础设施、自然要素、云和雾等。

（3）立体像对高程提取模块（DEM Extraction），快速从遥感影像，例如 ALOS PRISM、ASTER、CARTOSAT7、FORMOSAT、GeoEye、IKONOS、KOMPSAT、OrbView、QuickBird、WorldView、SPOT 等以及航空影像的立体像对中提取 DEM；全面支持 RPC 模型参数，以尽可能少的控制点达到有效的精度；同时使用 DEM 编辑工具对提取的 DEM 做局部编辑；交互量测特征地物的高度和收集 3D 信息并导出为 3D Shapefile 文件格式。

（4）正射校正模块（Orthorectification），由瑞典的 Spacemetric 公司开发，支持大多数传感器模型，采用的正射校正方法具有可靠和高精度的特点，并且该方法被行业所认可；支持大区域范围内多幅影像、多传感器一次正射校正，集成镶嵌和裁剪（标准分幅）功能，提供接边线和颜色平衡辅助工具；采用流程化（Workflow）的向导式操作方式和工程化管理；自定义传感器模型；提供接口函数，便于扩展功能。

（5）LiDAR 数据处理和分析模块（ENVI LiDAR），专为 LiDAR 数据处理和分析而设计，可自动处理点云数据，可高效、全自动地从 LiDAR 数据中提取信息，包括完整的 LiDAR 数据浏览、处理和分析工具生成 DTM、DSM、SHP 文件等来表达建筑物、电力线、树木和其他地物等。

（6）NITF 数据支持模块（Certified NITF），读写、转化、显示标准 NITF 格式文件，主要功能包括：处理 JPEG2000 编码压缩 NITF 格式文件；NITF2.0、NITF2.1 和 NSIF1.0 之间的转换；读写从商业卫星、NCDRD 和第二图像格式（NSIF）中获得的政府标准数据；广泛支持 NSDE 的分类或未分类的 TREs，也包括自定义的 TREs，生成、编辑和删除 PIA 的 TRES，利用 DIGEST TREs、RPCOOA、RPC00B 和传感器替换模型 TREs 自动配准数据。

除了扩展模块，服务器产品和雷达产品主要功能如下：

（1）ENVI for ArcGIS Services Edition 的主要功能是将专业的 ENVI 影像分析功能部署到 ArcGIS Server 中，实现企业级的、B/S 中的在线影像处理与分析。

（2）ENVI Services Engine 是一种云遥感解决方案，以 Web Service 形式存在的 IDL 和 ENVI 以服务方式部署到企业级构架，IDL 和 ENVI 云端处理（on-line，on-demand）和分布式处理是其主要处理方式，主要通过 HTTP REST 实现接口。

（3）高级雷达处理模块（SARscape）是由瑞士 SARmap 公司开发的 SARscape 高级雷达图像处理软件，提供全方位的 SAR 图像处理功能，包括雷达强度、干涉测量、极化雷达处理等，依托专业、成熟的雷达处理技术，构架于 ENVI 软件之上，实现 SAR 与光学遥感结合，以及与 ArcGIS 无缝集成。

二、ENVI 主要特点

ENVI 作为遥感图像处理软件，是遥感图像处理和分析软件的行业标准。图像分析从业者、地理信息系统专业人员和科学家在 ENVI 软件的帮助下可以从遥感图像中及时、可靠和准确地提取所需有用信息。ENVI 界面友好，易于使用，从 2007 年与 ESRI 公司合作以来，与 ArcGIS 紧密集成，遥感和 GIS 的一体化为地学研究者提供了良好的数据处理平台和支撑系统。

ENVI 40 多年来一直处于创新的前沿，首先，ENVI 支持所有类型的数据，包括多光谱、高光谱、热红外、激光雷达和合成孔径雷达；其次，ENVI 简单易学的向导式和流程化图像处理工具为使用者深度学习提供了便利；最后，ENVI 还可以通过 API 和可视化编程环境，对图像进行特殊的处理，以满足特定的专业和项目要求。

（一）用户界面友好，操作简单，易于掌握

ENVI 操作简单、易学，无论是对初学者还是领域专家都有较好的实用性。ENVI 包含许多易于使用的工具，对于用户来说，并不需要进行遥感方面专业知识的高级培训和学习，便可获得可操作的结果。ENVI 提供直观的数据可视化、处理和分析功能。

ENVI 开发了一整套综合、完整的数据分析工具，各模块独立指导用户完成图像处理步骤，主要的模块有数据校正、预处理、大气校正、图像融合、正射校正和图像配准。此外，ENVI 流程化工具可以用于变化检测、异常检测、特征提取、地形建模等一系列操作，均可帮助用户分析图像，得到所需结果。

（二）支持多种遥感平台几乎所有图像类型和格式的数据处理

ENVI 支持所有最新的数据平台（卫星、机载、无人机、地面）获取的 200 多种不同类型的数据和不同的模式，包括全色、多光谱和高光谱、激光雷达、SAR 和 FMV 等数据，主要数据格式为 HDF、CDF、GeoTIFF 和 JITC 认证的 NITF 等。其可处理任何大小的数据集，并拥有自动化工具，可快速、轻松地获取不同大小的图像用于查看和进一步分析。

ENVI 与当前最广泛应用的传感器无缝集成，支持从最新和最广泛应用的卫星和机载系统收集的图像，主要支持的卫星数据包括 Sentinel、Landsat、AVIRIS 高光谱、Planet Dove 和 SkySat、NPP VIIRS、GOES、Pleiades、SPOT、WorldView、framing and line 摄像机、RADARSAT、TerraSAR-X 和商用 LiDAR 等传感器获取的图像。同时，使用 ENVI 可将雷达、激光雷达、合成孔径雷达、光学、高光谱、多光谱、立体、热/声学数据结合起来，可以充分利用每个传感器的优势，创建更加丰富的地理空间产品用于决策制定。

（三）专业的光谱分析

ENVI 软件是光谱图像处理领域的权威领导者，拥有分析多光谱和高光谱数据（包括

光谱目标检测和识别）的顶级工具。这些工具利用像元在不同波段的光谱响应来获取每个像元内不同的地物信息。ENVI 独有的光谱库和流程工具可以处理高光谱数据，尤其是其独有的光谱算法，近几十年来已得到业界的广泛认可。

ENVI 的光谱分析工具可以探测目标、计算植被和森林健康状况、绘制感兴趣区地物图等，也可用于测量海洋废弃物和污染、分析野生动物栖息地、绘制浮油图、评估水质、缓解野火、探测甲烷泄漏、识别矿物、绘制植被健康图，还可协助许多国防和情报应用。

（四）良好的扩展功能

ENVI 底层开发语言 IDL 提供了扩展或自定义 ENVI 功能的能力，ENVI API 允许用户添加自己的专有算法，扩展现有工具和模型，添加批处理的自动化流程模块。除此之外，ENVI 还支持通过 Python 客户端访问。

对于非程序员，ENVI Modeler 是一种可视化编程工具，它可以轻松执行批处理，轻松创建自定义图像处理流程化工具，无须编写代码。此外，对于 ESRI 用户，则可以在 ArcGIS Pro 或 ArcMap 中运行 ENVI Modeler 流程化工具。通过 ENVI Modeler 直观的用户界面，还可以在云或远程服务器上运行处理程序。

对于专业开发人员，ENVI 软件允许用户使用特定输入输出参数的模板，编写自定义任务进行数据处理。这些离散的处理任务与桌面分离，可以轻松地链接在一起以构建自定义流程化工具。任务一经编写，便可在桌面或企业环境中运行。

（五）与 ArcGIS 的整合，为遥感和 GIS 的一体化集成提供了基础

ENVI 与 ESRI 的 ArcGIS 平台紧密集成，允许 GIS 用户无缝访问和分析图像，解决关键问题。ENVI 分析模块可被任何 ArcGIS 环境访问，结果可直接通过 ArcGIS Pro、ArcMap、ArcGIS Online 显示。通过使用 ENVI 分析模块扩展 ArcGIS 功能，可以使其从遥感数据中获得定量、可操作的结果，进而在整个组织内共享这些结果，并使用这些信息做出更好的决策。尤其是将 ENVI 基于任务的分析模块集成到 ArcGIS 中，可以轻松地在桌面或企业中执行所有高级 ENVI 图像处理技术。此外，ArcGIS 中还提供了开箱即用的自动化流程处理工具，无论有无图像分析经验，都可以轻松获得专家级处理结果。

（六）支持企业级与云计算构架

ENVI 以服务器方式部署遥感功能，即以 Web Services 形式存在的 IDL 和 ENVI 在云端处理数据，客户端可以在线按需（on-line, on-demand）请求遥感服务。其可以利用 ENVI 桌面实现并行或在后台运行的处理操作。使用 ENVI 服务器，不再需要等待 ENVI 的进度条完成后才能进入下一步的工作流程。ENVI 服务器可以进行企业级图像处理，当进行大数据处理时，可利用云计算的扩展处理模式。ENVI 易于使用 ENVI Modeler 或 ENVI API 创建的流程化工具，并调用这些工具进行云处理。执行云图像分析可以降低硬件和软件成本、支持和维护费用。数据和分析功能的集中存储库还可以加强用户之间的协作。任何有权访问 ENVI 5.6 或更新版本的人都可以免费使用 ENVI 服务器，无须再花额外费用购买许可证或模块。

第三节　ENVI 不同版本介绍

ENVI 软件到目前为止分为 ENVI Classic 经典版本和 ENVI 5. X 版本两个版本，在 2007 年 ESRI 公司和 ITT Visual Information Solutions 公司宣布合作之前，使用的都是 ENVI Classic 经典版本，两大公司合作之后，为了促进 ENVI 与 ArcGIS 的无缝集成，ENVI 软件界面进行了改革和更新，整个界面采用 ArcGIS 的风格，这之后的版本都称为 ENVI 5. X 版本。ENVI Classic 经典版本和 ENVI 5. X 版本的界面差别虽然很大，但是基本的图像处理功能类似。由于 ENVI 5. X 与 ArcGIS 类似，较易上手，因此大多用户会选择使用 ENVI 5. X 以上的版本，但是为了照顾老用户的习惯，ENVI Classic 经典版本也被保留在 ENVI 5. X 以上的版本安装程序中，而且部分功能由于在 ENVI 5. X 以上版本中无法实现，还需在经典版本中完成。随着 ENVI 的发展，ENVI Classic 经典版本也将逐步被新版本替代。

一、ENVI 5. X 版本简介

本书使用 ENVI 5.3 进行相关实验案例的操作，在 Windows 系统左下角点击"开始"按钮，在出现的"所有程序"菜单下面，找到"ENVI 5.3"文件夹下的"64-bit"文件，点击打开 ENVI 5.3（64-bit）或者 ENVI 5.3+IDL8.5（64-bit），便可启动 ENVI 5.3（见图 1.2）。ENVI 5.3 将图层管理、图像显示、鼠标信息等集中在一个窗体中，很多流程化的工具集成在此窗体中。由于 ENVI 5. X 版本与 ArcGIS 界面类似，用户使用起来更熟悉且方便，因此 ENVI Classic 经典界面也会逐渐被 ENVI 5. X 取代。ENVI 5. X 界面主要由菜单栏、工具栏、图层管理、图像窗口（视窗）、工具箱和状态栏几个部分组成（见图 1.3）。关于 ENVI 5.3 的应用将在后续章节展开。

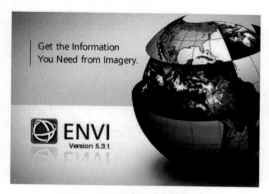

图 1.2　ENVI 5.3 启动界面

资料来源：ENVI 5.3 软件。

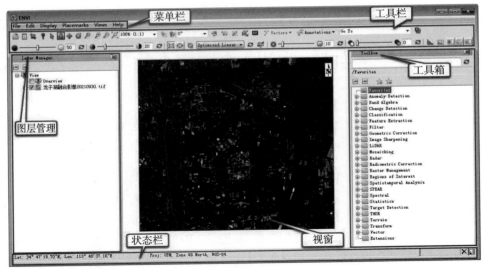

图 1.3　ENVI 5.3 界面

资料来源：ENVI 5.3 软件。

在正常情况下，ENVI 5.3 安装在 Exelis 文件夹下，完整版本包括 IDL、License 等文件夹。ENVI 5.3 的所有文件及文件夹保存在 C:\Program Files \ Exelis \ ENVI 5.3 下。目录主要包括以下内容：

Bin：相应的 ENVI 运行目录。

Classic：ENVI 经典模式安装路径。

Custom_code：自定义代码。

Data：ENVI 自带数据目录。

Extensions：客户自主开发的、可执行程序，比如各种补丁程序。

Gptools：GP 工具箱文件。

Help：ENVI 的帮助文档。

Resource：ENVI 资源文件夹，包含图标文件、语言配置文件、波谱库等。

Save：软件框架库。

二、ENVI Classic 经典版本简介

打开 ENVI Classic 经典版本，在 Windows 系统左下角点击"开始" ![按钮] 按钮，在出现的"所有程序"菜单下面，找到"ENVI 5.3"文件夹下的"Tools"文件下的 ENVI Classic 5.3（64-bit），点击打开，便可出现 ENVI Classic 经典版本的图形用户界面（GUI），其是以菜单栏样式出现的，单击菜单栏中每一个命令，下面都有一系列命令组成，完成相应的功能，例如，点击 File 或者 Map 出现具体命令组成（见图 1.4）。

ENVI Classic 经典版本采用可用波段列表（Available Bands List）进行图像文件的存取

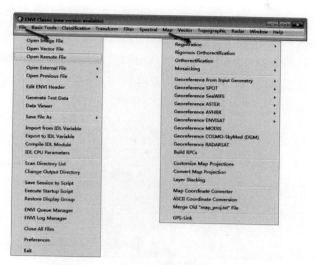

图1.4　ENVI Classic 经典版本

资料来源：ENVI Classic 软件。

和显示。无论何时打开图像，每次打开的文件都显示在可用波段列表（Available Bands List）中，列表中可以显示当前在 ENVI 中打开的或存储在内存中的文件的信息，还可以进行包括打开新文件、关闭文件、将内存数据项保存到磁盘以及编辑 ENVI 头文件等操作（见图1.5）。

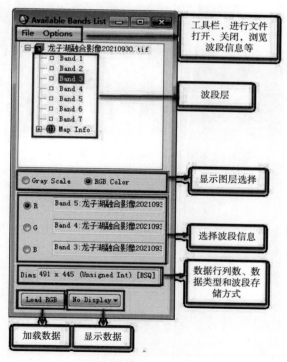

图1.5　可用波段列表（Available Bands List）

资料来源：ENVI Classic 软件。

图像打开后，ENVI Classic 经典版本采用三视窗显示，包括应用于整个图像的滚动窗口（Scroll）、主图像窗口（Image）和缩放窗口（Zoom）：滚动窗口（Scroll）以重采样方式显示整个图像，主图像窗口（Image）将滚动窗口（Scroll）方框区域内的图像按照图像实际分辨率显示，缩放窗口（Zoom）将主图像窗口（Image）方框区域内的图像按照缩放分辨率显示（见图1.6）。

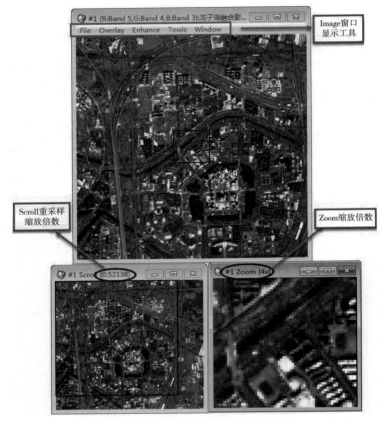

图 1.6　ENVI Classic 经典版本显示窗口

资料来源：ENVI Classic 软件。

ENVI Classic 版本安装在 C:\Program Files\Exelis\ENVI53 下面，所有文件及文件夹保存在 C:\Program Files\Exelis\ENVI53\classic 下。ENVI Classic 目录结构如下：

Bin：相应的 ENVI Classic 运行目录。

Data：数据目录。保存有矢量数据文件夹、两个 TM5 栅格数据、两个 DEM 数据和一个高光谱数据。

Filt_func：ENVI 常规传感器的光谱库文件，例如 Aster、Modis、SPOT、TM 等。

Help：ENVI 的帮助文档。

Lib：IDL 生成的可编译的程序，用于二次开发。

Map_proj：影像的投影信息，文件是文本格式，用户可以进行定制。

Menu：ENVI 菜单文件，可以进行中、英文菜单互换。

Save：应用 IDL 可视化语言编译好的、可执行的 ENVI 程序。

Save_add：客户自主开发的、可执行程序，比如各种补丁程序。

Spec_lib：波谱库，不同地区可以有不同的波谱库，用户可自定义。

第四节　ENVI 5.3 操作界面简介

一、菜单栏

菜单栏主要包括文件打开、保存、编辑、显示等一些常用功能。结合图 1.3 和图 1.7 可知，菜单栏包括 6 个主菜单项，分别为文件（File）、编辑（Edit）、显示（Display）、地标（Placemarks）、视窗（Views）、帮助（Help）。每一个主菜单下又包括一系列子菜单相关命令，接下来对每个主菜单及其相关功能进行介绍。

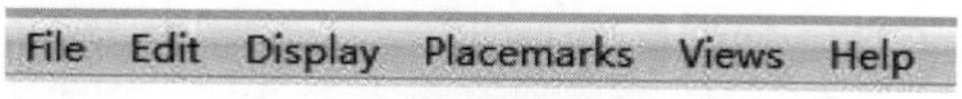

File　Edit　Display　Placemarks　Views　Help

图 1.7　菜单栏示意图

资料来源：ENVI 5.3 软件。

（一）File 菜单项及其相关功能

File（文件）菜单项主要完成文件打开、创建、输出、数据管理以及系统参数配置等功能。点击 File，打开菜单项，如图 1.8 所示，具体的子菜单的含义及功能见表 1.1。

图 1.8　File 菜单项

资料来源：ENVI 5.3 软件。

表 1.1　File 菜单项及其功能

菜单命令	中文含义	功能
Open…	打开	打开 ENVI 支持的可以直接打开的图像文件和矢量文件
Open As	打开特定文件	打开特定类型的数据，主要针对特定传感器数据类型使用
Open Recent	打开最近使用文件	打开最近使用过的文件
Open World Data	打开全球数据	打开 ENVI 提供的全球矢量或者栅格数据
Open Remote Dataset…	打开远程文件	打开 JPIP、IAS 和 OGC 服务器上的数据
Remote Connection Manager	远程连接管理器	管理远程连接数据
New	新建	新建一个矢量层、注记层或感兴趣区
Views & Layers	视图/图层	保存或恢复视图或者图层
Save	保存	保存文件
Save As	另存为	文件另存为 ENVI 支持的输出格式
Chip View To	拷屏视图	拷屏的视图重新保存
Export View To	视图输出为	将视图输出为特定文件
Data Manager	数据管理	管理已打开的数据
Close All Files	关闭所有文件	关闭所有文件
Preferences	参数设置	对 ENVI 当前配置文件信息进行设置和管理
Shortcut Manager	快捷键管理	快捷键的设置和管理
Exit	退出	退出软件

（二）Edit 菜单项及其相关功能

Edit（编辑）菜单项主要对图层进行编辑，主要包括撤销/恢复上一步操作、视图重命名、移除选中视图等操作。点击 Edit，打开菜单项，如图 1.9 所示，具体的子菜单的功能含义见表 1.2。

图 1.9　Edit 菜单项

资料来源：ENVI 5.3 软件。

表 1.2　Edit 菜单项及其功能

菜单命令	中文含义	功能
Undo	撤销	撤销上一步操作
Redo	重做	重做上一步操作
Rename Item…	重命名	给图层重命名
Remove Selected Layer	移除选中图层	移除选中图层
Remove All Layers	移除所有图层	移除所有图层
Order Layer	改变图层顺序	改变图层顺序。包括将图层置于顶层（Bring to Front）、置于底层（Send to Back）、上移一层（Bring Forward）、下移一层（Send Backward）

（三）Display 菜单项及其相关功能

Display（显示）菜单项主要进行图像自定义拉伸、浏览波谱库文件、2D 散点图、光谱剖面图、透视窗口显示等操作。点击 Display，打开菜单项，如图 1.10 所示，具体的子菜单的功能含义见表 1.3。

图 1.10　Display 菜单项

资料来源：ENVI 5.3 软件。

表 1.3　Display 菜单项及其功能

菜单命令	中文含义	功能
Custom Stretch	自定义拉伸	对数据根据直方图进行自定义拉伸
Spectral Library Viewer	查看光谱库	打开、浏览、创建光谱库
New Plot Window	新建绘图窗口	新建一个 ENVI 绘图窗口

菜单命令	中文含义	功能
2D Scatter Plot	二维散点图	绘制二维散点图
Profiles	剖面	可查看数据的剖面曲线，包括光谱剖面（Spectral）、水平剖面（Horizontal）、垂直剖面（Vertical）和任意剖面（Arbitrary）
Band Animation	波段动画	将高光谱或多光谱数据的多个波段以动画的形式显示，使用时间滑块和鼠标滚轮可控制数据的动画展示。还可以将动画输出为通用视频格式文件
Series/Animation Manager	时间序列数据/波段动画管理器	与 Band Animation 功能相似，这里是将时间序列数据以动画的形式显示
Full Motion Video	全动态视频图像	视频播放，如波段动画和时间序列数据动画视频
ENVI LiDAR	ENVI 雷达	启用 ENVI LiDAR 工具
Cursor Value	光标定位和查询	光标查询，显示光标处的像元灰度值及地理坐标信息等
Portal	窗口透视	在图像窗口的最上层开启一个可以移动且大小可调的"小窗口"，透过这个窗口可以浏览下面图像，方便图层之间的对比分析
View Blend	视图渐变	对显示的最上面的两个视图图层之间进行渐变切换显示
View Flicker	视图闪烁	对显示的最上面的两个视图图层之间进行闪烁切换显示
View Swipe	视图卷帘	对显示的最上面的两个视图图层之间进行卷帘切换显示

（四）Placemarks 菜单项及其相关功能

Placemarks（地标）菜单项主要是进行地标的添加和管理。点击 Placemarks，打开菜单项，如图 1.11 所示，具体的子菜单的功能含义见表 1.4。

图 1.11　Placemarks 菜单项

资料来源：ENVI 5.3 软件。

表 1.4　Placemarks 菜单项及其功能

菜单命令	中文含义	功能
Add Placemark	添加地标	在视图中添加地标
Placemarks Manager	地标管理	对视图中的地标进行管理

（五）Views 菜单项及其相关功能

Views（视窗）菜单主要是进行新建视窗、打开多个视窗（最多能打开 16 个）、多视窗链接等操作，点击 Views，打开菜单项，如图 1.12 所示，具体的子菜单的功能含义见表 1.5。

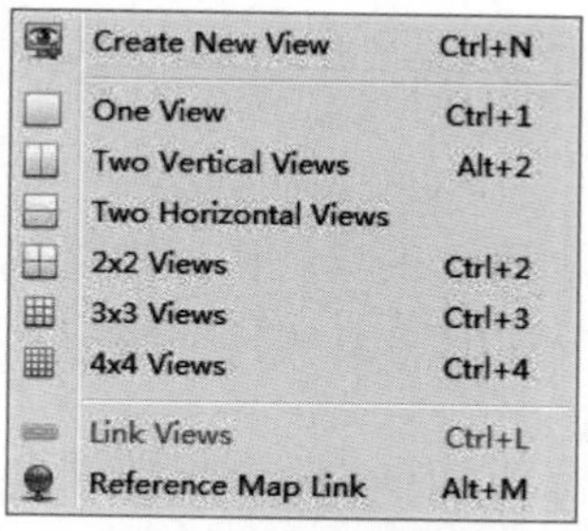

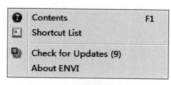

图 1.12 Views 菜单项

资料来源：ENVI 5.3 软件。

表 1.5 Views 菜单项及其功能

菜单命令	中文含义	功能
Create New View	新建视窗	创建一个新的视窗窗口
One View	单视窗	图像窗口中只显示一个视窗
Two Vertical Views	两个垂直视窗	图像窗口中垂直方向显示两个视窗
Two Horizontal Views	两个水平视窗	图像窗口中水平方向显示两个视窗
2×2 Views	2×2 视窗	图像窗口显示 2×2 个视窗，共 4 个视窗
3×3 Views	3×3 视窗	图像窗口显示 3×3 个视窗，共 9 个视窗
4×4 Views	4×4 视窗	图像窗口显示 4×4 个视窗，共 16 个视窗
Link Views	视窗地理关联	对几个视窗进行地理关联
Reference Map Link	参考地图关联	显示一个与图像窗口关联的基础地图窗口

（六）Help 菜单项及其相关功能

Help（帮助）菜单项主要是对使用 ENVI 相关内容的介绍，包括启动 ENVI 自带帮助文档、快捷键等操作。点击 Help，打开菜单项，如图 1.13 所示，具体的子菜单的功能含义见表 1.6。

图 1.13 Help 菜单项

资料来源：ENVI 5.3 软件。

表 1.6 Help 菜单项及其功能

菜单命令	中文含义	功能
Contents	内容	打开帮助内容
Shortcut List	快捷键列表	有关快捷键的列表
Check for Updates（9）	查看更新	查看 ENVI 更新内容
About ENVI	关于 ENVI	关于 ENVI 的相关介绍

二、工具栏

工具栏主要是常用图像显示和操作工具的快捷键（见图 1.14），比如文件打开、鼠标操作、光标查询、距离测量等常用工具，具体每个图标及其功能介绍见表 1.7。

图 1.14　ENVI 工具栏

资料来源：ENVI 5.3 软件。

表 1.7　ENVI 工具栏及其功能介绍

工具栏图标	名称	主要功能
	Open	打开 ENVI 能直接识别的文件
	Data Manager	打开数据管理器
	Clip to File	截屏保存文件
	Cursor Value	打开光标查询窗口
	Select	选择
	Pan	平移
	Fly	飞行
	Rotate View	视窗旋转
	Zoom	缩放
	Fixed Zoom In	按固定比例放大
	Fixed Zoom Out	按固定比例缩小
	Zoom to Full Extent	缩放到全局显示的比例
25.0% (1:4.0 ▼)	Scale	按比例尺显示
	Rotate Up	默认方向
	Top Up	旋转图像使物体的垂直方向朝上，用 RPC 信息计算旋转角度
0° ▼	Rotate To	旋转到指定角度，此处旋转到 0°
	Arbitrary Profile	任意剖面
	Spectral Profile	波谱剖面
	Scatter Plot Tool	建立散点图工具
	Region of Interest（ROI）Tool	创建感兴趣区工具
	Feature Counting Tool	打开特征计数工具

续表

工具栏图标	名称	主要功能
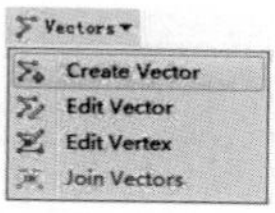 Vectors▾ Create Vector Edit Vector Edit Vertex Join Vectors	Vectors	矢量工具，下拉列表下包括绘制矢量、编辑矢量、编辑节点、矢量线连接等工具
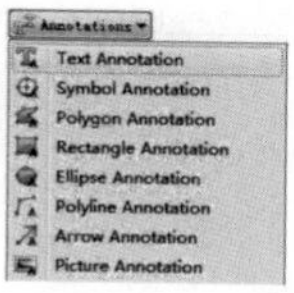 Annotations▾ Text Annotation Symbol Annotation Polygon Annotation Rectangle Annotation Elipse Annotation Polyline Annotation Arrow Annotation Picture Annotation	Annotations	注记工具，下拉列表下包括文字、符号、多边形、矩形、椭圆、折线、箭头和图片注记等工具
 Go To ▾	Go To	定位到输入的指定位置处
	New ENVI Version Available	可以更新可利用的 ENVI 新版本
 ⬤──────⚪ 50 ⟳	Brightness	图像亮度调整
 ⬤──────⚪ 20 ⟳	Contrast	图像对比度调整
	Stretch on Full Extent	基于整个图像进行数据拉伸
	Stretch on View Extent	基于视窗范围内图像进行数据拉伸，然后应用于整幅图
	Update Stretch	刷新拉伸
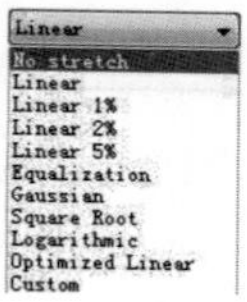 Linear ▾ No stretch Linear Linear 1% Linear 2% Linear 5% Equalization Gaussian Square Root Logarithmic Optimized Linear Custom	Stretch Type	选择拉伸快捷方法，包括不同类型的线性拉伸、高斯拉伸、均方根拉伸等一系列拉伸方法
	Custom Stretch	自定义拉伸
 ⬤─┤────⚪ 10 ⟳	Sharpen	调整锐化度
 ⬤─────⚫ 0 ⟳	Transparency	调整透明度
	Mensuration	量测工具
	Portal	打开一个小窗，实现上下图层透视
	View Blend	上下图层视图切换
	View Flicker	上下图层视图闪烁
	View Swipe	上下图层视图卷帘

三、工具箱

工具箱（Toolbox）是 ENVI 数据处理和分析工具（见图 1.15），所有 ENVI 遥感图像处理的功能都在工具箱（Toolbox）实现，具体每一个工具的含义见表 1.8。

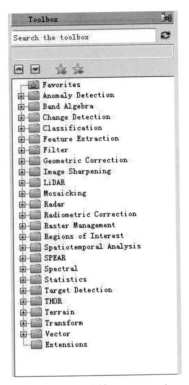

图 1.15 工具箱（Toolbox）

资料来源：ENVI 5.3 软件。

表 1.8 工具箱（Toolbox）功能

工具箱名称	主要功能
Anomaly Detection（异常探测）	主要用来识别测试区域与周围区域或者整个数据集的光谱或者颜色差别
Band Algebra（波段代数）	主要有波段运算、波段比值和光谱指数工具
Change Detection（变化检测）	包括直接比较法变化检测、分类后比较法检测以及相应的流程化工具
Classification（图像分类）	包括监督与非监督分类、决策树分类、端元波谱收集器、分类后处理、灰度分割、分类流程化工具等工具
Feature Extraction（面向对象信息提取）	主要有基于样本的面向对象信息提取、基于规则的面向对象信息提取、对象提取工具、图像分割等模块
Filter（滤波工具）	包括空间域滤波、形态学滤波、纹理分析、自适应滤波、傅里叶变换及频率域滤波等 14 个滤波工具
Geometric Correction（几何校正工具）	包括图像几何校正、图像配准、图像正射校正、ASCII 文件坐标转换、基于 GLT 或者 IGM 文件的校正等
Image Sharpening（图像融合）	将一幅低分辨率的彩色图像与一幅高分辨率的灰度图像融合，包括 CN 融合、Brovey 变化融合、GS 融合、HSV 融合、主成分融合、NNDiffuse 融合等
LiDAR（激光雷达数据浏览）	包括启用 3D LiDAR 数据浏览界面、LAS 数据转换为栅格或者矢量文件、查看 LAS 数据头文件

工具箱名称	主要功能
Mosaicking（图像镶嵌）	包括基于像素的镶嵌和基于地理坐标的镶嵌
Radar（雷达工具）	启动雷达处理和分析工具，包括雷达文件定标、消除天线增益畸变、斜地距转换、生成入射角图像、滤波、彩色图像合成、极化雷达处理、TOPSAR工具等
Radiometric Correction（辐射校正工具）	启动辐射校正模块，包括图像辐射定标、图像大气校正、热红外数据定标等不同的辐射校正工具
Raster Management（栅格数据管理）	主要包括数据转换、图像拉伸、坐标转换、头文件编辑、生成测试数据、与 IDL 通信、图像掩膜、重采样、图像保存等
Regions of Interest（感兴趣区工具）	启动感兴趣区工具，包括基于波段阈值生成 ROI、利用 ROI 生成缓冲区、ROI 生成分类文件、计算 ROI 可分离性、ROI 裁剪、矢量转为 ROI 等
Spatiotemporal Analysis（时空分析工具）	启动时空分析工具，从多种多样的传感器数据中读取影像拍摄时间，创建一个栅格序列用于时空分析
SPEAR（流程化工具）	启动流程化图像处理工具，包括 16 个流程化处理工具
Spectral（光谱分析工具）	主要包括建立 3D 立方体、物质制图、波谱库的建立、重采样、波谱分离、波谱切割、波谱分析、波谱运算、波谱端元的判断、波谱数据的 n 维可视化、波谱特征拟合、植被分析等
Statistics（统计工具）	包括全局空间统计、局部空间统计、生成图像统计文件、数据波段求和以及浏览统计文件等
Target Detection（目标探测）	启动目标探测与识别工具，包括基于 BandMax 向导的 SAM 目标探测工具和去伪装目标探测
THOR（高光谱分析流程化工具）	启动高光谱分析流程化工具，包括发现图像中异常地物，对高光谱数据做大气校正、高光谱动态监测、高光谱物质识别、高光谱水体和道路的提取、高光谱库建立、高光谱植被胁迫、波段权重变换工具等
Terrain（地形工具）	启动地形分析工具，包括三维可视化、山体阴影图生成、地形建模、地形特征提取、DEM 提取、等高线生成 DEM、点状数据栅格化、地貌特征分析、视域分析等
Transform（图像变换）	启动图像转换模块，包括颜色空间变换、合成彩色图像、PCA 变换、ICA 变换、MNF 变换、TC 变换、去相关拉伸、饱和度拉伸等
Vector（矢量工具）	启动矢量工具，包括 evf 转换为 shp 矢量格式、智能数字化工具、栅矢转换、roi 转换为 shp 等
Extensions（扩展工具）	启动用户自定义的扩展功能

四、图层管理窗口

图层管理（Layer Manager）是用于管理视窗和数据图层的工具（见图 1.16），显示当前加载的图层名及图层的波段等内容。可以通过勾选☑显示或隐藏图层，其中 Overview 鹰眼图可以显示整个图像内容以及当前视窗显示的位置；通过拖曳文件可以调整图层上下顺序；右键点击对应图层，选择 Remove，实现移除图层等操作。当有多个 View 时，可以通过⚋⚋来实现 View 折叠或者展开；通过⊞或者⊟实现数据折叠或者打开；除此之外，图层管理窗口会根据数据类型，比如矢量数据、栅格数据等自行分类排列。

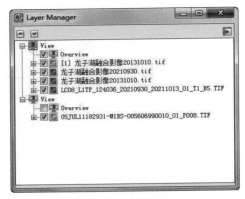

图 1.16　图层管理面板

资料来源：ENVI 5.3 软件。

五、视窗窗口

视窗（Views）是图像显示窗口（见图 1.17）。打开一个文件时，一般会自动加载到视窗中显示。数据的显示、缩放、平移等操作都在此完成。其中，View 代表打开一个视窗，1 个 View 下可以包括 1 个或多个图层，勾选图层☑可以显示 View 下选中的图像。ENVI 最多可打开 16 个视窗（Views），每个视窗（View）下都可以包含多个图层。通过选中图 1.16 中的 Overview 鹰眼图，可以显示整个图像内容以及当前视窗显示的位置。

图 1.17　视窗窗口图

资料来源：ENVI 5.3 软件。

六、状态栏

状态栏（见图1.18）显示鼠标在视窗中所在的像元信息，包括投影坐标系、像元坐标、像素值等以及数据处理的进度。

图1.18　状态栏

资料来源：ENVI 5.3 软件。

第五节　ENVI 常用系统设置

打开 ENVI 5.3 软件，在 File/Preferences 中进行常见系统设置（见图1.19），可以使软件使用起来更加方便快捷。常用的系统设置项有应用（Application）、数据管理工具（Data Manager）、目录（Directories）、显示（Display General）、指北针（North Arrow）、浏览（Overview）、绘图（Plots）、金字塔（Pyramids）、远程连接（Remote Connectivity）、注记（Annotations）、NITF 文件（NITF）和本地化（Localization）。下面介绍几个常见参数设置，用户可以根据需要修改其他参数设置。

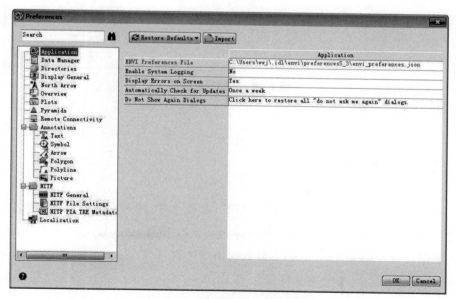

图1.19　ENVI 常见系统设置界面

资料来源：ENVI 5.3 软件。

一、数据管理设置

在 Preferences 面板中选择 Data Manager 选项，如图 1.20 所示，可以设置是否自动显示打开文件（Auto Display Files on Open）、多光谱数据显示模式（Auto Display Method for Multispectral Files）、打开新图像时是否清空视窗（Clear View when Loading New Image）、ENVI 启动时是否自动启动数据管理工具（Launch Data Manager when ENVI Launches）、当文件不是自动加载时打开文件后自动启动数据管理工具（Launch Data Manager after Opening a File）、加载新数据后是否关闭数据管理工具（Close Data Manager after Loading New Data）、拷屏或者保存数据后是否加载数据（Load File after Chip or Save）等选项。

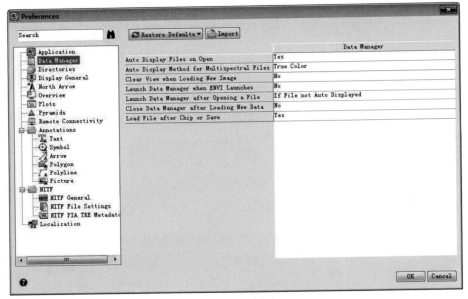

图 1.20　数据管理设置

资料来源：ENVI 5.3 软件。

二、默认文件目录

在 Preferences 面板中选择 Directories 选项，如图 1.21 所示，设置 ENVI 默认的输入输出的文件目录，如是否记住输入输出文件路径目录（Remember Input/Output Directories）、默认输入数据目录（Input Directory）、默认输出文件目录（Output Directory）、临时文件目录（Temporary Directory）、辅助文件目录（Auxiliary File Directory）、ENVI 扩展文件目录（Extensions Directory*）、定制代码目录（Custom Code Directory*）和光谱数据库用户目录（Spectral Library User Directory）。带有 * 符号的设置项需要重启 ENVI 才能生效。

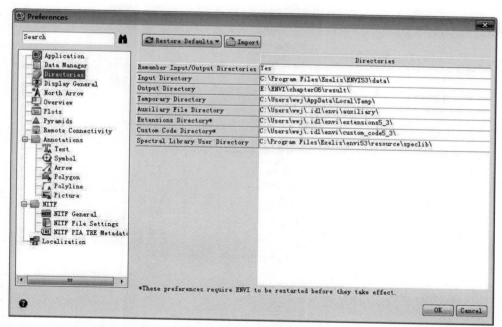

图 1.21 默认文件目录

资料来源：ENVI 5.3 软件。

三、显示设置

在 Preferences 面板中选择 Display General 选项，如图 1.22 所示，可以设置视窗显示相关功能。比如，对 8-bit、16-bit 数据以及其他格式数据默认的拉伸方式（Default Stretch for 8-bit Imagery，Default Stretch for 16-bit Uint Imagery，Default Stretch for All Other Imagery）、默认缩放因子（Zoom Factor）、默认选择颜色属性（Default Selection Color）、默认缩放插值方法（Zoom Interpolation Method）、使用低分辨率的切片缓存（Use Low Resolution Tile Cache）、使用显卡加速功能（Use Graphics Card to Accelerate Enhancement Tools）、光标查询显示 MGRS 位置以及其精度和表示法（Report MGRS Location in Cursor Value，Data Precision in Cursor Value，Data Notation in Cursor Value）、状态栏左中右显示的内容（Status Bar Left Segment，Status Bar Center Segment，Status Bar Right Segment）、测量距离和面积的单位（Mensuration Distance Units，Mensuration Area Units）、经纬度显示格式（Geographic Coordinate Format）、没有标准投影的影像基础投影（Base Projection for Non-Standard Projected Rasters）、鼠标中间键和滚轮的作用（Middle Mouse Action，Mouse Wheel Behavior）、最大化时间序列框的缓冲尺寸（Maximun Time Series Frame Buffer Size）等。

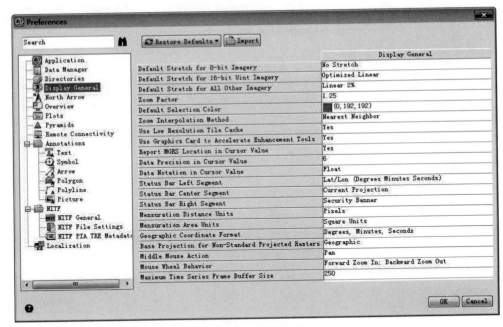

图 1.22　显示设置

资料来源：ENVI 5.3 软件。

第六节　ENVI 常用资源

一、ENVI 常用网络资源

ENVI 的可利用资源非常多，主要有以下几类：

1. 软件自带的帮助（Help）文件

查阅 ENVI 自带的帮助文件以及软件操作手册，可以帮助用户学习软件的具体使用方法。

2. ENVI/IDL 美国官方网站

美国官方网站（http：//www. exelisvis. com）包含丰富的软件操作文档、解决方案以及世界各地 ENVI 用户使用心得。

3. 中国技术支持邮箱、公众号、热线、微博等

（1）技术支持邮箱：ENVI-IDL@ esrichina. com. cn。

（2）技术支持热线：400-819-2881-7。

（3）ENVI 技术殿堂：http：//www. cnblogs. com/enviidl。

（4）ENVI 官方公众号：分享 ENVI/IDL/ESE/SARscape 系列产品最新技术、相关培训、市场活动等信息。

（5）ENVI/IDL 论坛社区：http：//bbs. esrichina. com. cn/esri，邀请业内具有深厚遥感技术功底的人员作为版主。这里能与全国各地的 ENVI/IDL 爱好者一起分享 ENVI/IDL 各种资源以及遥感技术，同时有 ENVI/IDL 高手为您解答各种问题。

（6）ENVI/IDL 视频：http：//u. youku. com/ENVIIDL 中国。

（7）ENVI/IDL 微博：http：//weibo. com/enviidl。

4. ESRI 中国（北京）有限公司资源库

（1）ENVI/IDL 资源中心：http：//www. enviidl. com。

（2）http：//www. esrichina. com. cn：提供 ENVI/IDL 软件的技术在线服务。

（3）GIS 社区（http：//www. gisall. com/）：GISALL 社区是一个 ENVI/IDL 爱好者的交流平台，这里拥有丰富的 ENVI/IDL 学习资源，包括技术博客、教学视频、开发文档等。

（4）App Store for ENVI：http：//www. enviidl. com/appstore。

（5）ENVI Modeler 建模工具：http：//www. enviidl. com/envi_modeler。

（6）ENVI Services Engine 在线体验中心：http：//www. enviidl. com/ese。

（7）ENVI55/IDL87 最新版试用：http：//www. enviidl. com/eval_license。

二、本书常用数据资源

（一）Landsat8 和 Landsat5 数据

本书常用数据 Landsat8-zz2021. dat 是从地理空间数据云（http：//www. gscloud. cn/）免费下载的 Landsat8 OLI 和 TIRS 数据，卫星数据主要参数如表 1. 9 所示。Landsat8 卫星于 2013 年 2 月 11 日发射，是美国陆地探测卫星系列的后续卫星。Landsat8 卫星装备有陆地成像仪（Operational Land Imager，OLI）和热红外传感器（Thermal Infrared Sensor，TIRS）。OLI 被动感应地表反射的太阳辐射和散发的热辐射，有 9 个波段的感应器，覆盖了从红外到可见光的不同波长范围。与 Landsat7 卫星的 ETM+传感器相比，OLI 增加了一个海岸/气溶胶波段（Band 1：0. 433~0. 453μm）和一个卷云波段（Band 9：1. 360~1. 390μm），海岸/气溶胶波段主要用于海岸带观测，卷云波段包括水汽强吸收特征，可用于云检测。TIRS 是有史以来最先进、性能最好的热红外传感器。TIRS 将收集地球热量流失，目标是了解所观测地带水分消耗，特别是干旱地区水分消耗。

表 1.9　Landsat8 OLI 和 TIRS 数据主要参数

光谱波段	波长（微米）	分辨率（米）	幅宽（千米）	访问周期
Band 1 Coastal/aerosol（海岸/气溶胶波段）	0.433~0.453	30		
Band 2 Blue（蓝波段）	0.450~0.515	30		
Band 3 Green（绿波段）	0.525~0.600	30		
Band 4 Red（红波段）	0.630~0.680	30		
Band 5 NIR（近红外波段）	0.845~0.885	30	185 * 185	16 天
Band 6 SWIR 1（短波红外 1）	1.560~1.660	30		
Band 7 SWIR 2（短波红外 2）	2.100~2.300	30		
Band 8 Pan（全色波段）	0.500~0.680	15		
Band 9 Cirrus（卷云波段）	1.360~1.390	30		
Band 10 TIRS 1（热红外 1）	10.60~11.19	100		
Band 11 TIRS 2（热红外 2）	11.50~12.51	100		

本书常用数据 bhtmref. img 和 can_tmr. img 是 Landsat5 卫星数据，它是美国陆地探测卫星系列的第 5 颗卫星获取的数据，该卫星于 1984 年发射、2013 年退役，其传感器为 TM，因此该数据也称为 TM 数据。卫星数据主要参数如表 1.10 所示，该数据存放在 C:\Program Files \ Exelis \ ENVI53 \ classic \ data 文件下。

表 1.10　Landsat5 TM 数据主要参数

光谱波段	波长（微米）	分辨率（米）	幅宽（千米）	访问周期
Band 1 Blue（蓝波段）	0.45~0.52	30		
Band 2 Green（绿波段）	0.52~0.60	30		
Band 3 Red（红波段）	0.63~0.69	30		
Band 4 NIR（近红外波段）	0.76~0.90	30	185 * 185	16 天
Band 5 SWIR 1（短波红外 1）	1.55~1.75	30		
Band 6 LWIR（热红外）	10.4~12.5	120		
Band 7 SWIR 2（短波红外 2）	2.08~2.35	30		

（二）QuickBird 数据

qb_boulder_msi 和 qb_boulder_pan 数据是软件自带数据，存放位置为 C:\Program Files \ Exelis \ ENVI53 \ data，该数据为 QuickBird 卫星获取的数据，主要参数如表 1.11 所示。QuickBird 卫星在 2001 年 10 月由美国 DigitalGlobe 公司发射，相比 IKONOS 具有更高的分辨率和更大容量的星上存储，单景影像数据幅宽达到 16.5 千米。QuickBird 卫星每年可以采集 7500 万平方千米的卫星影像数据，截至 2007 年 WorldView-1 发射前，QuickBird 一直是采集性能最好、分辨率最高的商业遥感卫星。在中国境内每天至少有 2~3 个过境轨道，常常有多期存档数据可供选择。

表 1.11 QuickBird 数据主要参数

光谱波段	波长（微米）	分辨率（米）	幅宽（千米）	访问周期
Band 1 Blue（蓝波段）	0.450~0.520	2.44~2.88		
Band 2 Green（绿波段）	0.520~0.600	2.44~2.88		
Band 3 Red（红波段）	0.630~0.690	2.44~2.88	16.5＊16.5	1~6 天
Band 4 NIR（近红外波段）	0.760~0.900	2.44~2.88		
Band 5 Pan（全色波段）	0.450~0.900	0.61~0.72		

第二章

ENVI 图像处理操作基础

 概述

本章实验课主要学习 ENVI 常用的文件数据的基础知识、数据的输入输出、ENVI 图像处理基础操作等常用基本知识。

目的

掌握 ENVI 软件处理遥感图像的基础知识和基础操作工具，为后续深入学习图像处理打下操作基础。

数据

（1）ENVI 自带图像数据：

C:\Program Files \ Exelis \ ENVI53 \ classic \ data \ bhtmref. img

C:\Program Files \ Exelis \ ENVI53 \ classic \ data \ can_tmr. img

C:\Program Files \ Exelis \ ENVI53 \ classic \ data \ vector \ 任意数据

（2）提供数据：

附带数据文件夹下的…\ chapter02 \ data \

bhtmref. hdr、bhtmref - ascii. txt、can _ tmr. dat、can _ tmr. txt、Landsat8 - zz2021. dat、MOD13A2_h27v05. hdf

 实践要求

1. 各种不同类型的文件输入

2. 文件的输出及关闭

3. 查看图像元数据

4. 视窗相关操作

5. 矢量和注记文件创建及编辑

6. 光标查询功能

7. 量测功能

8. 像元定位功能

9. 图像增强显示功能

10. 图像剖面工具

11. 散点图

12. 波谱库浏览器

第一节　ENVI 文件数据基础知识

一、ENVI 文件系统及管理

（一）栅格文件系统

ENVI 最常处理的文件格式是栅格文件，其中 ENVI 软件通用栅格数据格式由一个后缀为 . hdr 的头文件和二进制数据文件组成，即每个二进制文件都伴随有一个 ASCII 格式的头文件。例如，Landsat8-zz2021. dat 和 Landsat8-zz2021. hdr 共同组成 Landsat8-zz2021 影像数据。

ENVI 头文件包含用于读取图像数据文件的信息，这个头文件描述了影像的基本特征以及附加信息，通常创建于数据文件第一次被 ENVI 读取时。为了使 ENVI 能够识别这个头文件，它必须和影像文件具有同样的文件名，并以 . hdr 作为扩展名。单独的 ENVI 头文本文件提供关于图像尺寸、嵌入的头文件（若存在）、数据格式及其他相关信息。所需信息通过交互式输入，或自动地用"文件吸取"创建，并且以后可以编辑修改，可以在 ENVI 之外使用一个文本编辑器生成一个 ENVI 头文件。

ENVI 影像格式是简单的数据格式，文件中只有影像数据，头文件信息没有嵌入文件中。ENVI 格式的影像文件可以使用任意的名称，并且无需扩展名。ENVI 影像格式是二进制文件，栅格影像数据以二进制数据流方式按 BSQ、BIL 或 BIP 的存储顺序存储。

BSQ（band sequential）是按波段顺序依次排列的数据格式，是最简单的存储格式，提供了最佳的空间处理能力。数据排列遵循以下规律：第一波段位居第一，第二波段位居第二，第 n 波段位居第 n。在每个波段中，数据依据行号顺序依次排列，每一列内，数据按像素顺序排列。

BIP（Band Interleaved by Pixel）提供了最佳的波段处理能力。以像素为核心，像素的各个波段数据保存在一起，打破了像素空间位置的连续性。保持行的顺序不变，在列的方向上按列分块，每个块内为当前像素不同波段的像素值。

BIL（Band Interleaved by Line）是介于空间处理和波谱处理之间的一种折中的存储方

式。像素先以行为单位分块，在每个块内，按照波段顺序排列像素。同一行不同波段的数据保存在一个数据块中。

（二）数据管理

ENVI 数据管理是通过数据管理工具（Data Manager）进行的，通过打开菜单栏下 File/Data Manager 或者点击工具栏中的▤，即可打开数据管理工具（Data Manager）（见图 2.1）。数据管理工具（Data Manager）管理当前打开的所有文件和内存项的文件名，包括栅格文件、矢量文件、感兴趣区文件、注记文件等（见图 2.1）；用户也可以在数据管理工具（Data Manager）中右键点击图像名称，打开和关闭不同类型的图像，比如真彩色、灰度图像，也可以快速统计图像，浏览图像元数据信息等（见图 2.2）；除此之外，数据管理工具（Data Manager）中的 File Information 可以显示数据的头文件信息；Band Selection 用于选择波段，当选择一幅影像三个不同波段时，单击 Load Data 可以加载彩色图像，当选择一幅影像一个波段或者三个颜色通道选择同一波段时，单击 Load Grayscale 可以加载灰度图像（见图 2.1）；当只对单波段点击右键时，可以实现灰度图像加载、统计单波段信息或者对单波段图像进行密度分割（见图 2.3）；另外可以通过 ENVI 数据管理工具（Data Manager）工具栏上的 7 个工具按钮进行数据打开、关闭等操作，其具体含义如表 2.1 所示。

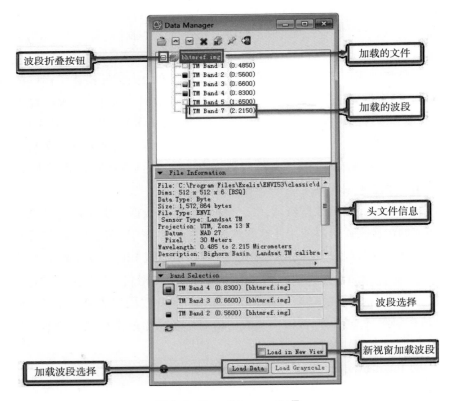

图 2.1　Data Manager 工具

资料来源：ENVI 软件。

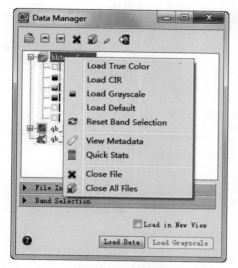

图 2.2　栅格文件右键快捷菜单

资料来源：ENVI 软件。

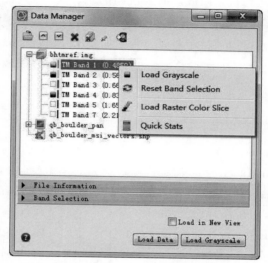

图 2.3　栅格文件单波段右键快捷菜单

资料来源：ENVI 软件。

表 2.1　Data Manager 工具栏功能

工具栏图标	名称	功能
	Open	打开 ENVI 能直接识别的数据
	Collapse All	折叠所有文件
	Expand All	展开所有文件
	Close File	关闭选中文件
	Close All Files	关闭所有文件
	Pin/Unpin	固定数据管理面板不自动关闭/不固定面板可自动关闭
	Open Selected File in ArcMap	将选中的图层在 ArcMap 软件中打开

二、ENVI 支持数据格式

ENVI 支持几乎所有的数据平台——卫星、机载、无人机、地面获取的数据，这些平台获取的数据有全色（Panchromatic）、多光谱（Multispectral）、高光谱（Hyperspectral）、激光雷达（LiDAR）、合成孔径雷达（SAR）、热数据（Thermal）、地形数据（Terrain）和 FMV 等多种不同类型的数据以及不同的模式，可对 200 多种不同的数据进行输入、输出、查看和进一步分析等操作。表 2.2 为 ENVI 支持输入的栅格格式文件，表 2.3 为 ENVI 支持输入的矢量格式文件，表 2.4 和表 2.5 为 ENVI 支持输入的视频格式文件。其中，表 2.4 中用于视频流的视频文件格式和编解码器的组合决定了 ENVI 是否可以读取特定的视频文件；表 2.5 中编解码器用于对数据流进行编码以进行传输、存储或加密，以及解码数据流以进行视频回放。需要说明的是，表 2.2～表 2.5 中"输入""输出"列中"●"代表 ENVI 支持此项操作；查看 NITF 文件需要单独的 NITF/NSIF 许可证；"远程"列下的选择表示可以通过"打开远程数据集"（Open Remote Dataset Dialog）对话框和"远程连接管理器"（Remote Connection Manager）打开该数据类型。

表 2.2　ENVI 支持输入的栅格数据

数据类型	输出	远程	输入输出命令	选择的文件类型
ADS40（TIFF）			File/Open As/Optical Sensors/ADS40	. tif
AIRSAR（JPL Stokes matrix format）			见 Radar Tools.	. stk
AlSat-2A（TIFF）			File/Open	metadata. dim
ALOS Level-1B2 和 AVNIR-2			File/Open	hdr * . txt
ALOS Level-1A 和 1B1 AVNIR-2			File/Open As/Optical Sensors/ ALOS/AVNIR-2	img *
ALOS Level-1A 和 1B1 PRISM			File/Open As/Optical Sensors/ALOS/PRISM	img *
			File/Open As/Optical Sensors/ALOS/ Open PRISM with RPC Positioning（需要 RPC * file）	
ALOS Level-1B2 PRISM			File/Open	hdr * . txt
ALOS-1 和 2 PALSAR（CEOS）			File/Open	VOL * , LED *
			File/Open As/Radar Sensors/ALOS-PALSAR	
			File/Open As/Optical Sensors/ ALOS/ PALSAR	
ArcView ® Raster（BIL）	●		File/Open As/GIS Formats/ArcView Raster	. bil
			见 Save File as ArcView Raster.	
ASCII（x，y，z 和 gridded）	●		File/Open As/Generic Formats/ASCII	
			见 Save File As ASCII.	
ASTER Level-1A 和 1B（HDF-EOS）			File/Open As/Optical Sensors/EOS/ASTER	. hdf
			File/Open As/Thermal Sensors/ASTER	
ASTER Level-2（HDF-EOS）			File/Open As/Optical Sensors/EOS/ASTER	. hdf
			File/Open As/Thermal Sensors/ASTER	
ASTER Level-3 DEM（HDF-EOS）			File/Open As/Optical Sensors/EOS	. hdf
ATSR GBT，GBROWSE，GSST			File/Open As/Optical Sensors/ATSR	
AVHRR KLMN Level-1B			File/Open As/Optical Sensors/AVHRR/ KLMN Level 1b	. 1b
AVHRR SHARP（ESA）			File/Open As/Optical Sensors/AVHRR/ SHARP	dat *
AVHRR Quorum（HRPT）			File/Open As/Optical Sensors/AVHRR/ Quorum	. n1 *
AVIRIS			File/Open	* _img. txt，. rfl
BigTIFF	●		File/Open	. tif
Binary			File/Open As/Generic Formats/Binary	
Bitmap（BMP）			File/Open	. bmp

续表

数据类型	输出	远程	输入输出命令	选择的文件类型
CADRG	●		File/Open As/Military Formats/CADRG	a. toc
			见 Save File As CADRG.	
Cartosat-1（TIFF）			File/Open	. tif
CIB	●		File/Open As/Military Formats/CIB	a. toc
			见 Save File as CIB.	
COSMO-SkyMed Level-1A SCS，1B DGM，1C GEC，1D GTC（HDF5）			File/Open As/Radar Sensors/COSMO-SkyMed	. h5
Deimos-1			File/Open	. dim
Deimos-2			File/Open	. dim
DMC UK-DMC Level-1R，1T，2R （TIFF）			File/Open As/Optical Sensors/DMC	. dim
DMC UK-DMC2 Level-1R，1T，2R（TIFF）			File/Open As/Optical Sensors/DMC	. dim
DMC ALSAT-1 Level-1R，1T （TIFF）			File/Open As/Optical Sensors/DMC	. dim
DMC Beijing-1 Level-1R，1T （TIFF）			File/Open As/Optical Sensors/DMC	. dim
DMC NigeriaSat-1 Level-1R，1T （TIFF）			File/Open As/Optical Sensors/DMC	. dim
DMC NigeriaSat-2 Level-1R，1T （TIFF）			File/Open As/Optical Sensors/DMC	. dim
DMSP			File/Open As/Optical Sensors/ DMSP（NOAA）	. tir
				. vis
DPPDB（NITF）			File/Open	. ntf
DTED Level-0，1，2	●		File/Open	. dt *
DubaiSat-1（TIFF）			File/Open	. txt
DubaiSat-1（RAW）			File/Open As/Generic Formats/Binary	. raw
DubaiSat-2（TIFF）			File/Open	. xml
ECRG			File/Open	toc. xml
ECW（Windows 32-bit only）			File/Open As/GIS Formats/ECW	. ecw
ENVI classification file	●		File/Open	. dat，. img
ENVI meta file	●		File/Open	
			见 Create ENVI Meta File.	
ENVI raster	●		File/Open	. dat，. img
			见 Saving Files.	

数据类型	输出	远程	输入输出命令	选择的文件类型
Envisat AATSR Level-1B 和 2			File/Open As/Optical Sensors/Envisat /AATSR	ats * . n1
Envisat ASAR Level-1B			File/Open As/Optical Sensors/Envisat/ ASAR	asa * . n1
Envisat MERIS Level-1B 和 2			File/Open As/Optical Sensors/Envisat/ MERIS	mer * . n1
EO-1 ALI（HDF4）			File/Open As/Optical Sensors/EO-1/ HDF4	_hdf. l1g
EO-1 ALI Level-1T（GeoTIFF）			File/Open As/Optical Sensors/EO-1 /GeoTIFF	* _mtl. tif, * _mtl_l1t. tif, * _mtl_l1gst. txt
EO-1 Hyperion Level-1R（HDF）			File/Open As/Optical Sensors/EO-1/ HDF4	. l1r
EO-1 Hyperion Level-1T（GeoTIFF）			File/Open As/Optical Sensors/EO-1 /GeoTIFF	* _l1t. tif
ER Mapper（unsigned integer data）	●		File/Open As/GIS Formats/ER Mapper 见 Save File as ER Mapper.	. ers
ERDAS IMAGINE	●		File/Open As/GIS Formats/ERDAS 见 Save File as ERDAS IMAGINE.	. ige, . img
EROS A Level-1A			File/Open As/Optical Sensors/EROS/ Level 1A	. 1a
EROS A Level-1B（GeoTIFF）			File/Open As/Optical Sensors/EROS/ Level 1B（GeoTIFF）	. 1b
ERS-1 Level-0，SLC（CEOS generic）			File/Open As/Radar Sensors/ERS	dat * . 001
ERS-2 Level-0，SLC（CEOS generic）			File/Open As/Radar Sensors/ERS	dat * . 001
Esri ® Enterprise Geodatabase（Raster dataset），ArcGIS ® 10. 3 和早期版本	●	●	File/Open Remote Dataset File/Remote Connection Manager 见 Save to a Geodatabase.	. sde
Esri File Geodatabase（Raster dataset）	●	●	File/Open Remote Dataset File/Remote Connection Manager 见 Save to a Geodatabase.	. gdb
Esri Personal Geodatabase（Raster dataset）	●	●	File/Open Remote Dataset File/Remote Connection Manager 见 Save to a Geodatabase.	. mdb
Esri GRID（single band）			File/Open As/GIS Formats/ESRI GRID	hdr. adf
Esri GRID Stack 7. x（multispectral）			File/Open As/GIS Formats/ESRI GRID	hdr. adf
Esri Image Services（JPEG, TIFF, PNG）		●	File/Open Remote Dataset File/Remote Connection Manager	. jpg, . tif, . png

续表

数据类型	输出	远程	输入输出命令	选择的文件类型
Esri Mosaic datasets（JPEG，TIFF，PNG）		●	File/Open Remote Dataset	.jpg，.tif，.png
			File/Remote Connection Manager	
FORMOSAT-2			File/OpenAs/OpticalSensors/Airbus/ FORMOSAT-2	.dim
Gaofen-1			File/Open As/Optical Sensors/CRESDA/ GF-1	*.xml
GeoEye-1（NITF）			File/Open	.pvl
GeoEye-1（GeoTIFF）			File/Open	*_metadata.txt
GeoEye-1（DigitalGlobe format）			File/Open	.til
GIF			File/Open	.gif
GeoTIFF	●		File/Open	.tif
Göktürk-2（GeoTIFF）			File/Open	package.xml
GRIB-1			File/Open	.grb
GRIB-2			File/Open	.grb2
HDF-EOS			File/Open As/Optical Sensors/EOS/ ASTER	.hdf
			File/Open As/Optical Sensors/ EOS/MODIS	
HDF5			File/Open	.h5
IAS（JPEG2000，NITF）		●	File/Open Remote Dataset	.jp2，.j2c，.jpx
			File/Remote Connection Manager	
IKONOS（NITF）			File/Open	metadata.txt
IKONOS（GeoTIFF）			File/Open	metadata.txt
JERS-1			File/Open As/Radar Sensors/JERS	.dat
JPEG			File/Open	.jpg，.jpeg
JPEG2000	●	●	File/Open	.jp2，.j2k
			见 Save File as JPEG2000.	
JPIP（JPEG2000）		●	File/Open Remote Dataset	.jp2，.j2c，.jpx
			File/Remote Connection Manager	
KOMPSAT-2（GeoTIFF）			File/Open	.xml
KOMPSAT-3（GeoTIFF）			File/Open	.xml
Landsat 4，5 TM files with Metadata（GeoTIFF）			File/Open	*_mtl.txt，* wo.txt，.met
Landsat7 ETM + files with Metadata（GeoTIFF）			File/Open	*_mtl.txt，* wo.txt，.met
Landsat 8 OLI/TIRS files with Metadata（GeoTIFF）			File/Open	*_mtl.txt
Landsat ACRES CCRS			File/Open As/Optical Sensors/Landsat/ ACRES / CCRS	imag*.dat

续表

数据类型	输出	远程	输入输出命令	选择的文件类型
Landsat ESA CEOS			File/Open As/Optical Sensors/Landsat/ESA CEOS	dat * . xxx
Landsat TM Fast			File/Open As/Optical Sensors/Landsat /Fast	header. dat
Landsat 7 Fast Pan data，Band8			File/Open As/Optical Sensors/Landsat/ Fast	* _hpn. fst
Landsat 7 Fast VNIR/SWIR data，Bands 1-5 和 7			File/Open As/Optical Sensors/Landsat /Fast	* _hrf. fst
Landsat 7 Fast thermal data，Bands 61-62			File/Open As/Optical Sensors/Landsat/ Fast	* _htm. fst
Landsat HDF4			File/Open As/Optical Sensors/Landsat /HDF4	. hdf
Landsat MRLC			File/Open As/Optical Sensors/Landsat/MRLC	. dda
Landsat NLAPS			File/Open As/Optical Sensors/Landsat/ NLAPS	. h *
LAS LiDAR 版本 1.0-1.4			见 Open LAS Format LiDAR Files 和 3D LiDAR Viewer.	. las
MASTER（HDF4）			File/Open As/Thermal Sensors/MASTER	. hdf
MODIS Level-1B through 4（HDF-EOS）			File/Open As/Optical Sensors/EOS/MODIS	. hdf
MrSID（仅 Windows 和 Linux）			File/Open	. sid
Multi-page TIFF			File/Open As/Series 将会打开序列文件影像	. tif
			File/Open 将会打开一个多波段影像	
NetCDF-4			File/Open	. nc
NigeriaSat-1（TIFF）			File/Open	. dim
NigeriaSat-2（TIFF）			File/Open	. dim
NITF 1.1（license required）			File/Open	. ntf
NITF 2.0（license required）	●		File/Open	. ntf
NITF 2.1（license required）	●		File/Open	. ntf
			见 Saving NITF Files.	
NSIF 1.0（license required）	●		File/Open	. nsf
			见 Saving NITF Files.	
NPP VIIRS（HDF5）			File/Open	. h5
OGC WCS（GIF，JPEG，PNG，TIFF/ GeoTIFF）		●	File/Open Remote Dataset	. gif，. jpg，. jpeg, . png，. tif
			File/Remote Connection Manager	
OGC WMS（GIF，JPEG，PNG，TIFF/ GeoTIFF）		●	File/Open Remote Dataset	. gif，. jpg, . jpeg，. png，. tif
			File/Remote Connection Manager	
OrbView-3（NITF，TIFF）			File/Open	. pvl
PCI	●		File/Open As/GIS Formats/PCI	. pix
			见 Save File as PCI.	

数据类型	输出	远程	输入输出命令	选择的文件类型
PDS			File/Open	. lb1, . pds
PICT			File/Open As/Generic Formats/PICT	. pic
Pleiades-HR DIMAP V1			File/Open	PHRDIMAP. xml
Pleiades-HR 1A, 1B Primary, Ortho DIMAP V2 (JPEG2000, TIFF)			File/Open	dim * . xml
Pleiades-HR mosaic tiles			File/Open	. til
PNG			File/Open	. png
Proba-V (HDF5)			File/Open As/Optical Sensors/Proba-V	. h5
QuickBird (DigitalGlobe format)			File/Open	. til
QuickBird (NITF)			File/Open	. ntf
QuickBird (GeoTIFF)			File/Open	. tif
RADARSAT-1 (CEOS)			File/Open As/Radar Sensors/RADARSAT	dat * . 001
RADARSAT-2 (GeoTIFF)			File/Open As/Radar Sensors/RADARSAT	. tif
RapidEye Level - 1B Basic (NITF, GeoTIFF)			File/Open	* _metadata. xml
RapidEye Level - 3A Ortho (NITF, GeoTIFF)			File/Open	. ntf, . tif
RapidEye Level - 3B Area - based Ortho (GeoTIFF)			File/Open	. tif
RASAT			File/Open	package. xml
ResourceSat-1 Fast			File/Open As/Optical Sensors/IRS/Fast	header. dat
ResourceSat-1 Super Structured			File/Open As/Optical Sensors/IRS/Super Structured	leader *
ResourceSat-2 (HDF5)			File/Open	. h5
SeaWiFS LAC 1B, 2A, 2B (CEOS)			File/Open As/Optical Sensors/SeaWiFS/CEOS	image *
SeaWiFS Level-1A, 1B (HDF4)			File/Open As/Optical Sensors/SeaWiFS/HDF4	* . l1a * , * . l1b *
Sentinel-2			File/Open	* . xml
			File/Open As/Optical Sensors/Sentinel-2	
SICD (NITF)			File/Open As/Radar Formats/SICD	. ntf
SIR-C/X-SAR			见 Radar Tools.	. cdp
SkySat-1, 2 (TIFF)			File/Open	* _metadata. txt
SPOT ACRES			File/Open As/Optical Sensors/Airbus/SPOT/ACRES SPOT	. dat
SPOT CAP			File/Open As/Optical Sensors/Airbus/SPOT/SPOT	. dat

数据类型	输出	远程	输入输出命令	选择的文件类型
SPOT GeoSPOT			File/Open As/Optical Sensors/Airbus/SPOT/ GeoSPOT	.tif, .bil
SPOT Level-1A, 2A, 1B			File/Open As/Optical Sensors/Airbus/SPOT/SPOT	.dat
SPOT mosaic tiles			File/Open	.til
SPOT 2-5 DIMAP V1 (BIL, TIFF)			File/Open As/Optical Sensors/Airbus/SPOT /DI-MAP (.DIM)	metadata.dim
			File/Open As/Optical Sensors/Airbus/ SPOT/ DI-MAP (.XML)	*.xml
SPOT6 DIMAP V2 (JPEG2000, TIFF)			File/Open	DIM *.xml
SPOT 7 DIMAP V2 (JPEG2000, TIFF)			File/Open	DIM *.xml
SPOT SISA			File/Open As/Optical Sensors/Airbus/ SPOT/ SPOT	.dat
SPOT Vegetation (HDF4)			File/Open As/Optical Sensors/Airbus/ SPOT/ Vegetation	.hdf
SRF			File/Open As/Generic Formats/SRF	.srf
SRTM DEM			File/Open As/Digital Elevation/SRTM DEM	.hgt
SSOT DIMAP V2			File/Open	metadata.dim
TFRD (license required)			File/Open	.tfd
				.isd
TIFF	●		File/Open	.tif
TIMS			File/Open As/Thermal Sensors/TIMS	
TOPSAR Correlation Image Incidence Angle, DEM			File/Open As/Radar Sensors/TOPSAR	
USGS DOQ			File/Open As/GIS Formats/USGS/DOQ	.tif
USGS DRG			File/Open As/GIS Formats/USGS/DRG	.tif
USGS Native DEM			File/Open As/Digital Elevation/USGS DEM	
			File/Open As/GIS Formats/USGS/DEM	
USGS SDTS DEM			File/Open As/Digital Elevation/USGS SDTS DEM	
			File/Open As/Digital Elevation/USGS /SDTS DEM	
VNREDSat-1			File/Open	metadata.dim
WorldView-1 (DigitalGlobe format)			File/Open	.til
WorldView-1 (NITF)			File/Open	.ntf
WorldView-1 (GeoTIFF)			File/Open	.tif
WorldView-2 (DigitalGlobe format)			File/Open	.til

续表

数据类型	输出	远程	输入输出命令	选择的文件类型
WorldView-2（NITF）			File/Open	. ntf
WorldView-2（GeoTIFF）			File/Open	. tif
WorldView-3（DigitalGlobe format）			File/Open	. til
WorldView-3（NITF）			File/Open	. ntf
WorldView-3（GeoTIFF）			File/Open	. tif
XWD			File/Open As/Generic Formats/XWD	
Ziyuan-1-02C			File/Open As/Optical Sensors/CRESDA/ZY-1-02C	*. orientation. xml, *. xml, *-MUX. xml, *-PAN. xml
Ziyuan-3A			File/Open As/Optical Sensors/CRESDA/ ZY-3	*. orientation. xml, *. xml, *-NAD. xml

表 2.3 ENVI 支持输入的矢量数据

数据类型	输出	远程
ENVI 矢量格式（EVF）	●	
ESRI Enterprise Geodatabase（Feature class），ArcGIS ® 10.3 和早期版本		●
ESRI File Geodatabase（Feature class）		●
ESRI Personal Geodatabase（Feature class）		●
ESRI Layers，包括引用 ESRI 图像服务的文件		
ESRI Shapefile（. shp）	●	
OGC GeoPackage 矢量文件（. gpkg）		

表 2.4 ENVI 支持输入的视频数据

数据类型	输入	输出	选择的文件
Adobe Flash（FLV）	●	●	. f4v，. flv
Adobe Shockwave Flash（SWF）	●	●	. swf
Animated GIF	●	●	. gif
Apple QuickTime	●	●	. mov
Audio Video Interleaved（AVI）	●	●	. avi
Google WebM Matroska	●	●	. webm
DV（Linux only）	●	●	. dv
Matroska Video	●		. mkv
Motion JPEG	●	●	. mjpeg，. mjpg
Motion JPEG2000	●		. mj2
MPEG-1 Part 2	●		. mpeg，. mpg，. mp1，. m2v

续表

数据类型	输入	输出	选择的文件
MPEG-2 Transport Stream	●		. ts
MPEG-2 Part 2			. mpeg，. mpg，. mp2，. mpg2，. mpeg2，. mpv，. m2v
MPEG-4 Part 12/3GPP/3GPP2			. 3gp，. 3g2
MPEG-4 Part 14	●	●	. h264，. mp4，. mpeg4，. mpg4
RAW	●	●	. raw

表 2.5　ENVI 支持的视频编解码数据

名称	详细内容	输入	输出
FLV	Adobe Flash Video：FLV，Sorenson Spark，Sorenson. 263	●	●
BMP	Bitmap （Windows only）	●	
GIF		●	●
H. 263	H. 263-1996，H. 263+，H. 263-1998，H. 263 Version 2	●	
H. 264	MPEG-4 Part 10：H. 264，AVC	●	
HEVC	High Efficiency Video Coding	●	
MJPEG	Motion JPEG	●	●
MPEG1 Video	MPEG-1：H. 261	●	
MPEG2 Video	MPEG-2：H. 222，H. 262	●	
MPEG4	MPEG-4 Part 2	●	●
MSMPEG4V1	MPEG-4 Part 2 Microsoft Variant Version 1	●	
MSMPEG4V2	MPEG-4 Part 2 Microsoft Variant Version 2	●	●
MSMPEG4	MPEG-4 Part 2 Microsoft Variant Version 3	●	●
RAW	Raw video （uncompressed）	●	
VC-1	Microsoft codec，also known as SMPTE 421M	●	
VP8	Google codec	●	

三、ENVI 系统常用文件命名规则

ENVI 在处理数据时，对于文件命名比较灵活，除不能使用用于头文件的扩展名 . hdr 命名之外，基本不加任何限制，但需要注意的是，ENVI 针对自己特定的处理功能会设计特定扩展名的文件类型，使用 ENVI 相应功能时，应当使用约定的文件名，使文件处理效率最高，表 2.6 为 ENVI 特定的文件及其对应的后缀扩展名。

表 2.6　**ENVI 文件后缀规则**

文件类型	扩展名
ENVI 坏行列表	. bll
ENVI n 维可视化状态文件	. ndv
ENVI 数学和波谱运算表达式	. exp
ENVI 像元纯净指数计算文件	. cnt
ENVI 网格文件	. grd
ENVI 头文件	. hdr
ENVI 图像文件	. dat 或者不定义
ENVI 查找表	. lut
ENVI 图例	. key
ENVI 控制点文件	· pts
ENVI 滤波核文件	. ker
ENVI 图层工程文件	. json
ENVI 等高线文件	. lev
ENVI 定标因子文件	. cff
ENVI 显示组工程文件	. grp
ENVI 密度分割范围文件	. dsr
ENVI 波谱库	. sli
ENVI 感兴趣区	. roi 或 . xml
ENVI 启动脚本	. ini
ENVI 统计文件	. sta
ENVI 统计报表	. txt
ENVI 磁带脚本	. fmt
ENVI 三维场景浏览路径文件	. pat
ENVI 矢量文件	. evf
ENVI 矢量模板文件	. vec
JPL AIRSAR 压缩的 Stokes 矩阵数据	. stk
SIR-C 压缩数据产品	. cdp
ENVI 镶嵌模板文件	. mos

第二节　数据的输入/输出

一、常见数据的输入

（一）栅格文件输入

ENVI 通用栅格数据格式包含一个简单的二进制文件（a simple flat binary）和一个相

关的 ASCII（文本）的头文件，例如 qb_boulder_pan 和 qb_boulder_pan. hdr 共同组成的 ENVI 通用栅格数据 qb_boulder_pan 影像文件。表 2.7 是 ENVI 可自动识别和读取的通用栅格数据格式。

表 2.7　ENVI 可自动识别和读取的通用栅格数据格式

AVHRR	DPPDB	HDF SeaWiFS	MrSID
BMP	DETD	JPEG	NLAPS
ER Mapper	PCI（. pix）	JPEG 2000	PDS
ERDAS 7. x（. lan）	ESRI Grid	Landsat 7 Fast（. fst）	RADARSAT
ERDAS IMAGINE 8. x（. img）	HDF5	Landsat 7 HDF	SRF
GeoTIFF	TIFF	MAS-50	TIFF
HDF	MRLC（. dda）	ENVI 自带格式	

对于上述类型数据，使用 File/Open 或者工具栏 📂 打开即可，如图 2.4 所示，选择打开自带数据 bhtmref. img（见图 2.5）。

图 2.4　File/Open 打开栅格图像

资料来源：ENVI 软件。

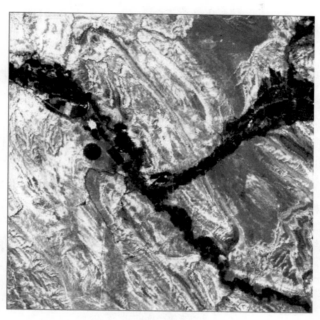

图 2.5 图像 bhtmref. img

资料来源：ENVI 软件。

（二）矢量文件输入

矢量文件的打开同样使用 File/Open 或者工具栏 ，可以在 C:\Program Files \ Exelis \ ENVI53 \ classic \ data \ vector \ 路径下打开一幅矢量数据，也可以在 C:\Program Files \ Exelis \ ENVI53 \ data \ natural_earth_vectors \ 路径下打开一幅矢量数据，选择 *.evf 或者 *.shp 后缀的数据，此处选择 can_v1.evf，打开数据如图 2.6 所示。

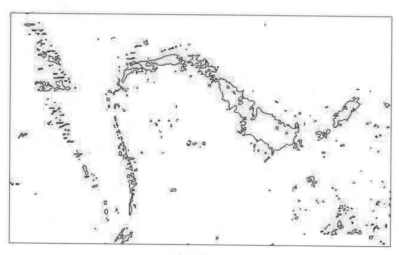

图 2.6 矢量数据 can_v1. evf

资料来源：ENVI 软件。

二、特殊数据的输入

对于特定的已知文件类型，利用 File/Open 不能将其打开，需要利用内部或外部的头文件信息，使用 File/Open As 命令，选择合适的读取方式进行打开。ENVI 能够读取一些标准文件类型的若干格式，包括精选的遥感格式、军事格式、数字高程模型格式、图像处理软件格式及通用图像格式，ENVI 从内部头文件读取必要的参数将图像打开。图 2.7 展示了 Open As 可以识别的图像，有 200 多种不同的格式（见表 2.2），根据不同的数据格式可以选择相对应的打开方式。另外一些文件数据可以通过读取文件的元数据信息，在Header Information 对话框中输入相关信息，将文件打开。

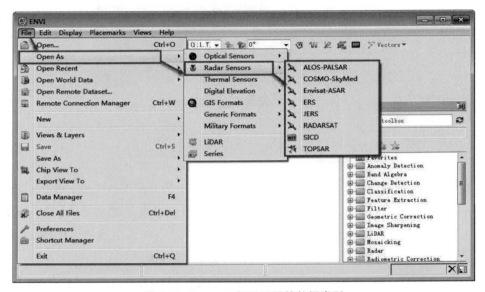

图 2.7　Open As 打开不同的数据类型

资料来源：ENVI 软件。

（一）打开 HDF 格式的图像文件数据

点击 File/Open As/Genertic Formats/HDF4，弹出 Enter HDF Filenames 对话框，在指定文件目录下选择 MOD13A2_h27v05.hdf 文件，打开后出现 HDF Dataset Selection 对话框（见图 2.8），此数据集包含 11 个子文件，选择其中任何一个波段，即可打开数据，图 2.9为打开的 EVI 数据。

（二）读取 ASCII 码格式存储的图像文件

用写字板方式查看 bhtmref-ascii.txt 文件的头文件信息 bhtmref.hdr，可以获取该图像的如下信息：

图 2.8 HDF Dataset Selection 对话框
资料来源：ENVI 软件。

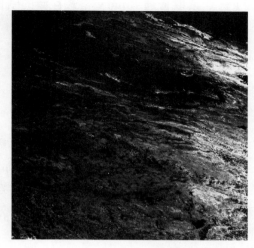

图 2.9 打开 MODIS 数据集的 EVI 图像
资料来源：ENVI 软件。

（1）行和列数：512。

（2）波段数：6。

（3）数据类型：Byte。

（4）数据存储格式：BSQ。

通过 File/Open As/Generic Formats/ASCII 打开 bhtmref-ascii. txt 文件，基于获取的信息，填写图 2. 10 中主要信息，即可打开 ASCII 文件。打开后图像以 4、3、2 波段组合，进行 Linear2%线性拉伸（见图 2. 11）。

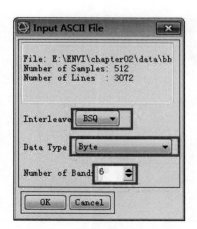

图 2.10 ASCII 码 File 对话框
资料来源：ENVI 软件。

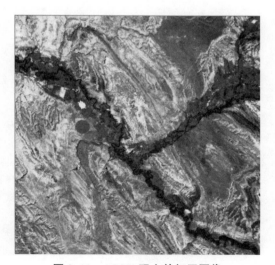

图 2.11 ASCII 码文件打开图像
资料来源：ENVI 软件。

（三）读取普通 Binary 格式存储的图像文件

以写字板方式打开文件 can_tmr. txt，获取普通 Binary 格式 can_tmr. dat 数据的元数据信息，可知：

（1）Samples 图像文件列数：640。

（2）Lines 图像文件的行数：400。

（3）Bands 图像文件的波段数：6。

（4）Offset 图像文件从文件开头到实际数据起始处的字节偏移量：0。

（5）xstart 和 ystart 为图像左上角的起始像元坐标：0，0。

（6）Data Type 选择适当的数据类型（字节型、整型、无符号整型、长整型、无符号长整型、浮点型、双精度型、64 位整型、无符号 64 位整型、复数型或双精度复数型）：Byte。

（7）Byte Order 选择数据的字节顺序：Host（Intel）。

需要说明的是，这个参数在不同的平台有所不同：对于 DEC 和 PC 机，选择"Host（Intel）"：for the host least significant first 字节顺序；对于其他所有平台，选择"Network（IEEE）"：for the network most significant first 字节顺序。

（8）Interleave 数据存储格式：BSQ。

元数据信息获取后，打开图像选择 File/Open As/Binary 菜单，选择普通二进制文件 can_tmr. dat 打开（见图 2.12），出现 Header Info 对话框，框中填写查阅得到的信息（见图 2.13），点击 OK 按钮，打开图像（见图 2.14）。

图 2.12　Open As/Binary 数据打开对话框

资料来源：ENVI 软件。

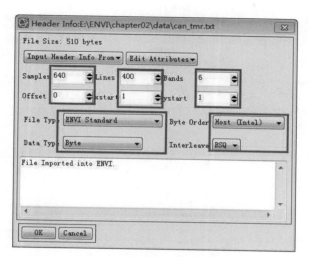

图 2.13　Header Info 对话框

资料来源：ENVI 软件。

图 2.14　普通二进制（Binary）文件打开图像

资料来源：ENVI 软件。

三、其他方式的数据输入

（一）打开最近使用文件

通过菜单栏 File/Open Recent，可以将近期使用过的数据直接打开。

（二）打开全球数据

通过菜单栏 File/Open World Data，打开 ENVI 安装目录下提供的全球相关数据，主要有矢量数据和栅格数据，如图 2.15 所示。

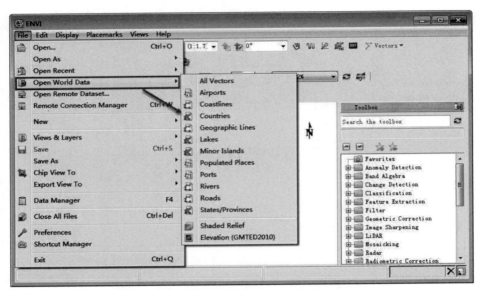

图 2.15 打开 ENVI 自带全球数据

资料来源: ENVI 软件。

(三) 打开远程数据

通过菜单栏 File/Open Remote Dataset…, 在打开的对话框中输入提供的网址, 可以打开远程数据。

四、数据的输出

(一) 普通输出

窗口菜单栏界面, 选择 File/Save As (见图 2.16), 将影像按照需要的格式进行存储。其中, Save As… (ENVI, NITF, TIFF, DTED) 为常用保存方式, 一般情况下选择该选项, 出现 File Selection 对话框 (见图 2.17), 选择需保存图像 bhtmref.img, 点击 OK 按钮, 出现 Save File As Parameters 参数对话框, 选择 "ENVI" 格式保存图像为 bhtmref.dat (见图 2.18)。该种保存方式保存的数据为原始数据, 没有拉伸。另外, 可以将文件另存为 ArcView Raster、ASCII、CADRG、ERDAS IMAGINE 等格式。

(二) 拷屏输出

菜单栏下, 选择 File/Chip View To/File 或者点击工具栏中的 ■ (见图 2.19), 在弹出的对话框中 (见图 2.20), 选择路径和输出格式, 比如 ENVI、TIFF、JPEG 等格式, 进行文件拷屏, 拷屏可以保留栅格图像的增强效果, 只能保留 3 波段或者单波段图像, 此处保存图像类型为 ENVI 标准格式文件 bhtmrefclip.dat。除此之外, 拷屏输出还可以直接拷屏保存到 PowerPoint、Geospatial PDF 和 Google Earth 中。

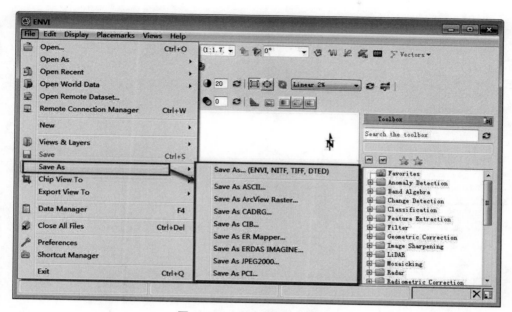

图 2.16 文件保存类型选择框

资料来源：ENVI 软件。

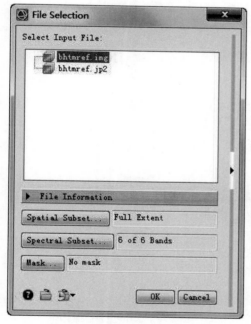

图 2.17 File Selection 对话框

资料来源：ENVI 软件。

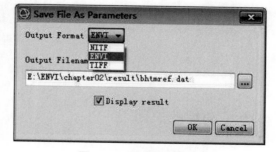

图 2.18 保存图像输出

资料来源：ENVI 软件。

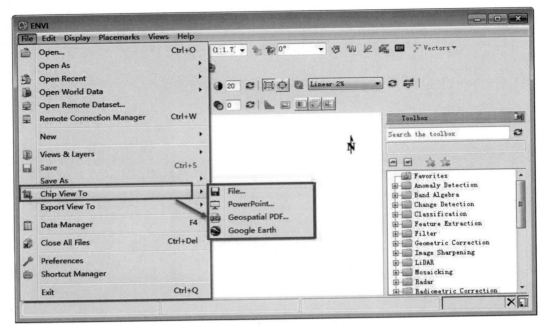

图 2.19　File/Chip View To 拷屏界面

资料来源：ENVI 软件。

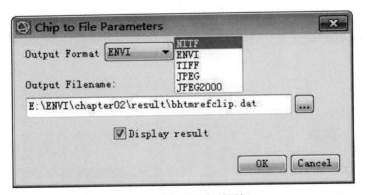

图 2.20　拷屏输出对话框

资料来源：ENVI 软件。

五、文件的关闭

在数据管理工具（Data Manager）中，右键点击文件 Close File 或者工具栏 ✖ 关闭一个文件，右键点击文件 Close All Files 或者工具栏 🔳 关闭所有文件，见图 2.21。

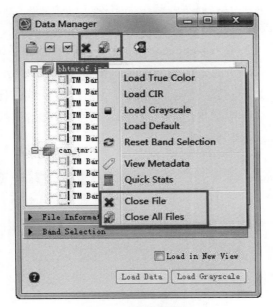

图 2.21　图像的关闭

资料来源：ENVI 软件。

第三节　ENVI 图像处理基础操作

一、查看图像元数据

遥感图像元数据（metadata）主要用于描述要素、数据集或数据集系列的内容、覆盖范围、质量、管理方式、数据的所有者、数据的提供方式等有关的信息，可以让用户更好地使用数据。在使用数据时，除了通过直接打开已知的元数据文件来查看图像元数据信息，也可以在 ENVI 中通过查看图像属性表或者头文件信息来获取图像元数据信息。

（一）使用图像属性表查看图像元数据

通过查看图像属性表，可以了解图像来源、栅格分辨率、投影等一系列图像的元数据信息，对于正确使用图像具有重要的指示意义。在图层管理（Layer Manager）列表右键点击图像 Landsat8-zz2021.dat，选择打开 View Metadata，弹出 View Metadata 数据框，图像属性表具体使用含义如图 2.22 所示，其中列表下 Raster 主要显示图像存储路径（Dataset）、图像大小（Size）、行列（Rows 和 Columns）、文件类型（Type）、波段（Bands）、存储方式（Interleave）、数据类型（Data type）、传感器（Sensor Type）等信息；Map Info 主要显示图像是否有投影（Projected）、像元的起始点坐标（Pixel Tie Point X、Y）、图像的起始点位置坐标（Map Tie Point X、Y）、像元大小（Pixel Size X、Y）、单位（Units）和旋转信息（Rotation）（见图 2.23）；Coordinate System 显示图像坐标系统；Extents 显示了图像范围，以图像左上角和右下角的坐标表示图像范围；Spectral 显示图像每个波段的信息，包括各波段中心波长、波谱宽度、增益和偏移等信息；Time 代表图像成像时间；Security 代表图像的安全性；Auxiliary URIs 显示图像头文件和金字塔文件的存储位置；Supplementary 是图像相关的补充信息。

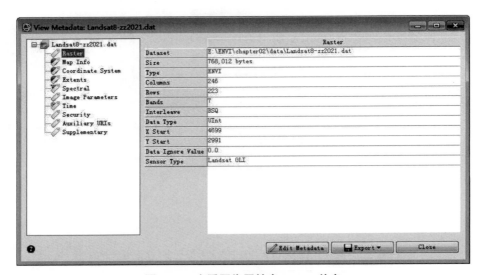

图 2.22 查看图像属性表 Raster 信息

资料来源：ENVI 软件。

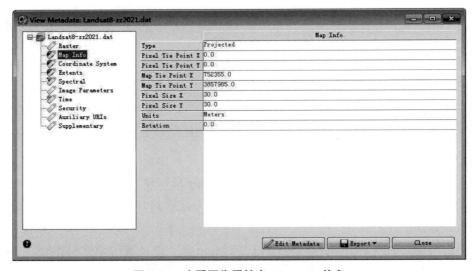

图 2.23 查看图像属性表 Map Info 信息

资料来源：ENVI 软件。

（二）使用 Edit ENVI Header 查看图像元数据

打开数据 Landsat8-zz2021. dat，使用工具箱（Toolbox）/Raster Management/Edit ENVI Header 工具，在 File Selection 中选择 Landsat8-zz2021. dat 影像，打开 Set Raster Metadata 对话框（见图 2.24），展示了该数据的各种具体信息。

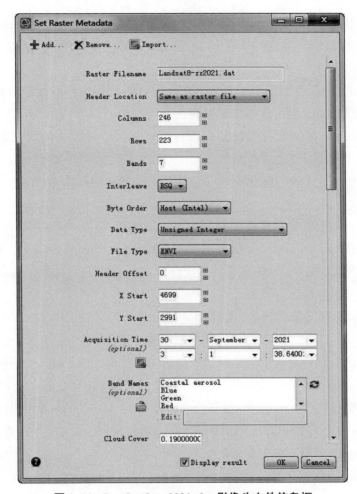

图 2.24 Landsat8-zz2021. dat 影像头文件信息框

资料来源：ENVI 软件。

Set Raster Metadata 对话框各主要参数意义如下：

Raster Filename：栅格文件名字。此处文件名为 Landsat8-zz2021. dat。

Header Location：头文件位置。有两种位置，一种是和栅格文件一致（Same as raster file），另一种是存储在辅助文件目录（Auxiliary File Directory）。

Columns：列。该影像共有 246 列。

Rows：行。该影像共有 223 行。

Bands：波段数。该影像共有 7 个波段。

　　Interleave：数据存储方式，有 BSQ、BIL、BIP 三种方式。该影像存储方式为 BSQ。

　　Byte Order：字节序。共存在两种字节存储方式，分别为小端存储［Host（Intel）］和大端存储（Network IEEE）。该数据字节存储方式为小端存储［Host（Intel）］。

　　Data Type：数据类型，包括字节型（Byte）、整型（Integer）、长整型（Long Integer）、无符号整型（Unsigned Integer）、浮点型数据（Float，Double）等类型。该影像为无符号整型（Unsigned Integer）。

　　File Type：文件类型，包括 ENVI、TIFF、HDF5 等一系列格式，参见表 2.2。该影像为 ENVI 标准的文件类型。

　　Header Offset：偏移量，用来计算图像存储的具体数据内容所在字节存储位置，需要根据头文件的存储信息计算。该数据偏移量为 0。

　　X Start，Y Start：图像像元的起始位置行列坐标号。该数据的像元起始行列位置为（4699，2991）。

　　Acquisition Time：代表图像获取时间。该影像的获取时间为 2021 年 9 月 30 日 3 时 1 分 38.640017 秒。

　　Band Names：波段名字。该影像有 7 个波段，分别为 Coastal aerosol（海岸/气溶胶波段）、Blue（蓝波段）、Green（绿波段）、Red（红波段）、Near Infrared（NIR）（近红外波段）、SWIR 1（短波红外 1）、SWIR 2（短波红外 2）。选择某一波段，在 Edit 框中将会出现此波段，可以对该波段进行编辑。

　　Cloud Cover：云量。此处影像云量为 0.19。

　　Data Ignore Value：数据背景值。此处背景值为 0。

　　Data Gain Values：数据辐射增益值，单位为 W/（m^2·sr·μm）。不同波段的增益值分别为：Coastal aerosol（0.4430μm），0.012518；Blue（0.4826μm），0.012818；Green（0.5613μm），0.011812；Red（0.6546μm），0.0099605；Near Infrared（NIR）（0.8646μm），0.0060953；SWIR 1（1.6090μm），0.0015159；SWIR 2（2.201μm），0.00051092。

　　Data Offset Values：数据辐射偏移值，单位为 W/（m^2·sr·μm）。不同波段的偏移值分别为：Coastal aerosol（0.4430μm），－62.58866；Blue（0.4826μm），－64.09155；Green（0.5613μm），－59.05981；Red（0.6546μm），－49.80256；Near Infrared（NIR）（0.8646μm），－30.47668；SWIR 1（1.6090μm），－7.57927；SWIR 2（2.201μm），－2.55462。

　　Data Reflectance Gain Values：数据反射增益值。此处所有波段的值为 0.000026642972。

　　Data Reflectance Offset Values：数据反射偏移值。此处所有波段的值为－0.13321486。

　　Fwhm：各波段光谱响应宽度。各波段的光谱响应宽度分别为：Coastal aerosol（0.4430μm），0.0160μm；Blue（0.4826um），0.0601μm；Green（0.5613μm），0.0574μm；Red（0.6546μm），0.0375 μm；Near Infrared（NIR）（0.8646μm），0.0282μm；SWIR 1（1.6090μm），0.0847μm；SWIR 2（2.201μm），0.1867μm。

　　Default Bands to Load：设置默认的加载波段，有 RGB 和 Grayscale 两种方式。此处默

认是真彩色打开，可以通过点击下面对话框设置默认打开匹配波段。

Spatial Reference：空间参考信息，如图 2.25 所示，包括空间参考坐标系统、使用的投影坐标系统、像元大小、图像起始像元坐标、旋转角度等信息。

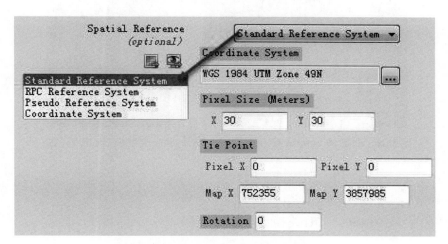

图 2.25　Spatial Reference 信息栏

资料来源：ENVI 软件。

Sensor Type：传感器类型，包括 Landsat 卫星系列、QuickBird、RADARSAT 等几十种卫星传感器类型。此处传感器为 Landsat OLI。

Wavelength：各波段中心波长。各波段的中心波长分别为：Coastal aerosol，0.4430μm；Blue，0.4826μm；Green，0.5613μm；Red，0.6546μm；Near Infrared（NIR），0.8646μm；SWIR 1，1.6090μm；SWIR 2，2.201μm。

Wavelength Units：波长单位，主要有微米（Micrometers）、纳米（Nanometers）、波长数（Wavenumber）、吉赫兹（GHz）、兆赫兹（MHz）、Index（指标）、Unknown（未知）。该影像使用单位为微米（Micrometers）。

Sun Elevation：天阳高度角。此处值为 48.648184。

Sun Azimuth：太阳方位角。此处值为 151.10802。

earth sun distance：日地距离。此处值为 1.0015180。

image quality：影像质量。此处值为 9。

（三）修改图像元数据对图像的影响

以修改图像头文件中的列数为例，将原图像 Landsat8-zz2021.dat 中的 Columns=246 改为 Columns=150，展示修改图像元数据对图像的影响。先将原图 Landsat8-zz2021.dat 另存为 TEST.dat 作为实验数据，修改 TEST.dat 数据的 Columns=150，结果如图 2.26 所示。使用者可以逐一修改 Rows、Bands、Offset、File Type、Byte Order、Data Type、Interleave 参数，观察结果。

图 2.26　原图像 Landsat8-zz2021. dat（左）和修改后 TEST. dat（右）

资料来源：ENVI 软件。

二、视窗（Views）相关操作

（一）打开多个视窗

在 ENVI 中，视窗是显示数据的窗口，在图像打开时，会自动打开一个新的视窗（View），用户可以通过图层管理（Layer Manager）工具管理视窗，加载图像。ENVI 最多可打开 16 个视窗，在窗口菜单界面点击 Views 菜单（见图 2.27），选择不同类型的打开方式，可打开 2×2 Views 即 4 个视窗、3×3 Views 即 9 个视窗等不同类型的多个视窗，打开多个视窗后，可以对每个视窗添加影像（见图 2.28）。

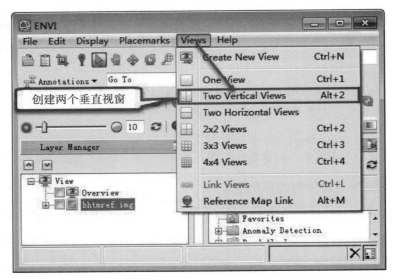

图 2.27　多视窗建立方法

资料来源：ENVI 软件。

图 2.28　多视窗图像打开

资料来源：ENVI 软件。

（二）视窗链接显示

视窗链接操作至少要打开两个视窗，具体操作如下：

通过 Views 菜单/Two Vertical Views 打开两个视窗，然后在两个视窗加载相同区域的图像，此处以打开 bhtmref. img 不同波段组合的图像为例，假设这是同一地区不同的图像。

通过 Views 菜单/Link Views 打开面板，如图 2.29 所示。首先在 Geo Link 或者 Pixel Link 中选择一种链接方式，其中，Geo Link 代表基于地理位置的链接，Pixel Link 代表基于像元位置的链接；其次用鼠标左键点击图 2.29 中窗口 1 和窗口 2，左下方出现对号，即可点击 OK 按钮完成链接。

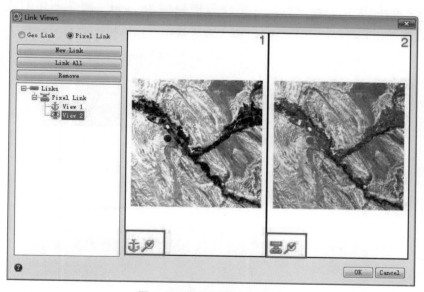

图 2.29　视窗链接创建窗口

资料来源：ENVI 软件。

链接完成后，在 ENVI 界面，鼠标在其中一个视图上进行平移、放大、缩小等任何操作，另一个窗口同步显示完成相同的内容。

当想关闭链接时，依次点击 Views 菜单/Link Views，选择想要关闭的链接 View，点击 Remove 按钮，即可关闭链接。

(三) 视窗和图层的保存和恢复

ENVI 通过保存视窗和图层，可以将打开的文件、视图布局、已经加载的图层等一系列信息保存成类似于 Arcmap 的工程文件，方便使用。主要操作步骤如下：

菜单栏下，依次点击 File/Views&Layers/Save，弹出对话框，将视窗和图层保存为 *.json 文件。

菜单栏下，依次点击 File/Views&Layers/Restore，选中保存的 *.json 文件，将视窗和图层恢复。

三、常用文件创建及编辑

(一) 矢量文件操作

1. 创建矢量文件

菜单栏下，通过 File/New/Vector Layer…打开创建矢量图层面板（见图 2.30），在 Layer Name 中设置图层名，Record Type 中选择创建的矢量类型，主要包括点（Point）、多点（Multipoint）、线（Polyline）和面（Polygon）四种数据类型，最后在 Source Data 中选择创建矢量文件依据的基底数据源，点击 OK 按钮，即可创建成功。新创建的矢量文件，投影和图幅大小与基底文件一致。这里设置图层名为 Land，选择创建的数据类型为 Polygon 面状数据，基底数据为 bhtmref. img，矢量数据创建成功。

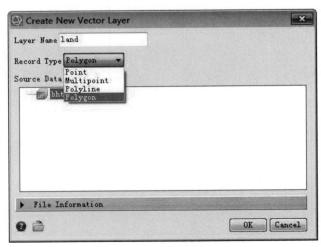

图 2.30　创建矢量图层面板

资料来源：ENVI 软件。

2. 绘制矢量文件

单击工具栏 Vectors 下拉菜单的 Create Vector 工具，点击鼠标左键按照需求在图像上点击移动即可绘制矢量，绘制结束后点击右键选择 Accept 或者双击即可完成矢量文件绘制，点击 Clear 可以清除当前绘制（见图 2.31）。

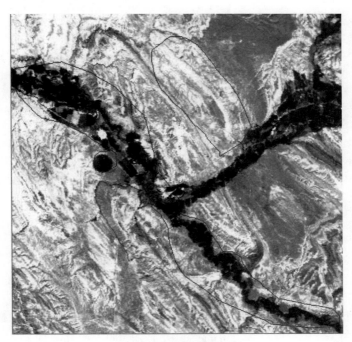

图 2.31　绘制矢量图层

资料来源：ENVI 软件。

3. 编辑矢量文件

单击工具栏 Vectors 下拉菜单中的 Edit Vector 和 Edit Vertex 按钮可以编辑矢量文件和编辑节点，其中选择 Edit Vector 工具时，选中待编辑矢量文件，点击右键，出现相关编辑菜单，如图 2.32 所示，主要包括删除（Delete）、移除空洞（Remove Holes）、平滑（Smooth...）、矩形化（Rectangulate）、合并（Merge）、显示合并（Show Merge）、组合（Group）、取消组合（Ungroup）、清除选择（Clear Selections）、保存（Save）、另存为（Save As...）、恢复（Revert）相关操作；单击 Edit Vertex 工具时，选择需编辑的矢量，当节点周围出现红色矩形框时，可对节点进行移动。点击右键，出现相关操作，如图 2.33所示，主要包括在鼠标处插入节点（Insert Vertex）、删除节点（Delete Vertex）、捕捉到最近的节点（Snap to Nearest Vertex）、标记节点（Mark Vertex）、逆向标记（Invert Marks）、清除标记（Clear Marks）、删除标记的节点（Delete Marked Vertices）、在标记节点处断开（Split at Marked Vertices）、接受修改（Accept Changes）、清除修改（Clear Changes）、保存（Save）、另存为（Save As...）、恢复（Revert）相关操作。

图 2.32　编辑矢量菜单

资料来源：ENVI 软件。

图 2.33　编辑节点菜单

资料来源：ENVI 软件。

（二）注记文件创建及编辑

注记数据层（Annotation Layer）主要用于标记地图信息和添加要素，主要的注记类型包括文字、符号、矢量和图形，用以在图像中标注特征、细节或感兴趣点，用注记工具栏可以对注记进行操作。

1. 创建一个新的注记图层

在菜单栏选择 File/New/Annotation Layer…，出现创建注记层的对话框（见图 2.34）。设置图层名称（Layer Name）为"name"，并选择 bhtmref. img 为基底数据源（Source Data），点击 OK 按钮。基于基底数据新创建的注记将会继承基底图的投影类型和图幅大小。建立完成后，在图层管理（Layer Manager）工具中右键点击"name"，可以进行图层名字重命名（Rename Item…）、设为当前活动图层（Set as Active Annotation Layer）、移除（Remove）、查看元数据（View Metadata）、缩放到当前图层（Zoom to Layer Extent）、保存（Save）、另存为（Save As…）、恢复（Revert）、帮助（Help）操作（见图 2.35）。

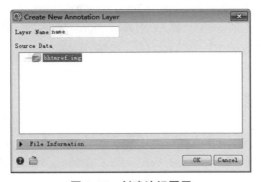

图 2.34　创建注记图层

资料来源：ENVI 软件。

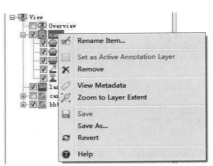

图 2.35　注记图层的修改

资料来源：ENVI 软件。

2. 添加注记

通过工具栏中的 [Annotations▼] 下拉菜单工具可以快速插入注记，从下拉菜单工具栏中点击选择需要添加的注记类型，在图像窗口对应位置通过拖曳加入注记，图 2.36 为加入的文字注记、箭头注记、椭圆注记和矩形注记。具体的注记类型及操作说明见表 2.8。

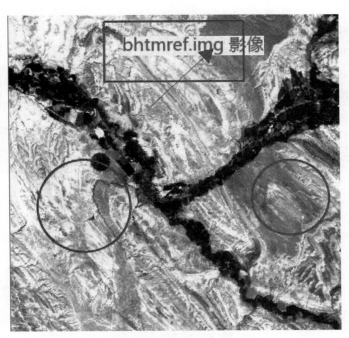

图 2.36　加入注记的图层

资料来源：ENVI 软件。

表 2.8　注记类型及其操作说明

图标	注记类型	说明
![]	Text Annotation	文字注记
![]	Symbol Annotation	符号注记，需在 Properties 的 Character 中选择显示的符号
![]	Polygon Annotation	多边形注记，按住 Shift 拖曳可得到与水平呈 45°倍数连接线
![]	Rectangle Annotation	矩形注记，按住 Ctrl 拖曳可得正方形
![]	Ellipse Annotation	椭圆注记，按住 Ctrl 拖曳可得圆形
![]	Polyline Annotation	折线注记，按住 Shift 拖曳可得到与水平呈 45°倍数的折线
![]	Arrow Annotation	箭头注记
![]	Picture Annotation	图片注记

3. 编辑注记属性

在图层管理（Layer Manager）窗口中选中"name"图层中待编辑注记或者直接在图像窗口选中待编辑注记，以 Text 注记为例，右键点击 Text，选择 Properties 编辑注记属性

（见图 2.37）。以文字注记 Text 属性为例，主要可以编辑其是否显示、是否随视窗旋转、文字内容、字体样式、字号、颜色、背景等，另外，注记的位置可直接通过鼠标拖曳移动。其他注记属性操作可参考帮助文档中"ROIs，Vectors，and Annotations"下面的 Annotations 部分内容。

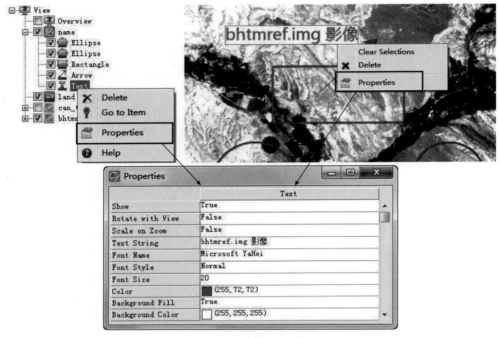

图 2.37　编辑注记属性

资料来源：ENVI 软件。

4. 删除注记

在图层管理（Layer Manager）窗口中选择待删除的注记，或者在视窗窗口图像直接点击左键选择注记，选择多个注记时可通过按住 Ctrl 键点击鼠标左键添加，右键菜单中选择Delete 删除。另外，在图像窗口任意位置点击右键，在出现的菜单中选择 Revert 将恢复到上一次保存的记录。

5. 保存注记图层

可以通过以下三种方法进行注记图层保存：

（1）通过点击菜单栏中 File/Save As… /Save As…（ENVI、NITF、TIFF、DTED），在弹出来的 File Selection 对话框中选择注记层 name 进行保存（见图 2.16~图 2.18）。

（2）通过在图像窗口中直接点击鼠标右键，选择 Save As…保存为＊.anz 格式文件。

（3）通过在图层管理（Layer Manager）窗口选中标记图层 name，右键菜单中选择Save As… 保存为＊.anz 格式文件（见图 2.35）。

四、常用工具栏操作

(一) 光标查询功能

打开 ENVI 自带遥感影像 bhtmref. img，在菜单栏 Display 下选择 Cursor Value 或者点击工具栏上的 💡 图标，打开光标查询 Cursor Value 工具。Cursor Value 窗口显示光标所在像元位置的信息，具体含义见图 2.38，Cursor Value 工具栏具体应用见表 2.9。

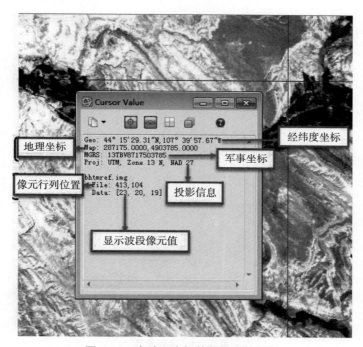

图 2.38　有地理坐标的数据光标信息

资料来源：ENVI 软件。

表 2.9　Cursor Value 工具栏操作说明

图标	注记类型	说明
	Copy probe text	复制详细位置信息，其中下拉菜单包括复制所有信息（Copy All）、复制经纬度信息（Copy Lat/Lon）、复制地理位置信息（Copy Map）、复制军事位置信息（Copy MGRS）
	On demand updates	点击实现关闭和打开十字丝，显示光标所在处信息
	Link views	如果有多个视窗，可以将多视窗位置信息链接起来
	Display information for all views	显示所有图层的位置信息
	Show info for top layer only	仅显示顶层图层的信息
	Help	帮助文档

（二）量测功能

量测功能主要是量测图像上折线上各点之间的距离和方向，还可以对多边形、矩形和椭圆的周长和面积进行量测。点击工具栏上的 ▨ 工具，此时 Cursor Value 窗口自动打开，点击 ⊕ 关闭十字丝。

默认是量测绘制线段的距离和方向，步骤是点击鼠标左键在图像上画线，然后双击或者右键选择 Accept，Cursor Value 窗口就会出现绘制线段的距离和方向（相对于北的角度为 0°），如图 2.39 所示。

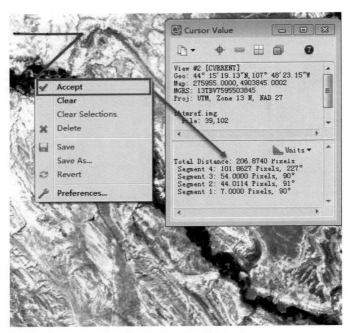

图 2.39　线段量测

资料来源：ENVI 软件。

如果要量测面状图形，例如多边形、圆形、矩形，打开工具栏上的 ▨ 工具后，首先建立感兴趣区 ROI，然后选择 ▨、▨、● 按钮，绘制多边形、矩形、圆形，双击或者右键选择 Accept Rectangle，Cursor Value 窗口就会显示绘制图形的面积和周长，如图 2.40 所示。

（三）像元定位功能

在工具栏 Go To 中，通过输入像元坐标，点击回车按钮，可以精准确定像元位置，通过打开 Cursor Value 工具中的十字丝 ⊕，可以显示该像元的位置。例如，在工具栏输入（200，200）200,200，点击回车按钮，结果如图 2.41 所示。其中，输入的坐标类型和格式如表 2.10 所示。

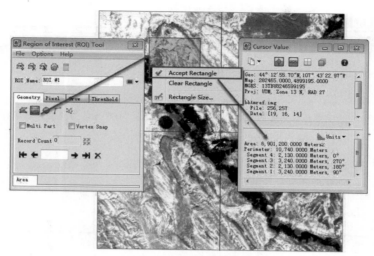

图 2.40 多边形测量

资料来源：ENVI 软件。

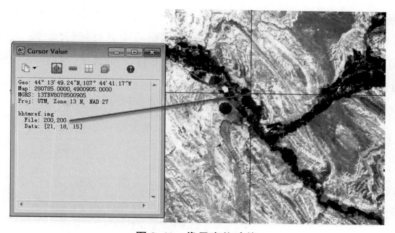

图 2.41 像元定位功能

资料来源：ENVI 软件。

表 2.10 像元定位功能输入坐标的类型及其格式

输入的坐标类型	有效的坐标格式
经纬度坐标 X，Y	1. 小数格式： 44. 134036，107. 679047 44. 134036N，107. 679047W 2. 度、分、秒格式： 44 2 17. 53，107 13 8. 57 44 2 17. 53N，107 13 8. 57W 44 2′ 37. 39″N，107 13′46. 20″W
地理坐标 X，Y	如果输入的数据大于 30000，ENVI 认为其为地理坐标，格式如下： 280785，4900905 280785. 8250，4900905. 4750

输入的坐标类型	有效的坐标格式
数据坐标 X, Y	数据坐标 X, Y, 并在其中一个坐标后面加上 "＊" 标识: 169 ＊, 79 181.1＊, 91.1
像元坐标 X, Y	如果坐标都为整数或者超出了经纬度的范围, ENVI 认为其为像元坐标, 如果坐标大于 30000, 在其中一个坐标后面加上 "p" 以标识其为像元坐标: 200, 200 20000p, 20000 200.5, 200.5 −0.2020p, 0.779
军事坐标	MGRS 坐标, 如 13TBV8078500905

(四) 图像增强显示功能

ENVI 通过对数据进行拉伸, 增强图像的对比度, 使图像显示效果更加优化, 拉伸方法在工具栏 `Linear 2%` 下拉菜单中提供, 其中 ENVI 5.3 默认对所有图像范围进行 Linear2%的线性拉伸。点击 按钮, 是对当前显示的视窗范围进行拉伸统计; 点击 按钮, 是对所有图像范围进行拉伸; 点击 刷新按钮是重新进行拉伸统计。提供的拉伸方法及具体含义见表 2.11。

表 2.11 不同拉伸方法的含义

拉伸方法	功能
No stretch	不进行拉伸
Linear、Linear 1%、Linear 2%、Linear 5%	按照相应的百分比进行线性拉伸
Equalization	直方图均衡化
Gaussian	高斯拉伸, 默认的标准差是 0.3
Square Root	平方根拉伸, 把图像先进行平方根变换, 再进行线性拉伸
Logarithmic	对数拉伸
Optimized Linear	最优线性拉伸
Custom	用户自定义拉伸

在使用过程中有以下注意事项:

(1) 如果数据的头文件中包含了默认的拉伸方法, 在打开数据时会自动应用相应的拉伸方法。

(2) 如果头文件中没有包含默认的拉伸方法, 打开数据时会根据数据类型应用不同的拉伸方法: ①对 8-bit 的数据, 不进行任何拉伸。②对 16-bit 无符号整型数据, 进行最优化的线性拉伸。③其他所有数据类型, 根据 Preferences 系统设置都进行 2%的线性拉伸, 当然可以在 Preferences 系统设置里面设置默认的拉伸类型。

(3) 使用 Custom 可实现交互式直方图拉伸功能, 详细介绍可参考本书第五章第一节第一部分交互式直方图拉伸相关内容。

需要说明的是，这些增强操作没有改变原始的 DN 值，只是在显示上增强视觉效果，要保存增强效果，需要将拉伸图像重新保存使用。

五、常用图表显示工具

（一）图像剖面工具

ENVI 可以获取图像水平的 X（Horizontal）、垂直的 Y（Vertical）、波谱的 Z（Spectral）以及任意的（Arbitrary）剖面图。本案例打开自带数据 bhtmref. img 的 TM Band3 为实验图像。

1. 波谱（Z）剖面

波谱（Z）剖面主要用于交互地绘制鼠标指针所在处像元的光谱曲线，其中横轴代表像元所涉及波长，纵轴代表每个波长波段对应像元的反射率。可采用以下三种方式打开 Spectral Profile 对话框：

（1）窗口菜单栏界面里 Display/Profiles/Spectral 打开。

（2）图层管理（Layer Manager）窗口中，右键点击需要显示波谱曲线的图像，在出现的图层菜单中选择 Profiles/Spectral。

（3）工具栏里直接点击 Spectral Profile 按钮。

通过上述方式之一打开 Spectral Profile 面板，图 2.42 所示分别为波谱剖面曲线显示窗口和属性窗口，默认仅显示图 2.42 左侧窗口，其绘制视窗中心像元的波谱曲线，点击▶图标可以打开属性窗口，即图 2.42 右侧窗口。光谱曲线显示面板和光谱曲线属性面板两部分命令的具体含义见表 2.12 和表 2.13。

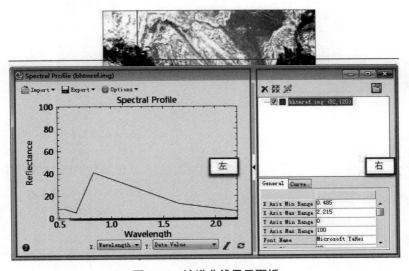

图 2.42 波谱曲线显示面板

资料来源：ENVI 软件。

表 2.12 波谱剖面曲线显示窗口菜单命令及其功能

图标	菜单项	功能
Import ▾	Import：	导入数据：
	ASCII	导入 ASCII 文本数据
	Spectral Library	导入波谱库数据
Export ▾	Export：	输出文件：
	ASCII	输出为 ASCII 文件
	Spectral Library	输出为波谱库文件
	Image	输出为图像格式文件
	PDF	输出为 PDF 格式文件
	PostScript	输出为 PostScript 格式文件
	Copy	复制波谱曲线
	Print	打印波谱曲线
	PowerPoint	在 PowerPoint 中展示波谱曲线
Options ▾	Options：	选项：
	New Window with Plots	新建一个波谱显示窗口，并保留已经绘制的波谱曲线
	Crosshair Always On	总是显示十字丝
	Legend	显示图例
	Curve Smoothing	曲线光滑
	Vegetation Index（NDVI）	显示光标点植被指数 NDVI 值
	RGB Bars	添加 RGB 线，显示红绿蓝三波段所在位置
	Wavelength Color	波长颜色
	Load New Band Combination	加载新的波段组合
	Additional Profiles	添加另外的波谱曲线
	坐标轴：	
X: Wavelength ▾	X：Wavelength	X 轴三个指标：Wavelength 波长（默认）；Index 波段顺序号；Wavenumber 波段数，即 1/wavelength
Y: Data Value ▾	Y：Data Value	Y 轴三个指标：Data Value 原始 DN 值；Continuum Removed 包络线去除后数字值；Binary Encoding 二进制编码数字值
	Stack Plots	是否同一窗口中显示多个地类的波谱曲线且曲线分开不重叠
	Reset Plot Range	恢复原始数值范围曲线显示
	Show/Hide	显示或者隐藏光谱曲线属性窗口

表 2.13　光谱曲线属性窗口菜单命令及其工具的相关功能

菜单命令及按钮	功能
工具栏：	
✕ Remove Selected Curve	删除选中的光谱曲线
✕✕ Remove All Curves	删除所有光谱曲线
Edit Data Values	编辑 Y 轴的数据值
Show/Hide Properties	显示或者隐藏光谱曲线属性
General：	一般属性：
X Axis Min Range	X 轴最小值
X Axis Max Range	X 轴最大值
Y Axis Min Range	Y 轴最小值
Y Axis Max Range	Y 轴最大值
Font Name	字体名称
Font Size	字体大小
Plot Title	曲线标题
X Axis Title	X 轴标题
Y Axis Title	Y 轴标题
X Major Ticks	X 轴刻度
Y Major Ticks	Y 轴刻度
Axis Thickness	轴的粗细
Left Margin	光谱图左侧留白宽度
Right Margin	光谱图右侧留白宽度
Top Margin	光谱图上方留白宽度
Bottom Margin	光谱图下方留白宽度
Background Color	光谱曲线显示窗口背景色（默认灰色）
Foreground Color	光谱曲线显示窗口前景色（默认黑色）
Data format	选择日期表达格式
Data Separator	数据分隔符 "/"
Stack Offset	曲线叠置位移
Spectral Average	光谱平均值
NDVI Orientation	NDVI 图例的方向
NDVI Width	NDVI 图例的宽度
Curve：	曲线属性：
Name	名称
Color	颜色
Line Style	线型
Thickness	线的粗细
Symbol	线上的符号
Symbol Color	符号颜色

续表

菜单命令及按钮	功能
Symbol Size	符号的大小
Symbol Thickness	符号的粗细
Symbol Fill	符号是否填充
Symbol Fill Color	符号填充颜色

2. 水平（X）剖面

水平（X）剖面主要界面与波谱（Z）剖面类似，通过窗口菜单界面 Display/Profiles/Horizontal 打开，或者右键点击需要显示剖面的图像，在图层菜单中选择 Profiles/Horizontal。以上两种方法都可以打开水平剖面窗口，如图 2.43 所示，绘制的水平剖面曲线实际上是整条线所在位置像元值构成的剖面线图，其中横轴代表像元所在的具体位置的列数，纵轴代表每个位置上的像元值，水平剖面曲线显示窗口和属性窗口的具体含义可参见表 2.12 和表 2.13。

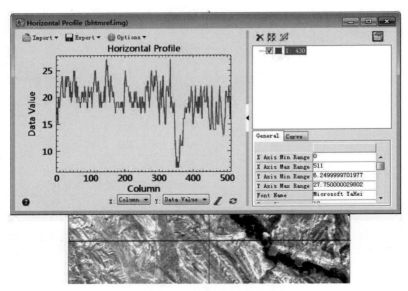

图 2.43　水平剖面曲线显示面板

资料来源：ENVI 软件。

3. 垂直（Y）剖面

垂直（Y）剖面主要界面与水平（X）剖面类似，通过窗口菜单界面 Display/Profiles/Vertical 打开，或者右键点击需要显示剖面的图像，在图层菜单中选择 Profiles/Vertical，即可打开剖面窗口，如图 2.44 所示。绘制的垂直剖面曲线实际上是整条线所在位置像元值构成的剖面线图，其中横轴代表像元所在的具体位置的行数，纵轴代表每个位置上的像元值，垂直剖面曲线显示窗口和属性窗口的具体含义可参见表 2.12 和表 2.13。

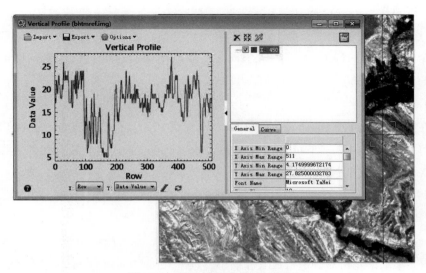

图 2.44　垂直剖面曲线显示面板

资料来源：ENVI 软件。

4. 任意（Arbitrary）剖面

通过窗口菜单界面 Display/Profiles/Arbitrary（Transect）或者点击工具栏上的 Arbitrary Profile 🖑按钮，使用鼠标左键在视图上任意绘制折线，绘制完成后，双击或者右键单击选择 Complete and Accept Polyline，自动绘制出该曲线的剖面图，如图 2.45 所示。绘制的任意剖面曲线，即整条线所在位置像元值构成的剖面线图，其中横轴代表像元所在的具体位置的列数，纵轴代表每个位置上的像元值，任意剖面曲线显示窗口和属性窗口的具体含义可参见表 2.12 和表 2.13。

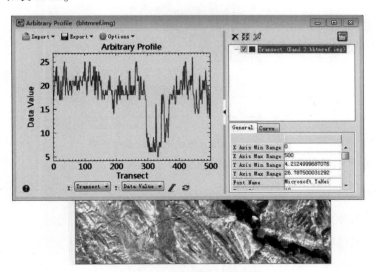

图 2.45　任意剖面曲线显示面板

资料来源：ENVI 软件。

（二）散点图

2D 散点图，通过绘制图像两个波段的像元灰度值在笛卡儿坐标系统中的散点分布状态显示两个波段之间的相关性。除此之外，2D 散点图面板还可进行像元灰度值在散点图与图像上的交互式操作、类别定义及输出功能。

1. 2D 散点图绘制

通过在菜单栏中选择 Display/2D Scatter Plot 或者在工具栏直接点击 Scatter Plot Tool 按钮，均可打开 Scatter Plot Tool 面板（见图 2.46）。可以通过滑动散点图的底端和左侧的滑块设置 X 轴和 Y 轴的波段，此处 X 轴是图像 bhtmref. img 的 TM Band3 波段，Y 轴是图像 bhtmref. img 的 TM Band2 波段，也可以通过旁边的文本框③输入数字，设置散点图的 X 轴和 Y 轴的波段。软件默认散点图仅显示图像窗口中可见像元的散点，如需显示整幅图像的散点图，勾选 Full Band 复选框 即可。另外，点击散点图窗口，按住鼠标滚轮可拖动散点图，滚动滚轮可对其进行放大和缩小，点击 Reset Range 按钮还原原始散点图。

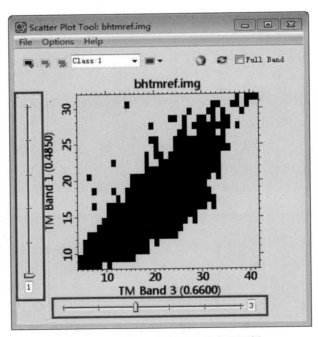

图 2.46 Scatter Plot Tool 散点图面板

资料来源：ENVI 软件。

2. 散点图和图像的交互操作

主要有以下两种类型的操作：一是在视窗中，对应图像按住鼠标左键，鼠标光标窗口内像元在散点图中对应的点显示为红色，其中光标窗口大小默认为 10 * 10 个像元，点击鼠标右键在 Path Size 中可设置大小，右键也可以设置光标模式（Cursor Mode）和清除类别（Clear Class）。二是在散点图上，按住鼠标左键绘制一个区域选中的像元，此时默认选择的像元名称为类别（Class 1），图像对应像元显示为红色，点击 Add Class ■ 按钮可增加新的类别 Class 2，此时默认为绿色，点击 Feature Color ■▼ 按钮可改变其颜色；另外，在菜单栏 File 下可选择 Export Class to ROI 或者 Export All Classes to ROIs 将某类像元或者所有类别导出为 ROI 文件。Scatter Plot Tool 面板中的菜单命令和工具栏的功能如表 2.14 所示。

表 2.14　2D 散点图窗口菜单栏和工具栏功能

菜单栏图标及命令	功能
File：	文件：
✏ Select New Band	设置散点图 X 轴和 Y 轴的波段
Import ROIs…	导入已有 ROI 文件
✎ Export Class to ROI	将某类像元输出为 ROI 文件
✎ Export All Classes to ROIs	将所有类别的像元输出为 ROI 文件
💾 Save Plot As	保存散点图，可保存格式有 Image、PDF、PostScript、Copy、Print 和 PowerPoint
Close	关闭 Scatter Plot Tool 面板
Options：	选项：
🌐 Change Density Slice Lookup…	编辑散点图密度分割的颜色
📈 Add Spectral Plot…	添加光谱曲线图
Change Scatter Plot Axis Ranges…	定义散点图各坐标的取值范围
🖩 Mean Class	计算选中类在各波段的像元灰度平均值，并生成曲线图
Clear Class	清除选中类
🖩 Mean All	计算所有类别在各波段的像元灰度平均值，并生成曲线图
Clear All	清除所有类别
Patch Size	光标窗口大小，可选大小有 1 * 1、5 * 5、10 * 10 和 25 * 25，默认窗口大小为 10 * 10 个像元
Help	打开 Scatter Plot Tool 面板帮助文档
	类别定义：
■ Add Class	添加新的类别
■ Delete Class	删除选中的类别
■ Delete All Classes	删除所有的类别
Class1（类名）	类别名称，此时在散点图上选择像元即为类别"Class 1"。另外，点击"Class 1"可修改类别命名
■▼ Current Class Color	当前类别的颜色
◉ Toggle Density Slice	密度分割切换
⟳ Reset Range	还原默认设置
▦ Full Band	显示整幅图像的散点图

（三）波谱库浏览器（Spectral Library Viewer）

Spectral Library Viewer 是浏览波谱库文件的工具，ENVI 5.3 提供了四种标准波谱库，分别为 aster、igcp264、usgs、veg_lib，共有 4675 种不同地类的光谱曲线。ENVI 5.X 重新梳理了原有的标准波谱库，新增一些物质波谱，在 … \ Exelis \ ENVI5x \ resource \ speclib 路径下，分别存放在四个文件夹中，储存为 ENVI 波谱库格式，由两个文件组成：. sli 和 . hdr。

1. ASTER Spectral Library Version 2

该波谱库文件存放位置为 spec_lib \ aster，由喷气推进实验室和加州理工学院提供（http：//speclib. jpl. nasa. gov）。ASTER 波谱库提供 2443 种地物波谱，包括人造材料、陨石、矿物、岩石、土壤、植物、水体，波长范围为 0.4~15.4μm。ASTER 波谱库来自三个其他波谱库：约翰霍普金斯大学（JHU）波谱库、喷气推进实验室波谱库（JPL）和 USGS 波谱库。Version 2 版本更新于 2008 年 12 月 3 日，文件命名规则如下：地物名称_来源波谱库_测量仪器_波谱代码。

2. IGCP264 波谱库

该波谱库文件存放位置为 spec_lib \ igcp264，由 5 种波谱仪从 26 种具备很好特征的样本中测量得到，这些样本经过了手工筛选和用金刚砂压碎，并用<100 目和<200 目的网筛子进行筛选。这些波谱库的目的是比较不同波谱分辨率和采样对波谱特征的影响。详细信息如表 2.15 所示。

表 2.15 IGCP264 波谱库列表

波谱文件	波长范围	波长精度	说明
igcp-1. sli	0.7~2.5 μm	1nm	科罗拉多大学 CSES 中心使用 Beckman 5270 双分光波谱仪测量获取
igcp-2. sli	0.3~2.6 μm	5nm	布朗大学使用 RELAB 波谱仪测量获取
igcp-3. sli	0.4~2.5 μm	2.5nm	科罗拉多大学 CSES 中心使用单分光可见光/红外线智能波谱仪测量获取
igcp-4. sli	0.4~2.5 μm	近红外 0.5nm，可见光 0.2nm	USGS 使用 Beckman 波谱仪测量获取
igcp-5. sli	1.3~2.5μm	2.5 nm	科罗拉多大学 CSES 中心使用 PIMAII 型波谱仪测量获取

3. USGS

该波谱库文件存放位置为 spec_lib \ USGS，由 USGS 波谱实验室提供（http：//speclab. cr. usgs. gov/）。该实验室提供 1994 种地物波谱，包括涂料、人造材料、矿物、混合物、植物、挥发物。文件命名规则如下：地物类型_测量仪器_波谱代码。

4. 植被波谱库

该波谱库文件存放位置为 spec_lib \ veg_lib，由 Chris Elvidge DRI 提供。Chris Elvidge

植被波谱库使用 Beckman UV-5240 波谱仪测量，提供 99 种植被波谱，波长范围为 0.4～2.5μm，包括干植被（veg_1dry. sli）和绿色植被（veg_2grn. sli）两个波谱库，0.4～0.8μm 波长精度为 1nm，0.8～2.5μm 波长精度为 4nm。

　　单击菜单工具栏下 Display/Spectral Library Viewer，打开波谱库浏览面板（见图 2.47），通过打开不同的波谱库文件夹，选择不同的地类，可以显示不同的波谱曲线。比如，展开 veg_lib（99）→veg_2grn. sli 文件夹，选择 5 种不同地类波谱曲线，如图 2.47 所示，可见不同地类的波谱曲线图，通过点击▶按钮可以展开右侧的属性显示窗口。其中，波谱库浏览面板的具体功能及含义可以参见表 2.12、表 2.13 和表 2.16。

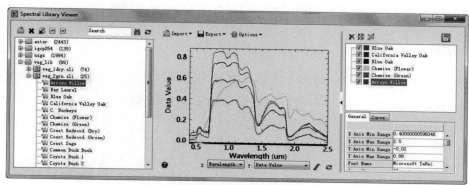

图 2.47　波谱库浏览面板

资料来源：ENVI 软件。

表 2.16　波谱文件管理窗口工具栏及其功能

工具栏图标	功能
Open Spectral Library	打开波谱库文件，包括 .sli、.msl、.asd、.rad 格式
Close Spectral Library	关闭选中的波谱库文件
Close All Spectral Libraries	关闭所有的波谱库文件
Collapse All	折叠所有的波谱库文件
Expand All	展开所有的波谱库文件
Search	输入要搜索的波谱名称
Search	单击搜索
Reset	恢复上一步操作

第三章

遥感图像预处理方法

概述

遥感图像预处理是图像处理工作中非常重要的环节，是进行遥感信息提取的基础工作，本章实验课主要学习几种常用的 ENVI 遥感图像预处理方法，比如感兴趣区创建、图像裁剪、波段提取及叠加、波段运算、图像镶嵌等。

目的

掌握 ENVI 软件遥感图像预处理的操作方法，使用基本处理方法解决数据使用的基础问题。

数据

（1）ENVI 自带图像数据：

图像数据：C：\Program Files \ Exelis \ ENVI53 \ data \ qb_boulder_msi

矢量数据：C：\Program Files \ Exelis \ ENVI53 \ data \ qb_boulder_msi_vectors. shp

（2）提供数据：

附带数据文件夹下的... \ chapter03 \ data \

Landsat8-zz2021. dat、landsat8-zz2013Moasic. dat、pan. dat

实践要求

1. 数据统计并查看图像直方图

2. 感兴趣区创建

3. 图像裁剪

4. 波段提取及叠加

5. 波段运算

6. 图像镶嵌

第一节 数据统计并查看图像直方图

数据统计主要是统计图像各波段的最小值（Min）、最大值（Max）、平均值（Mean）、标准差（StdDev）和直方图等基本统计量，以及各波段之间的协方差（Covariance）、相关性（Correlation）、特征值（Eigenvalues）和特征向量（Eigenvectors）等。

在工具箱（Toolbox）中选择 Statistics/Compute Statistics，在弹出的 Compute Statistics Input File 对话框中选取统计图像 Landsat8-zz2021. dat，点击 OK 按钮，在弹出的 Compute Statistics Parameters 对话框（见图 3.1）中进行相应选择和设置，点击 OK 按钮得到统计结果（见图 3.2）。

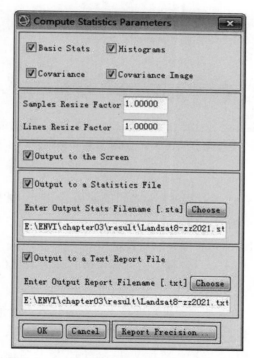

图 3.1 Compute Statistics Parameters 对话框

资料来源：ENVI 软件。

计算统计参数对话框主要参数含义如下：

Basic Stats：基本统计量，包括最小值（Min）、最大值（Max）、平均值（Mean）、标准差（StdDev）等信息的统计。

Histograms：直方图，主要显示各波段最大值、最小值、平均值、标准差的直方图以及各波段直方图。

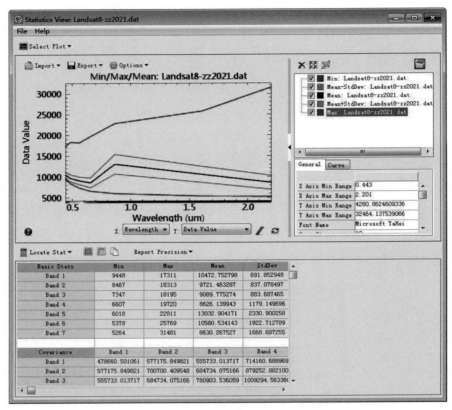

图 3.2　统计结果

资料来源：ENVI 软件。

Covariance：协方差统计，输出各波段之间的协方差矩阵、相关性（Correlation）、特征值（Eigenvalues）和特征向量（Eigenvectors）。

Covariance Image：由方差产生的方差影像。

Samples/Lines Resize Factor：行/列上的采样系数，设为 1.00000，代表行/列方向所有栅格参与计算，如果设为 0.8，代表只有 80% 的栅格参与计算。

Output to the Screen：结果是否输出到屏幕上，勾选代表需要输出到屏幕上。

Output to a Statistics File：结果是否需要输出成统计文件，勾选后，需要在 Enter Output Stats Filename［.sta］下面输入统计文件存放的位置及名称。此处结果保存为 Landsat8-zz2021.sta。

Output to a Text Report File：是否输出文本类型的报告文件，勾选后，在 Enter Output Report Filename［.txt］下面输入报告文件存放的位置及名称。此处结果保存为 Landsat8-zz2021.txt。

图像 Landsat8-zz2021.dat 统计结果中（见图 3.2），Select Plot 菜单项默认显示图像各波段的最小值（Min）、最大值（Max）、平均值（Mean）、标准差（StdDev）的统计图，这个图像横轴为波长 Wavelength，纵轴为像元值 DataValue；如果要观察单波段或者所有波段的直方图，可以在 Select Plot 菜单下选择 Histogram Band1-7 或者 All Histograms（见图 3.3）。图 3.3 中横轴为像元值 DataValue，纵轴为像元值的数量。统计窗口的其余功能的使用可参见表 3.1 以及第二章的表 2.12 和表 2.13。

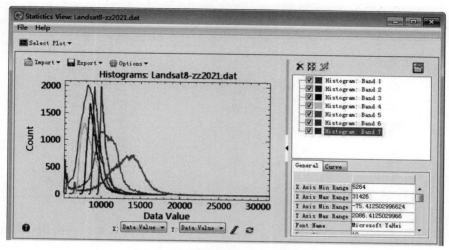

图 3.3 所有波段 Band1-7 直方图

资料来源：ENVI 软件。

表 3.1 Statistics View 窗口中菜单命令及其工具按钮的相关功能

菜单命令及按钮	功能
File：	文件：
Export to Text File…	统计结果导出为 *.txt 文件
Close	关闭窗口
Help：	帮助：
Statistics Viewer Help	打开 Statistics 视窗帮助文档
Select Plot ▾	选择需绘图展示的统计特征
Min/Max/Mean	各波段像元灰度值最小值、最大值和平均值
Standard Deviation	各波段像元灰度值标准差
Eigenvalues	各波段特征值
Y Axis Max Range	Y 轴最大值范围
Histogram Band1-7	第 1~7 波段的直方图
All Histograms	所有波段的直方图
Locate Stat ▾	选择优先展示的统计结果
Basic Stats	基本统计量，包括各波段最大值、最小值、平均值和标准差
Covariance	各波段之间的协方差
Correlation	各波段之间的相关性
Eigenvectors	各波段之间的特征向量
Eigenvalues	各波段特征值

菜单命令及按钮	功能
Histogram Band1~7	第 1~7 波段的直方图
Select All	选择全部统计结果
Clear Selection	清除选择
Copy to Clipboard	复制至剪贴板
Report Precision▼	统计结果精度设置
Scientific Notation:	科学计数法:
2 Digits	保存小数点后 2 位数
4 Digits	保存小数点后 4 位数
6 Digits	保存小数点后 6 位数
8 Digits	保存小数点后 8 位数

另外，可以通过图层管理（Layer Manager）工具，右键点击需统计图像，使用快速统计 Quick Stats 获得图像相关统计信息（见图 3.4）。

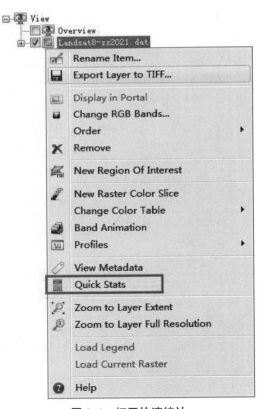

图 3.4　打开快速统计

资料来源：ENVI 软件。

第二节　感兴趣区创建

感兴趣区（Region of Interest，ROI）是遥感图像处理中常用的功能，通过创建点、线、面不同类型的感兴趣区，进行图像掩膜、裁剪、局部统计等操作。另外，感兴趣区一个非常重要的功能就是作为图像分类的训练样本或检验样本。

一、感兴趣区工具［Region of Interest（ROI）Tool］打开方式

打开感兴趣区 ROI 工具的方式主要有以下三种：

（1）菜单栏中，选择 File/New/Region of Interest…。

（2）工具栏中，单击 Region of Interest（ROI）Tool 🖼工具按钮。

（3）图层管理（Layer Manager）窗口中，右键点击创建感兴趣区依据的参考图像 Landsat8-zz2021.dat，在出现的菜单中选择 New Region Of Interest（见图 3.5）。

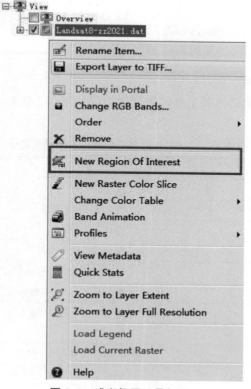

图 3.5　感兴趣区工具打开

资料来源：ENVI 软件。

通过以上方式打开感兴趣区工具［Region of Interest（ROI）Tool］后，在图层管理（Layer Manager）窗口 Landsat8-zz2021.dat 图像下方出现 Regions of Interest 的标志（见图 3.6）。

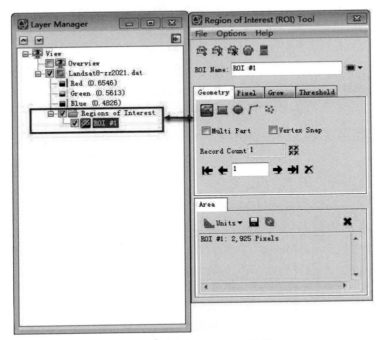

图 3.6 感兴趣区 ROI 工具箱

资料来源：ENVI 软件。

感兴趣区工具中的菜单栏和工具按钮具体功能见表 3.2 和表 3.3。

表 3.2 ROI Tool 菜单栏命令及其相关功能

菜单栏命令	功能
File:	文件:
Open...	打开感兴趣区文件
Import Vector...	导入矢量数据
Save	保存感兴趣区文件
Save As...	感兴趣区另存为 *.xml 文件
Revert	恢复到上一次保存的状态
Export	导出 ROI 文件，可保存格式包括经典格式 *·roi、Shapefile 和 CSV
Close	关闭 ROI 对话框
Options:	选项:
Compute Statistics from ROIs...	对感兴趣区进行统计计算

续表

菜单栏命令	功能
Create Buffer Zone from ROIs...	由感兴趣区创建缓冲区
Create Classification Image from ROIs...	由感兴趣区创建分类图
Subset Data with ROIs...	用感兴趣区裁剪数据
Merge（Union/Intersection）ROIs...	合并感兴趣区
Pixelate ROIs...	像元化感兴趣
Send ROIs to n–D Visualizer...	发送感兴趣区到 n 维可视化窗口中
Compute ROI Separability...	计算感兴趣区可分离性
📐 Report Area of ROIs	计算感兴趣区覆盖面积
Help：	帮助：
❓ ROI Tool Help	ROI 工具帮助

二、创建感兴趣区

利用感兴趣区工具创建感兴趣区，可以通过以下几种方式进行。建立感兴趣区的具体命令和使用方式可参见表 3.3。

表 3.3　ROI Tool 对话框工具按钮及其功能

图标	命令	功能
🔲	New ROI	新建感兴趣区
🔲	Remove ROI	移除感兴趣区
🔲	Remove All ROIs	移除所有感兴趣区
🔲	Select Next ROI	选择下一个感兴趣区
🔲	Compute Statistics	统计计算感兴趣区
ROI Name: ROI #1	ROI Name	感兴趣区命名
■ ▾	ROI Color	定义感兴趣区颜色
Geometry:		感兴趣区形状选择
🔲	Polygon	多边形感兴趣区
🔲	Rectangle	矩形感兴趣区
🔲	Ellipse	椭圆感兴趣区
🔲	Polyline	折线感兴趣区
🔲	Point	点感兴趣区
☐ Multi Part	Multi Part	多个组合感兴趣区选项，勾选可绘制空心的 ROI
☐ Vertex Snap	Vertex Snap	顶点捕捉

图标	命令	功能
`Record Count 1`	Record Count	感兴趣区记录数量
	Delete All Records	删除所有记录
	Goto First Record	跳转至第一条记录
	Goto Previous Record	跳转至上一条记录
	Goto Next Record	跳转至下一条记录
	Goto Last Record	跳转至最后一条记录
	Delete Record	删除当前记录
Pixel:		设置绘制感兴趣区时的画笔大小（以像元为单位）
`Brush Size 1`	Brush Size	画笔大小，可选 1~5 个像元。默认为 1 个像元
`Pixel Count 36`	Pixel Count	绘制的像元个数
Grow:		设置基于已有 ROI 的感兴趣区生长参数
`Max Growth Size 1000 x 1000 pixels`	Max Growth Size	生长感兴趣区的最大尺寸
`Std Dev Multiplier 2.00`	Std Dev Multiplier	标准差倍数设置，默认为 2。即认为灰度在原始 ROI 像元灰度均值的 2 倍标准差范围内的像元属于生长感兴趣区内
`Iterations 2`	Iteration	执行 ROI 生长的迭代次数，数越大，最终生长的像元数越多
`☑ Eight Neighbors`	Eight Neighbors	勾选，则在八邻域范围内生长得到感兴趣区。否则，在四邻域内生长
`Apply`	Apply	应用设置
`Reset`	Reset	恢复至原始状态
Threshold:		设置采用阈值法获取感兴趣区时的参数
	Add New Threshold Rule	添加新的阈值规则
	Remove Threshold Rule	移除选定阈值规则
	Remove All Threshold Rules	移除所有阈值规则
Area:		面积
`Units ▼`	Units	选择量测面积的单位，有像元、米、千米、英尺等一系列单位
	Export Area to ASCII	输出面积成 ASCII 文件
	Update	刷新
	Close Panel	关闭面板

（一）在图像上绘制

打开 Region of Interest（ROI）Tool 工具箱，在 ROI Name 里建立第一个感兴趣区的名

称，比如"forest"，在几何图形（Geometry）方式中采用多边形■、长方形■、圆形●、折线■和点■工具都可以，此处使用多边形样式在图像上点击鼠标左键绘制任意多边形，双击或者点击右键选择 Complete and Accept Polygon，绘制出一个感兴趣区，可以继续绘制多个多边形，便可完成一个感兴趣区的创建；如果想继续建立新的感兴趣区，点击 New ROI ■按钮，之后操作与建立"forest" ROI 一样，重新命名便可继续创建感兴趣区，移除 ROI 点击■或者■按钮（见图 3.7）。

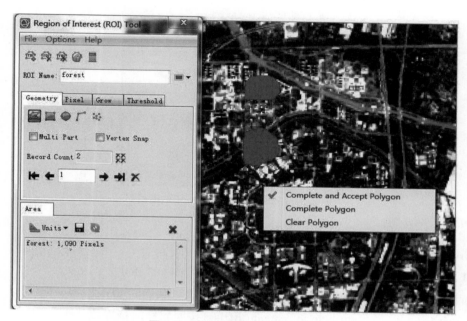

图 3.7　直接绘制建立 ROI 方式

资料来源：ENVI 软件。

另外，也可以采用选择像元 Pixel 方式来创建感兴趣区，基本操作与几何图形（Geometry）方式类似，主要操作是设置笔刷尺寸 Brush Size 1 ▼ ，可以在 1~5 范围内选择所需尺寸。

（二）设定阈值获取

在 ROI 工具箱中利用 Grow 或者 Threshold 工具，都可以通过设定阈值进行感兴趣区 ROI 创建。其中，Grow 工具需要首先创建一个感兴趣区当作种子，然后按照相应的规则生成 ROI；Threshold 工具，通过单击 Add New Threshold Rule ■按钮，在弹出的对话框中选取用于制定阈值规则的波段，点击 OK 按钮，在弹出的对话框中设置阈值范围，再次点击 OK 按钮，获得感兴趣区。

（三）从矢量文件转换获取 ROI

在 ROI 工具箱中，选择 File/Import Vector，Open Files ■导入矢量文件，点击 OK 按钮，即弹出 Covert Vector to ROI 对话框（见图 3.8）。在弹出的对话框中设置转换方式，点击 OK 按钮，即可将矢量数据的范围转换为 ROI。

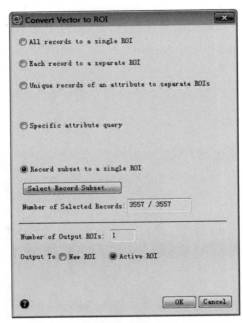

图 3.8 Covert Vector to ROI 对话框

资料来源：ENVI 软件。

Covert Vector to ROI 对话框具体功能如下：

All records to a single ROI：所有记录转换为一个单一的 ROI。

Each record to a separate ROI：每个记录分别转换成独立的 ROI。

Unique records of an attribute to separate ROIs：按照属性的特定值分组分别转换成独立的 ROI，需选择特定的属性 Attribute 字段。

Specific attribute query：特定属性查询转换为独立的 ROI，需设置特定属性 Attribute 字段和阈值。

Record subset to a single ROI：将选中的特定矢量子集转换为 ROI。其中，Select Record Subset... 指点击打开矢量文件属性表，选择特定的矢量记录。

Number of Selected Records：显示选中的记录个数与总记录的个数之比。

Number of Output ROIs：输出的 ROI 记录个数。

Output To New ROI/Active ROI：输出为新的 ROI 文件，或者输出到当前激活的 ROI 文件。

Display results：勾选，转换后直接显示 ROI 文件。

三、感兴趣区保存

保存感兴趣区可以通过以下几种方式：

（1）在感兴趣区工具中，通过 File/Save As 将 ROI 文件保存为 *.xml 格式。

（2）在感兴趣区工具中，通过 File/Export 将 ROI 文件导出成新文件，导出的类型可以是 *.roi *.shp 和 *.csv。

（3）在图层管理（Layer Manager）窗口，右键点击 Region of Interest Tool 文件夹或者 Region of Interest Tool 文件夹列表下面某一单一的感兴趣区 ROI 图层，选择 Save As…，可将 ROI 保存为 *.xml 格式。

其中，*.roi 格式是 ENVI 软件在 5.X 版本之前的格式，该格式的 ROI 只能与创建它时的原始遥感图像进行关联；*.xml 格式是 ENVI 软件 5.X 版本出现的新格式，该格式可以与其他具有地理坐标信息的遥感图像关联。

四、感兴趣区信息统计

（一）基本信息统计

选择感兴趣区工具中的 Options/Compute Statistics from ROIs…，在弹出的 Choose ROIs 对话框中选择需要统计的感兴趣区，点击 OK 按钮即可完成统计（见图 3.9）。结果与本章第一节中数据统计结果基本一致，含义也基本一样。

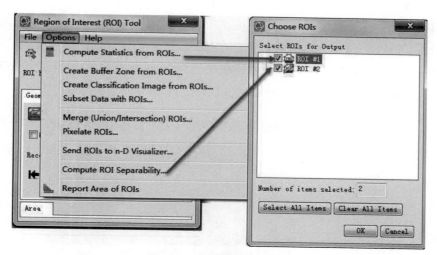

图 3.9　感兴趣区信息统计

资料来源：ENVI 软件。

（二）分离性统计

在感兴趣区工具中点击 Options/Compute ROI Separability…，在弹出的 Choose ROIs 对话框中选择需要统计的感兴趣区，点击 OK 按钮，即可完成样本分离性统计（见图 3.9）。软件提供 Jeffries-Matusita 距离和转换离散度（Transformed Divergence）两种分离性度量指标来评价各感兴趣区之间的分离性，常用于图像分类的训练样本评价，具体可参见第七章第一节第二部分的详细介绍。

第三节 图像裁剪

图像裁剪的目的是保留图像中感兴趣的研究区部分,将研究区之外的区域去除,常用的方法是利用多边形,例如,按照行政区划边界或者自然区划边界进行图像裁剪。另外,在基础数据生产中,还经常要进行标准分幅裁剪。

ENVI 的图像裁剪过程,可分为规则裁剪和不规则裁剪。

一、规则图像裁剪

规则图像裁剪是指裁剪图像的边界范围是一个矩形,这个矩形范围获取途径包括行列号、左上角和右下角两点坐标、图像文件、ROI 文件、矢量文件和输入的坐标。规则图像裁剪功能在 ENVI 很多的处理过程中都可以通过使用 Spatial Subset 实施。下面介绍其中一种规则图像裁剪过程。

通过 File/Open 打开图像 qb_boulder_msi,在菜单栏下选择 File/Save as... /Save as...(ENVI、NITF、TIFF、DTED),在弹出的 File Selection 对话框中选中 qb_boulder_msi 文件,进入 File Selection 面板,选择 Spatial Subset... 选项,打开右侧裁剪区域选择功能,如图 3.10所示。确定裁剪区,点击 OK 按钮完成。

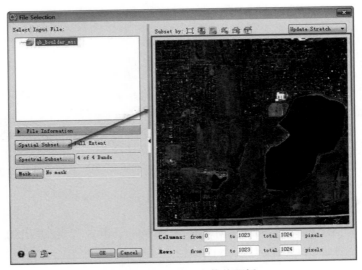

图 3.10 规则图像裁剪面板

资料来源:ENVI 软件。

有多种方法确定裁剪区域:

（一）手动交互确定裁剪区域

（1）通过输入行列数（Columns 和 Rows）确定裁剪尺寸，如图 3.11 所示，行和列范围分别输入 400～1000，便可确定图中虚线框中裁剪范围。在此基础上按住鼠标左键拖动图像中的虚线矩形框，通过移动裁剪框确定裁剪区域。

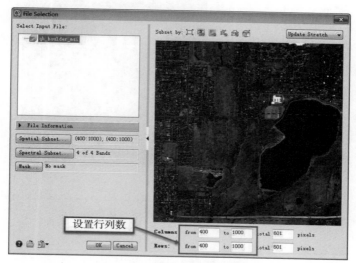

图 3.11 输入行列绘制裁剪区

资料来源：ENVI 软件。

（2）点击 Use View Extent ▦ 按钮，使用当前可视区域确定裁剪区域，当出现虚线边框（见图 3.12）时，直接用鼠标在虚框内左键绘制边框，并可拖动来确定裁剪尺寸以及位置。

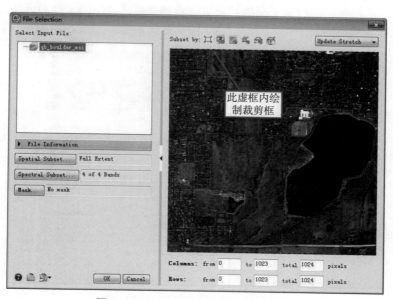

图 3.12 Use View Extent 绘制裁剪区

资料来源：ENVI 软件。

（3）单击 Use Full Extent ▣按钮，使用整个图像区域，用鼠标左键在图层中绘制裁剪边框，确定裁剪区域，如图 3.13 所示。

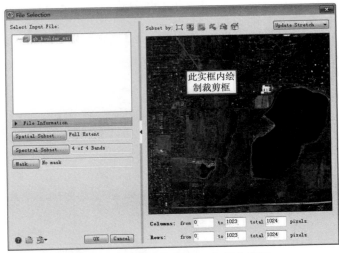

图 3.13　Use Full Extent 绘制裁剪区

资料来源：ENVI 软件。

（二）通过文件确定裁剪区域

选择一个矢量、栅格或者感兴趣区等外部文件，ENVI 自动读取外部文件的区域的最大、最小范围进行规则裁剪。

点击 File Selection 面板右侧上部 Subset By Raster…▣、Subset By Vector…▣、或者 Subset By ROI…▣按钮，进行基于栅格、矢量或者感兴趣区范围的文件的选择（见图 3.14），比如选择矢量数据 qb_boulder_msi_vectors. shp 作为裁剪范围。

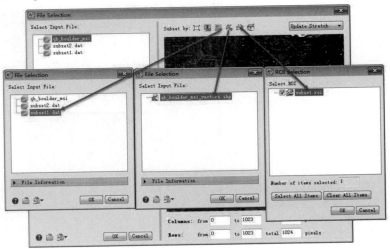

图 3.14　通过文件确定裁剪区域

资料来源：ENVI 软件。

需要注意的是，使用矢量和栅格文件作为裁剪范围时，裁剪文件和被裁剪的文件都需要有地理坐标；感兴趣区文件需要通过本章第二节的方法进行获取。

（三）通过输入文件坐标范围确定裁剪区域

点击 File Selection 面板右侧上部 Enter Map Coordinates…按钮，自定义输入裁剪范围的坐标，如图 3.15 所示，其中 按钮可以将输入单位进行米（Meters）和度（Degrees）之间的转换。

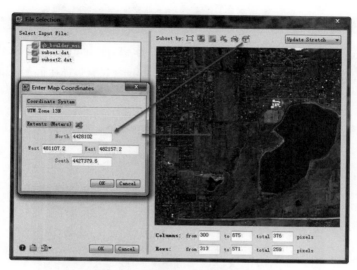

图 3.15　输入坐标确定裁剪区域

资料来源：ENVI 软件。

裁剪区确定后，点击 OK 按钮，此处以选择矢量数据 qb_boulder_msi_vectors.shp 作为裁剪范围为例，进行输出文件的路径设置并保存命名为 subset.dat（见图 3.16），得到的结果如图 3.17 所示。

图 3.16　裁剪结果输出

资料来源：ENVI 软件。

图 3.17　图像裁剪结果

资料来源：ENVI 软件。

二、不规则图像裁剪

不规则图像裁剪是指裁剪图像的边界范围是一个任意多边形，同时裁剪结果按照裁剪范围输出。任意多边形可以是预先生成的一个完整的闭合多边形区域，也可以是一个手工绘制的多边形 ROI，还可以是 ENVI 支持的矢量文件或者建立的掩膜数据。确定好不规则裁剪区域后，利用 Subset Data from ROIs 工具即可完成不规则图像裁剪。

（一）手动绘制裁剪区的图像裁剪

打开图像 qb_boulder_msi，在 Layer Manager 中选中 qb_boulder_msi 文件，点击鼠标右键，选择 New Region of Interest，打开 Region of Interest（ROI）Tool 面板，建立裁剪感兴趣区 ROI，如图 3.18 所示。

图 3.18　绘制裁剪 ROI

资料来源：ENVI 软件。

在 Region of Interest（ROI）Tool 面板中，选择 File/Save as，保存绘制的多边形 ROI，设置保存的路径和文件名 subset.xml，如图 3.19 所示。

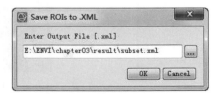

图 3.19　保存新绘制的 ROI

资料来源：ENVI 软件。

在工具箱（Toolbox）中，打开 Regions of Interest/Subset Data from ROIs，在 Select Input File 对话框中，选择 qb_boulder_msi，点击 OK 按钮（见图 3.20）。打开 Spatial Subset via ROI Parameters 面板，如图 3.21 所示。

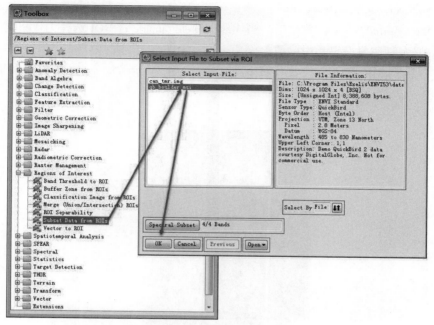

图 3.20　打开裁剪工具

资料来源：ENVI 软件。

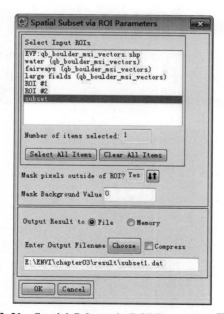

图 3.21　Spatial Subset via ROI Parameters 面板

资料来源：ENVI 软件。

在 Spatial Subset via ROI Parameters 面板中，设置以下参数：

Select Input ROIs：选择输入的 ROI 文件。此处选择刚才保存的 subset. xml 裁剪区。

Mask pixels outside of ROI?：是否将感兴趣区外的部分当作掩膜。选择 Yes，进行不规则裁剪；选择 No，进行规则裁剪。

Mask Background Value：背景值。当 Mask pixels outside of ROI 选择为 Yes 时，默认值为 0，可根据实际情况设置相应的值。

最终，选择输出路径和设置文件名 subset1. dat，点击 OK 按钮执行图像裁剪（见图 3.22）。

图 3.22　裁剪结果

资料来源：ENVI 软件。

（二）基于外部矢量数据的图像裁剪

打开图像 qb_boulder_msi，同时打开 qb_boulder_msi_vectors. shp 数据，如图 3.23 所示，在工具箱（Toolbox）中，打开 Regions of Interest/Subset Data from ROI 裁剪工具，在 Spatial Subset via ROI Parameters 面板中，设置以下参数（见图 3.24）：

图 3.23　显示裁剪图像和矢量文件

资料来源：ENVI 软件。

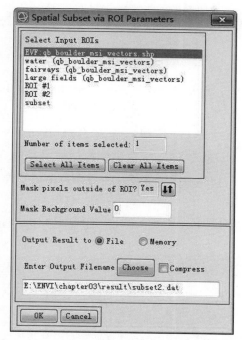

图 3.24 Spatial Subset via ROI Parameters 面板设置

资料来源：ENVI 软件。

Select Input ROIs：选择 EVF：qb_boulder_msi_vectors. shp。

Mask pixels outside of ROI?：Yes。

Mask Background Value：背景值，默认值为 0。

选择输出路径和设置文件名 subset2. dat，点击 OK 按钮执行图像裁剪，结果如图 3.25 所示。

图 3.25 矢量数据不规则裁剪结果

资料来源：ENVI 软件。

（三） 基于掩膜（Mask）数据的图像裁剪

打开图像 qb_boulder_msi，同时打开 qb_boulder_msi_vectors. shp 数据。

1. 制作掩膜数据

在工具箱（Toolbox）中，打开 Raster Management/Masking/Build Mask 工具，在出现的 Build Mask Input File 对话框中，选择需要裁剪的图像，此处为 qb_boulder_msi 图像，以此定义掩膜图像裁剪的范围。点击 OK 按钮后进入 Mask Definition 界面，如图 3.26 所示，Options 下拉菜单中有多种定义掩膜的方法，具体使用含义见表 3.4。此处在 Options 界面下选择 Import EVFs…选项，利用矢量文件进行不规则裁剪，在弹出的 Mask Definition Input EVFs 对话框中选择 qb_boulder_msi_vectors. shp 数据，点击 OK 按钮。在弹出的 Selected Data File Associated with EVFs 对话框中（见图 3.27），选择 qb_boulder_msi 文件，点击 OK 按钮。

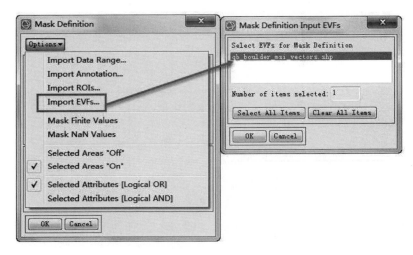

图 3.26　Mask Definition 界面

资料来源：ENVI 软件。

表 3.4　Options 下拉菜单定义掩膜方法

定义	功能
Import Data Range…	定义某图像的固定数值范围为掩膜
Import Annotation…	定义注释文件为掩膜
Import ROIs…	定义 ROI 文件为掩膜
Import EVFs…	定义 ENVI 矢量文件为掩膜
Mask Finite Values	定义某图像的有限值为掩膜
Mask NaN Values	定义某图像的无限值为掩膜
Selected Areas "Off"	上述定义范围取值为 0
Selected Areas "On"	上述定义范围取值为 1，系统默认
Selected Attributes［Logical OR］	上述定义逻辑关系为或逻辑
Selected Attributes［Logical AND］	上述定义逻辑关系为与逻辑

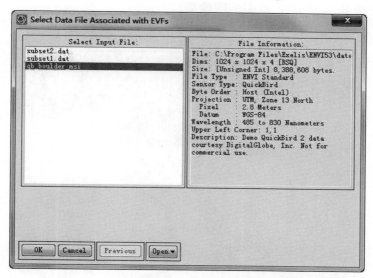

图 3.27　Selected Data File Associated with EVFs 对话框

资料来源：ENVI 软件。

　　点击 OK 按钮后，在 Mask Definition 界面输入掩膜文件名 mask（见图 3.28），点击 OK 按钮，掩膜制作完成（见图 3.29）。

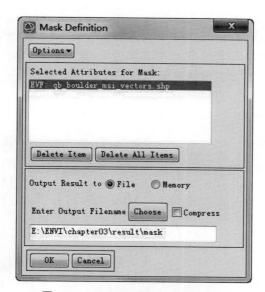

图 3.28　Mask Definition 界面命名

资料来源：ENVI 软件。

2. 利用掩膜裁剪数据

　　在工具箱（Toolbox）中，打开 Raster Management /Masking/Apply Mask 工具，弹出 Apply Mask Input File 对话框，在 Select Input File 列表中选择待裁剪的 qb_boulder_msi 数据

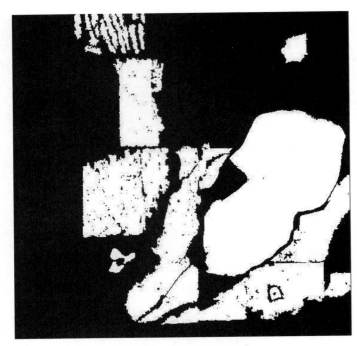

图 3.29　制作完成的掩膜

资料来源：ENVI 软件。

（见图 3.30），在 Select Mask Band 中选择前面生成的掩膜文件 mask（见图 3.30）。设置完成后，点击 OK 按钮，弹出图 3.31 所示对话框。Mask Value 为 0，含义为将掩膜文件中像元值为 0 的地方裁剪掉，本次裁剪结果保存为 subset3. dat（见图 3.32）。

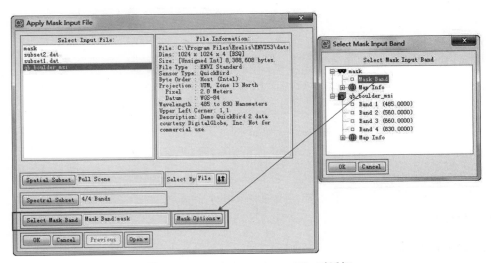

图 3.30　Apply Mask Input File 对话框

资料来源：ENVI 软件。

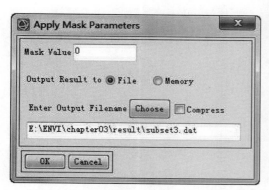

图 3.31　**Apply Mask Parameters** 对话框

资料来源：ENVI 软件。

图 3.32　掩膜裁剪结果

资料来源：ENVI 软件。

注意：如果图像裁剪不是最终的处理步骤，此时需尽可能使裁剪后的图像比实际的研究区略微大一些，以免给图像的后续处理带来问题。

第四节　波段提取及叠加

波段提取是指从一个多波段的图像文件中提取一个波段或者其中几个波段重新组成新的图像文件；波段叠加是指将不同波段的文件合并为一个多波段文件，包括相同分辨率和不同分辨率图像的波段叠加。

一、波段提取

本案例以 landsat8-zz2013Moasic. dat 数据为对象，介绍波段提取过程。

在菜单栏中点击 File/Open，打开图像 landsat8-zz2013Moasic. dat，在主菜单中选择 File/Save as… /Save as…（ENVI、NITF、TIFF、DTED），在弹出的 File Selection 对话框中选中 landsat8-zz2013Moasic. dat 文件，点击 Spectral Subset… 按钮即可弹出 Spectral Subset 对话框（见图 3.33），在 Spectral Subset 对话框中选择想要提取的波段，本案例分别选择 Blue、Green 和 Red 三个波段单独提取，点击 OK 按钮后分别保存输出为 band1. dat、band2. dat 和 band3. dat 三个独立波段图像（见图 3.34）。

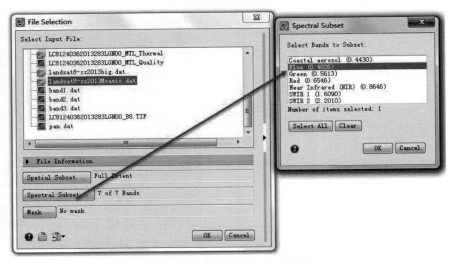

图 3.33　Spectral Subset 对话框

资料来源：ENVI 软件。

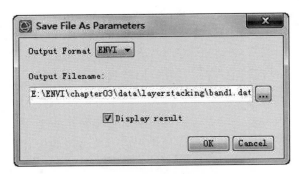

图 3.34　波段保存对话框

资料来源：ENVI 软件。

二、波段叠加

打开提取的 band1. dat、band2. dat 和 band3. dat 三个波段图像，在工具箱（Toolbox）中选择 Raster Management/Layer Stacking，进入 Layer Stacking Parameters 对话框（见图 3.35），点击 Import File…，选择 band1. dat、band2. dat 和 band3. dat 三个数据，点击 OK 按钮，返回到图 3.36 所示波段叠加主界面，设置输出文件名字为 layerstacking1. dat，即可完成波段叠加（见图 3.37）。

Layer Stacking Parameters 对话框各参数含义如下：

（1）Selected Files for Layer Stacking：显示输入数据，并且选择进行波段叠加的数据，数据可以是单波段叠加，也可以是单波段图像和多波段图像叠加。

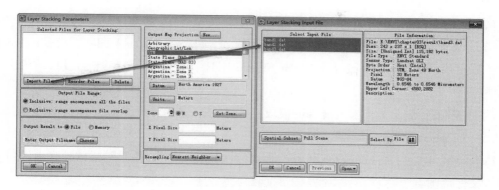

图 3.35　波段叠加窗口

资料来源：ENVI 软件。

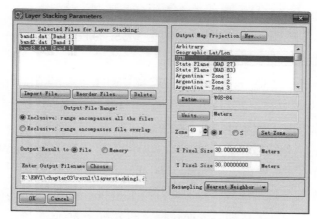

图 3.36　Layer Stacking Parameters 对话框

资料来源：ENVI 软件。

图 3.37　波段叠加图像 layerstacking1. dat

资料来源：ENVI 软件。

（2）Import File…：导入参与图像叠加的波段。

（3）Reorder Files…：调整输入波段的顺序。比如，在 Selected Files for Layer Stacking 窗口，波段顺序是 band1. dat、band2. dat 和 band3. dat，可以在此按钮下通过移动图像改变叠加顺序。

（4）Delete：删除选中参与叠加的波段。

（5）Output File Range 选项：

Inclusive：Range encompasses all the files，系统默认设置，输出结果的地理范围包含所有输入文件范围。

Exclusive：Range encompasses file overlap，输出结果的地理范围为所有输入文件的重叠部分。

（6）Output Map Projection：设置输出图像的投影，可以通过"New…"按钮进行重定义，此处选择投影为 UTM。

（7）Datum…：投影基准面，此处采用的是 WGS-84 基准面。

（8）Units…：投影单位，此处为 Meters。

（9）Zone：图像所在 UTM 投影坐标系中的带号，此处是 49 带，N 和 S 分别表示北半球和南半球。也可以根据图像位置利用 Set Zone…自己设置带号。

（10）X/Y Pixel Size：图像的空间分辨率。

（11）Resampling：输出数据重采样方式，提供了最邻近法（Nearest Neighbor）、双线性内插法（Bilinear）、三次卷积法（Cubic Convolution）三种方式。

Layer Stacking 图像叠加功能除了对空间分辨率相同的图像进行叠加外，也可以将空间分辨率不同的图像进行叠加，例如，上面是将空间分辨率为 30 米的三个波段叠加形成 30 米分辨率的 layerstacking1. dat 图像，也可以将 layerstacking1. dat 图像与分辨率为 15 米的 pan. dat 相叠加，形成新的 layerstacking2. dat 图像，但是叠加后原本 15 米空间分辨率的 pan. dat 在新图像中的空间分辨率也变为 30 米（见图 3.38）。

图 3.38　波段叠加图像 layerstacking2. dat

资料来源：ENVI 软件。

第五节　波段运算

ENVI 软件具有波段运算的功能，波段运算的实质是对每个像素点对应的像素值进行加、减、乘、除等一系列运算，或使用 IDL 编写更复杂的处理运算功能。数学运算主要通过 Band Math 工具实现，也可以使用 IDL 编写的函数，Band Math 工具使用的函数都是基于 IDL 的数据组运算符。图 3.39 所示为一个简单波段运算表达式 b3 = b1 + b2 的示意图，运算表达式是两个变量相加，每一个变量对应一个图像数据，两个图像数据求和得到结果图像。

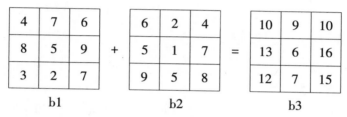

图 3.39　波段运算示意图

一、波段运算满足条件

波段运算须满足的条件如下：

1. 波段运算表达式必须符合 IDL 语法规则

用户定义的处理算法或波段运算表达式必须满足 IDL 语法规则。简单的加减乘除波段运算表达式不必具备 IDL 的基本知识，但是如果需要书写复杂的表达式，则需要学习用于波段运算的 IDL 编程知识。

2. 所有参与运算的波段空间大小必须完全一致

由于波段运算表达式是根据像元对像元（pixel by pixel）原理进行的，因此输入波段的行列数和像元大小必须相同。对于有地理坐标的数据，即使两幅图像的空间位置一样，如果空间分辨率不同，使行列数不一致，也无法进行波段运算，为此，在进行波段运算前，可以使用 Layer Stacking 或者 Resize Data 功能对图像栅格分辨率进行调整。

3. 表达式中的所有变量都必须用 Bn 或 bn 命名

运算表达式开头变量必须以字母"b"或"B"开头，"n"代表 5 位以内的数字。例如，对 2 个波段进行求和运算的有效表达式可以用以下三种方式书写：

（1）b1+b2。

（2）B1+B11。

（3） B1+b2。

4. 输出结果必须与输入波段的空间大小一致

波段运算表达式所生成的结果必须在行列数方面与输入波段相同。例如，如果输入表达式为 MIN（b1），是求整个波段的最小值，表达式输出值为一个数，与输入波段的行列数不一致，将不能生成正确结果。

5. 调用 IDL 编写的自定义函数

波段运算工具可以调用 IDL 编写的 Function，当函数为源码文件（.pro）时，必须启动 ENVI+IDL 才能调用；如果函数编译成 sav 文件，可以将 sav 文件放到以下路径，重启 ENVI 即可调用。

ENVI Classic： C：\Program Files \ Exelis \ ENVI5.3 \ classic \ save_add

ENVI 5.X： C：\Program Files \ Exelis \ ENVI5.3 \ extensions

二、波段运算的 IDL 基础

（一）注意数据类型

ENVI 在波段运算过程中会使用不同的数据类型，数据类型不同，数据范围也不同，表 3.5 所示为不同的数据类型及其相关使用说明。波段运算过程中要注意每种数据的使用范围，以防止数据溢出（overflow）。比如，8-bit 字节型数据值范围为 0~255，如果对 8-bit 字节型数据波段 b1+b2 中的像元 250 与 10 求和，求和后值大于 255，那么得到的结果将与期望值不同，结果为 4。

表 3.5　常用数据类型及其说明

数据类型	代表符号	数据范围	字节数	转换函数	缩写
8-bit 字节型	Byte	0~255	1	byte（ ）	B
16-bit 整型	Integer	−32768~32767	2	fix（ ）	
16-bit 无符号整型	Unsigned Int	0~65535	2	unit（ ）	U
32-bit 长整型	Long Integer	大约+/−20 亿	4	long（ ）	L
32-bit 无符号长整型	Unsigned Long	大约 0~40 亿	4	ulong（ ）	UL
32-bit 浮点型	Floating Point	+/−1e38	4	float（ ）	·
64-bit 双精度浮点型	Double Precision	+/−1e308	8	double（ ）	D
64-bit 整型	64-bit Integer	大约+/−9e18	8	long64（ ）	LL
无符号 64-bit 整型	Unsigned 64-bit	大约 0-2e19	8	ulong64（ ）	ULL
复数型	Complex	+/−1e38	8	complex（ ）	
双精度复数型	Double Complex	+/−1e308	16	dcomplex（ ）	

类似的情况经常会在波段运算中遇到，尤其是对于 8-bit 字节型或 16-bit 整型。因此，

要避免数据溢出，可以使用 IDL 中的一种数据类型转换功能（见表 3.5）对输入波段的数据类型进行转换。例如，在对 8-bit 字节型整型图像波段求和时，当结果有大于 255 的值时，如果使用 IDL 函数 fix（）将数据类型转换为 16-bit 整型，即 fix（b1）+b2，就可以得到正确的结果。

由于浮点型数据范围较大，一般情况下能满足计算需求，通常建议在进行波段运算时，先把数据转换成浮点型，计算完毕后，再根据实际数据范围转换成相应的数据类型。

（二）数据类型的动态变换

波段运算（Band Math）表达式中的变量数据类型会按默认规则进行动态变换，即自动提升为它在表达式中所遇到的最高数据类型，主要是指不包含小数部分的整型数值，即使它在 8 位字节型的动态范围内，也会被解译为 16 位整型数据。另外，一个整型数据和一个浮点型数据进行波段运算，计算结果会自动转化为浮点型数据。例如，将一幅 8 位字节型的图像数据加上 10，如果使用运算表达式"b1+10"，其中数据 10 将被解译为 16 位整型数据，则输出结果将被提升为 16 位整型数据。如果想保持输出结果仍为字节型数据，可以使用数据类型转换函数"b1+byte（10）"将数据 10 先转换成字节型再进行运算，或者使用转换函数缩写"B"，此时表达式为"b1+10B"，在数据后紧跟一个字母 B 表示将该数据解译为字节型数据。如果在波段运算表达式中经常使用常数，这些类似的缩写是很有用的。所有数据类型的缩写见表 3.5。

需要说明的是，虽然使用何种类型的数据不影响结果，但还是要进行数据转换，主要原因是一个数据所能表现的动态数据范围越大，它占用的磁盘空间就越多。例如，字节型数据的一个像元仅占用 1 个字节；整型数据的一个像元占用 2 个字节；浮点型数据的一个像元占用 4 个字节。浮点型结果将比整型结果多占用 1 倍的磁盘空间。

（三）充分利用 IDL 的数组运算符

波段运算表达式的构建与常用的编程语言的运算规则基本一致，简单的加减乘除、三角函数、关系运算和逻辑运算都可执行，这些特殊的运算符对图像中的每个像元同时进行处理，并将结果返还到与输入图像具有相同维数的图像中。表 3.6 描述了 Band Math 工具中常用的 IDL 数组操作函数，详细介绍请参阅 IDL 帮助文档。

表 3.6 波段运算基本函数

种类	操作函数
基本运算	加（+）、减（−）、乘（*）、除（/）
三角函数	正弦 sin（x）、余弦 cos（x）、正切 tan（x）
	反正弦 asin（x）、反余弦 acos（x）、反正切 atan（x）
	双曲正弦 sinh（x）、双曲余弦 cosh（x）、双曲正切 tanh（x）

种类	操作函数
关系和逻辑运算符	关系运算符：小于（LT）、小于等于（LE）、等于（EQ）、不等于（NE）、大于等于（GE）、大于（GT）
	逻辑运算符：AND、OR、NOT、XOR
	最小值运算符（<）和最大值运算符（>）
其他数学函数	指数（^）、自然指数［exp(x)］
	自然对数 alog(x)、以 10 为底的对数［alog10(x)］
	整型取整：四舍五入 round(x)、向上取整 ceil(x)、向下取整 floor(x)
	平方根［sqrt(x)］、绝对值［abs(x)］

例如，要找出所有负值像元并用值−999 赋值，设为背景像元，构建如下的波段运算表达式：

$$(b1\ lt\ 0) * (-999) + (b1\ ge\ 0) * b1$$

此处 lt 和 ge 为关系运算符，关系成立返回值为 1，关系不成立返回值为 0。系统读取表达式（b1 lt 0）部分后将返还一个与 b1 维数相同的数组，其中 b1 值为负的区域返回值为 1，其他部分返回值为 0，因此在乘以替换值−999 时，相当于只对那些满足条件的像元有影响。第二个关系运算符（b1 ge 0）是对第一个表达式的补充，即找出那些值为正或 0 的像元，乘以它们的初始值，然后再加入替换值后的数组中。这样实现了小于 0 的值背景为−999，大于等于 0 的值不变的目标。

（四）运算符优先级

在波段运算（Band Math）过程中，是根据数学运算符的优先级对表达式进行处理，而不是根据运算符的出现顺序。具有同等优先级的运算符按照从左到右的顺序进行运算；使用圆括号可以更改操作顺序，系统最先对嵌套在表达式最内层的括号部分进行操作。IDL 运算符的优先级顺序可参照表 3.7。例如，3+7 * 4 = 31，而(3+7) * 4 = 40，正是因为括号和乘号的优先级不同，所以带来的结果也不同。

表 3.7　运算符优先级

优先级顺序	运算符	描述
1	( )	用圆括号将表达式分开
2	^	指数
3	*	乘法
	#、##	矩阵相乘
	/	除法
	MOD	求模

续表

优先级顺序	运算符	描述
4	+	加法
	−	减法
	<	最小值运算符
	>	最大值运算符
	NOT	布尔运算，"非"
5	EQ	等于
	NE	不等于
	LE	小于或等于
	LT	小于
	GE	大于或等于
	GT	大于
6	AND	布尔运算"与"
	OR	布尔运算"或"
	XOR	布尔运算"异或"
7	? :	条件表达式

在波段运算过程中，除了考虑优先级的顺序，还要考虑数据类型的动态变换带来的结果差异。例如，float(5)+10/4=7.0，而不是 7.5，主要原因是 float() 函数将整数 5 的结果提升为浮点型 5.0，而 10 除以 4，两个整数相除，结果为 2，两者相加即为 7.0，而非7.5。要确保将表达式中的数据提升为适当的数据类型，从而避免数据的溢出或在处理整型除法时出现错误，当将运算改为 5+10/float（4）时，此时数据类型转换函数移到除法运算中，将得到期望的结果 7.5。

三、波段运算工具的使用

在 ENVI 5.3 中打开 Landsat8-zz2021. dat 图像，启用 Toolbox/Band Algebra/Band Math 工具对话框，在运算表达式输入框 Enter an expression 中输入 b1-b2，实现两个波段相减运算。需要注意的是，如果表达式存在语法错误，将不能被添加到列表中，因此需要严格按照 IDL 语法建立表达式。点击 Add To List 按钮，将表达式加入到 Previous Band Math Expressions 列表中，如图 3.40 所示，点击 OK 按钮，出现 Variables to Band Pairings 运算波段设置对话框，如图 3.41 所示。

在 Variables to Band Pairings 对话框中，赋予每个 B1-［undefined］变量相应的波段，实现运算，具体做法是，在 Variables used in expression 列表框中选择 B1-［undefined］，在 Available Bands List 中选择任意波段，例如 Landsat8-zz2021. dat 的 Green（0.5613）波段，然后针对 B2-［undefined］也做上述选择，选择 Red（0.6546），点击 Choose 按钮，设置相应输出文件路径和文件名 b3. dat，即可完成波段运算（见图 3.42）。

图 3.40 Band Math 运算面板

资料来源：ENVI 软件。

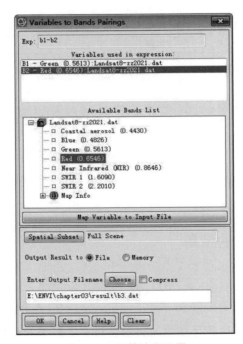

图 3.41 运算波段设置

资料来源：ENVI 软件。

　　需要说明的是，变量除了指定为波段，同样可以指定为文件，在图 3.41 中选中变量后，点击按钮 Map Variable to Input File，可以为变量指定一个多波段图像文件，即可指定相应的图像文件参与计算。在此基础上可以自行进行 b1/b2、b1 * b2、（b1−b2）/（b1+b2）、反比变换、幂次变换、指数变换和对数变换等运算。尤其注意波段运算过程中数据类型的变换问题和数据溢出问题。另外，一旦第一个波段或文件被选中，只有那些具有相同行列数的波段被显示在波段列表中参与运算。

图 3. 42 波段运算结果

资料来源：ENVI 软件。

图 3.40 的 Band Math 对话框中其他按钮的功能如下：

点击 Save 按钮可以将列表中的运算表达式保存为外部文件 * . exp；点击 Restore 按钮可以将外部运算表达式文件导入；点击 Clear 按钮可以清除列表中的所有运算表达式；点击 Delete 按钮可以删除选择的运算表达式。

第六节　图像镶嵌

图像镶嵌指在一定数学基础控制下，把多景相邻遥感图像拼接成一幅大范围、无缝的图像。ENVI 的图像镶嵌功能可提供交互式的方式，将有地理坐标或没有地理坐标的多幅图像合并，生成一幅单一的合成图像。

一、图像镶嵌相关理论知识

（一）遵循原则

（1）从众多待镶嵌的图像中，选出一幅亮度和色彩都比较均匀的图像作为镶嵌的基准图像，其他图像以它为基准依次由近到远进行镶嵌。

（2）图像几何配准。对要镶嵌的图像进行精确的配准，使它们拥有同样的空间坐标系统。

（3）相邻图像颜色匹配。利用一定的方法对相邻图像进行颜色匹配，使不同时相的图像在颜色上相互协调一致。为此，需要在重叠区内选择一条连接两边图像的接边线，使根据这条接边线拼接起来的新图像浑然一体，不露拼接的痕迹。

（二）注意事项

为了使建立的颜色匹配方程更准确，所选的用于相邻两图像色调匹配、调整的共同区域要尽可能大，这样才能提高图像匹配的质量。选择有代表性的区域用于色调匹配，在遥感图像上有时会有云及各种噪声，在选择匹配区域时要避开这些区域，否则会对匹配方程产生影响，从而降低色调匹配的精度。要想选择有代表性的区域，建立准确的色调匹配方程，应认真、仔细地分析、对比相邻两图像公共区域的图像质量和特点，然后采用不规则的多边形而不是简单的矩形来界定用于建立色调匹配方程的图像区域。这样既可以避开云、噪声，又可以获得尽可能大的、有代表性的图像色调匹配区域。

（1）进行图像镶嵌时，首先要指定一幅参考图像，作为镶嵌过程中对比度匹配及镶嵌后输出图像的地理投影、像元大小、数据类型的基准。要求参考图像的亮度和色彩比较均匀，以方便后续的颜色调整。

（2）图像镶嵌中，一般均要保证相邻图幅间有一定的重复覆盖区，镶嵌之前有必要对各镶嵌图像之间在全幅或重复覆盖区上进行精确匹配，以便均衡化镶嵌后输出图像的亮度值和对比度。

（3）在重复覆盖区，各图像之间应有较高的配准精度，必要时要在图像之间利用控制点进行配准。

（4）选择合适的方法来决定重复覆盖区上的输出亮度值，常用的方法包括取覆盖同一区域图像之间以下指标值：①平均值；②最小值；③最大值；④指定一条切割线，切割线两侧的输出值对应于其邻近图像上的亮度值；⑤线性插值，根据重复覆盖区上像元离两幅相邻接图像的距离指定权重，进行线性插值。

（5）选择镶嵌线应遵循的原则。镶嵌线要尽可能沿着线性地物走，如河流、道路、线性构造等；当两幅图像的质量不同时，要尽量选择质量好的图像，用镶嵌线去掉有云、噪声的图像区域，以便于保持图像色调的总体平衡，产生浑然一体的视觉效果。

（6）根据不同的需要，实现过程不同，比如会有羽化处理等，有时候也要考虑去除接边线以及进行匀色处理。

（三）常用概念

1. 接边线（Seamlines）

接边线就是在镶嵌过程中，在相邻的两个图像的重叠区内，按照一定规则选择一条线作为两个图的接边线。这样能改变接边处差异太大的问题，常选择重叠区的河流、道路等地物，沿着河流或者道路绘制接边线。

2. 羽化（Feathering）

羽化的主要功能是将镶嵌图像的接边线变得适当模糊，使其能很好地融入图像中。ENVI 提供了将图像间重合的边缘进行羽化的功能，通过指定羽化的距离，并沿着边缘或者接边线进行羽化。下面是两种常用的羽化方式：

（1）边缘羽化（Edge Feathering）：按指定的像素距离来对图像进行均衡化处理。例如，如果指定的距离为 20 个像素，那么在边缘处将会有 0% 的顶部图像和 100% 的底部图像参与混合，输出镶嵌图像。在距接边线指定的距离 20 个像素时，将会使用 100% 的顶部图像和 0% 的底部图像来输出镶嵌图像。在距边缘线 10 个像素的距离处，顶部和底部图像都会使用 50% 来混合计算输出镶嵌图像，如图 3.43 所示。

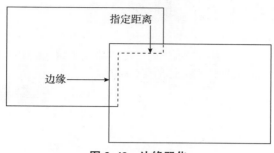

图 3.43　边缘羽化

（2）拼接线羽化（Seamline Feathering）：在距接边线特定距离范围内，对图像进行均衡化处理。例如，如果指定的距离为 20 个像素，那么在接边线处将会有 100% 的顶部图像和 0% 的底部图像参与混合输出镶嵌图像；而距接边线在指定的距离（20 个像素）之外时，将会使用 0% 的顶部图像和 100% 的底部图像来输出镶嵌图像；在距边缘线 10 个像素的距离处，顶部和底部图像都会使用 50% 来混合计算输出镶嵌图像，如图 3.44 所示。

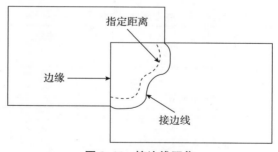

图 3.44　接边线羽化

3. 匀色

ENVI 采用颜色平衡的方法，尽量避免由于镶嵌图像颜色不一致而影响镶嵌结果。以一幅图像为基准，统计各镶嵌图像的直方图，可以选择整幅基准图像或者重叠区的直方图，采用直方图匹配法匹配其他镶嵌图像，使镶嵌图像具有相近的灰度特征。

二、基于无缝镶嵌工具的图像镶嵌（Seamless Mosaic）

在工具箱（Toolbox）中，打开 Mosaicking/Seamless Mosaic，启动图像无缝镶嵌工具。点击 Seamless Mosaic 面板左上方的 Add Scenes ✚，选择需要镶嵌的影像数据 Landsat8-

zz2021. dat 和 landsat8-zz2013Moasic. dat，镶嵌图像将自动显示在视窗中（见图 3. 45）。其中，图像无缝镶嵌工具（Seamless Mosaic）面板的工具栏和菜单命令的主要功能如表 3. 8 和表 3. 9 所示。

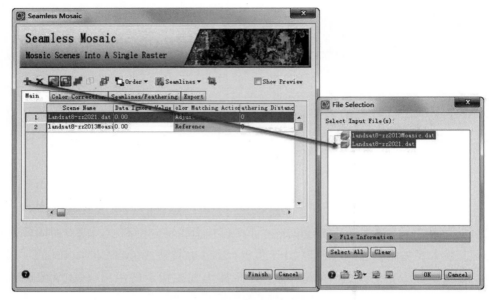

图 3. 45　镶嵌数据加载

资料来源：ENVI 软件。

表 3. 8　Seamless Mosaic 菜单命令及其功能

菜单	功能
Main：	主菜单：
Scene Name	图像名称
Data Ignore Value	数据忽略值
Color Matching Action	色彩匹配设置（Reference：基准图层；Adjust：调整图层）
Feathering Distance（Pixels）	羽化半径，以 pixels 为单位，默认为 0，即某图像拼接线外侧区域不参与羽化
Color Correction：	色彩调整：
Histogram Matching	Overlap Area Only：仅根据重叠区域构建直方图匹配关系；Entire Scene：根据整幅图像构建直方图匹配关系
Seamlines/Feathering：	拼接线/羽化：
Seamlines	Apply Seamlines：应用拼接线
Feathering	None：不执行该操作；Edge Feathering：边缘羽化；Seamline Feathering：拼接线羽化
Export：	输出：
Output Format	设置输出文件格式，有 ENVI 和 TIFF 两种格式

续表

菜单	功能
Output Filename	设置输出路径和文件名
Display result	勾选确定是否显示结果
Output Background Value	设置图像背景值，默认为 0
Resampling Method	设置重采样方法，包括使用最近邻采样法（Nearest Neighbor）、双线性内插法（Bilinear）和三次卷积内插法（Cubic Convolution）。默认采用最近邻采样法（Nearest Neighbor）
Select Output Bands	设置输出波段

表 3.9　**Seamless Mosaic 对话框工具按钮及其功能**

图标	按钮名称	功能
➕	Add Scenes	添加镶嵌图像
✖	Remove Selected Scenes	移除选中的图像
🖼	Show/Hide Scenes	显示/隐藏图像
🖼	Show/Hide Footprints	显示/隐藏图像的边框印记
🖼	Show/Hide Fill Footprints	显示/隐藏图像的填充印记
🖼	Show/Hide Seamlines	显示/隐藏拼接线
🖼	Recalculate Footprints	忽略背景后重新计算图像有效值区，生成边框印记
Order ▾	Order：	顺序：
▢	Bring To Front	图层置顶
▢	Bring Forward	图层上移一层
▢	Send Backward	图层下移一层
▢	Send To Back	图层置底
▢	Reverse Current Order	翻转当前图像的排列顺序，需选中两个以上图像
Seamlines ▾	Seamlines：	拼接线：
▨	Auto Generate Seamlines	自动生成拼接线
▨	Start/Stop editing seamlines	开始/停止编辑拼接线
▨	Delete All Seamlines	删除所有拼接线
▨	Restore Seam Polygons	导入已有的拼接线
▨	Save Seam Polygons	保存拼接线
▣	Define Output Area	定义输出范围
☑ Show Preview	Show Preview	进行预览

1. 匀色

选中图像后，需要进行匀色处理。在 Color Correction 选项中，勾选 Histogram Matching，匀色方法是直方图匹配（Histogram Matching），如图 3.46 所示。Overlap Area Only 指仅统计重叠区直方图进行匹配；Entire Scene 指统计整幅图像进行直方图匹配。本案例选择 Entire Scene 选项。

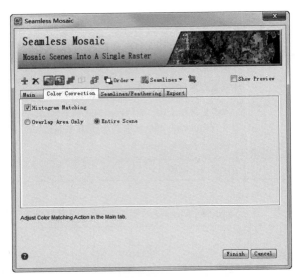

图 3.46　Color Correction 匀色选项面板

资料来源：ENVI 软件。

2. 颜色匹配

在 Main 选项中，在 Color Matching Action 上点击右键（见图 3.47），设置颜色匹配参考图像（Reference）和待调整图像（Adjust），或者不进行处理（None），主要目的是将待调整图像（Adjust）的颜色以参考图像（Reference）为基准进行颜色匹配。本案例将 land-sat8-zz2013Moasic.dat 图像设置为待调整图像（Adjust），Landsat8-zz2021.dat 图像设置为参考图像（Reference）。

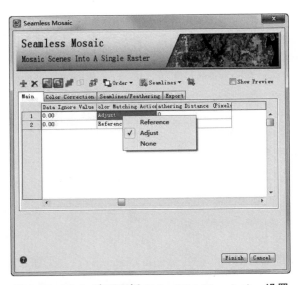

图 3.47　Main 选项面板 Color Matching Action 设置

资料来源：ENVI 软件。

3. 接边线与羽化

该步骤是重要的拼接过程，决定了两幅镶嵌图像最终选取的镶嵌区域。接边线包括自动和手动绘制两种方法，也可以结合起来使用。

选择下拉菜单 Seamlines [Seamlines ▼]/Auto Generate Seamlines ，自动生成接边线，如图 3.48 所示。自动生成的接边线比较规整，可以明显看到由于颜色不同而显露的接边线（虚线矩形框内）。

图 3.48　自动生成的接边线

资料来源：ENVI 软件。

如果对接边线不满意可以手动编辑，通过下拉菜单 Seamlines [Seamlines ▼]/Start editing seamlines 可以编辑接边线。通过绘制与自动生成的接边线相交的闭合多边形重新设置接边线，图 3.49 所示为接边线编辑示意图。

图 3.49　接边线示意图

资料来源：ENVI 软件。

注意：①在绘制过程中，可以使用键盘的 Backspace 键删除最后一个顶点，或点击鼠标右键选择 Clear Polygon，取消绘制多边形。②手动绘制接边线，主要目标是实现根据图像质量有目的地选择镶嵌区域。③切换到 Seamlines/Feathering 选项卡，可以通过取消勾选 Apply Seamlines 取消使用接边线，取消使用接边线就不必使用拼接线羽化功能，使用的是边缘羽化功能。

接下来进行羽化设置。点击 Seamlines/Feathering 选项卡（见图 3.50），在 Feathering 选项下可以选择 None（不使用羽化处理）、Edge Feathering（使用边缘羽化）、Seamline Feathering（使用接边线羽化）。然后返回 Main 选项卡，在 Feathering Distance（Pixels）列表中可以双击直接设置每个图像的羽化距离（单位为像元），或在 Feathering Distance（Pixels）选项上点击鼠标右键选择 Change Selected Parameters 菜单，在弹出的对话框中进行设置（见图 3.51），此处设置羽化距离为 100。

图 3.50　羽化线 Seamlines/Feathering 选项卡设置

资料来源：ENVI 软件。

最后进行结果输出。在 Export 面板中设置如下参数（见图 3.52）：

Output Format：输出格式为 ENVI 或者 TIFF，此处使用 ENVI 格式。

Output Filename：输出文件名，设置输出路径与文件名为 moasic.dat。

Display result：是否显示结果，勾选时自动在 ENVI 中加载结果图像。

Output Background Value：输出背景值，一般默认为 0。

Resampling Method：重采样方法，此处选择 Nearest Neighbor。

Select Output Bands：选择输出波段，一般利用默认设置即可。

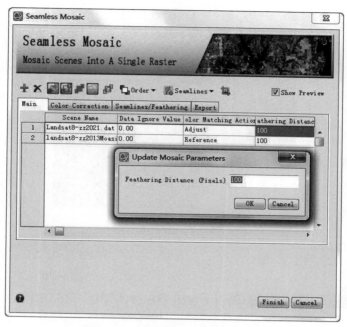

图 3.51 Main 选项卡羽化线设置

资料来源：ENVI 软件。

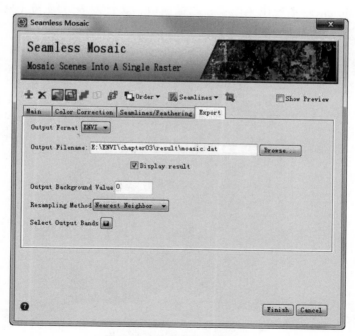

图 3.52 输出参数设置面板

资料来源：ENVI 软件。

点击 Finish 按钮，结果如图 3.53 所示。

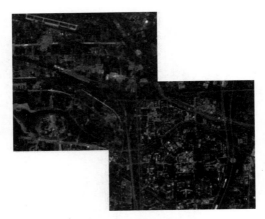

图 3.53　镶嵌结果

资料来源：ENVI 软件。

三、基于像素的图像镶嵌（Pixel Based Mosaicking）

在 ENVI 中打开镶嵌图像 Landsat8-zz2021. dat 和 landsat8-zz2013Moasic. dat，在工具箱（Toolbox）中，双击 Mosaicking/Pixel Based Mosaicking 工具，开始进行基于像素的镶嵌操作。Pixel Based Mosaic 对话框由菜单栏、图像窗口、文件列表等组成（见图 3.54）。菜单栏中的菜单命令及其功能如表 3.10 所示。

图 3.54　Pixel Based Mosaic 对话框

资料来源：ENVI 软件。

表 3.10 Pixel Based Mosaic 菜单命令及其功能

菜单命令	功能
File：	文件：
Apply	执行镶嵌输出结果
Save Template...	保存模板文件
Restore Template...	恢复模板文件
Cancel	取消镶嵌
Import：	输入：
Import Files...	导入文件，要求镶嵌文件的波段数一致
Import File and Edit Properties...	导入文件并编辑镶嵌参数
Options：	选项：
Change Mosaic Size...	改变镶嵌区域大小
Change Base Projection...	改变镶嵌结果的基础投影参数
Position Entries into Grid...	将图像自动放置在网格中，用网格来定位
Center Entries	保持图像间相对位置的情况下，将图像向镶嵌窗口居中
Positioning Lock	要锁定图像间的相对位置，使它们可以作为一组文件同时移动
Use Thumbnail Images	显示/隐藏图像
Image Frames	显示/隐藏图像边框
Clear All Entries	清除所有的镶嵌输入设置
Help：	帮助：
Mosaic...	镶嵌帮助

在 Pixel Based Mosaic 对话框中，通过菜单栏 Import/Import Files...导入相应的镶嵌文件 Landsat8-zz2021. dat 和 landsat8-zz2013Moasic. dat，此时出现设置镶嵌尺寸的对话框 Select Mosaic...，如不修改可直接点击 OK 按钮导入数据（见图 3.55）。导入镶嵌数据后，可以先在文件列表中选中图像 Landsat8-zz2021. dat，然后在 Select Mosaic Size 对话框中 X0、Y0 位置处输入图像镶嵌需要移动的像元数，此处需将 X0、Y0 值分别设置为 121 和 111，或者直接在图像窗口点击图像 Landsat8-zz2021. dat 进行图像移动、拖曳等操作，将图像放至合适的镶嵌区域，实现与 landsat8-zz2013Moasic. dat 图像重叠区域的匹配。如果镶嵌区域大小不合适，选择 Options/Change Mosaic Size...可重新设置镶嵌区域大小，图 3.56 所示为将原始的 366 * 333 镶嵌区域变换为 500 * 500 的区域。

除此之外，还可以进行图像镶嵌一系列参数的设置。在文件列表中选中图像 Landsat8-zz2021. dat，点击右键可进行图像位置的调整以及镶嵌参数输入设置（见图 3.57）。点击右键选择 Edit Entry...，在 Entry 面板中（见图 3.58），设置 Data Value to Ignore 为 0，即忽略 0 值；设置 Feathering Distance 为 100，即羽化半径为 100 个像素；将 Mosaic Display 设置为 RGB 或者 Gray Scale 显示，如果选择 RGB，则选择相应波段合成 RGB 图像，此处为 4、3、2 波段显示；Linear Stretch 为图像线性拉伸，此处使用的方法为 2% 线性拉伸；Color

图 3.55　镶嵌数据导入

资料来源：ENVI 软件。

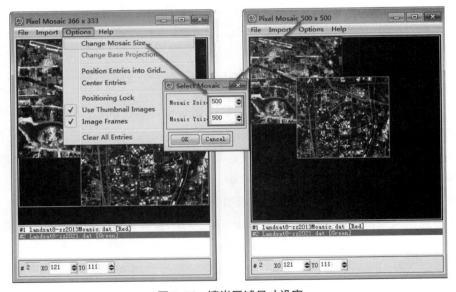

图 3.56　镶嵌区域尺寸设定

资料来源：ENVI 软件。

Balancing 是颜色均衡化设置，其中 Fixed 意为将该影像作为基准图像，Adjust 是将该影像作为调整图像，No 是不做任何调整。采用同样的方法可对其他图像文件进行设置。

设置完成后，进行镶嵌输出，在 Pixel Mosaic 面板中（见图 3.57），选择 File/Apply，在 Mosaic Parameters 面板中设置输出文件路径及文件名 mosaic1. dat、背景值、Color

Balance using 选项用于颜色平衡，默认的是统计重叠区域的直方图 stats from overlapping regions，可以点击箭头切换按钮，切换到统计整个基准图像的直方图 stats from complete files（见图 3.59），整个镶嵌过程完成，结果如图 3.60 所示。

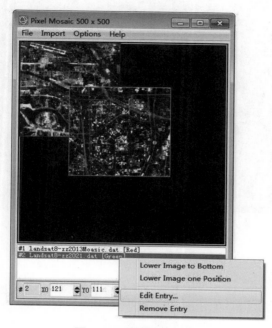

图 3.57 镶嵌图像设置

资料来源：ENVI 软件。

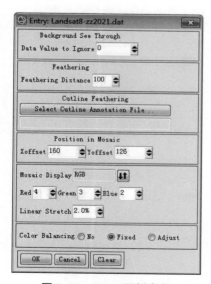

图 3.58 Entry 面板参数

资料来源：ENVI 软件。

图 3.59 Mosaic Parameters 设置

资料来源：ENVI 软件。

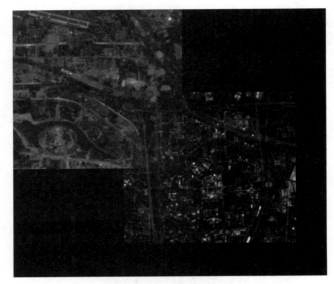

图 3.60 镶嵌结果

资料来源：ENVI 软件。

第四章

遥感图像校正

📢 概述

    遥感影像在获取过程中，受到传感器性能、大气传输、地形起伏等因素的影响，使影像存在辐射、几何方面的畸变。遥感图像校正是结合物理和数学模型消除畸变的过程。本章实验课主要学习辐射校正（辐射定标、多种大气校正方法、太阳高度角校正、地形校正）、几何校正和正射校正。

🔍 目的

    掌握 ENVI 软件对原始遥感影像进行定标和大气校正的方法，并结合典型地物的反射率曲线发现处理后数据发生的变化；理解地形校正、太阳高度角校正的原理。

    掌握 ENVI 软件对图像到图像、图像到地图两种几何校正的原理，并对其流程化操作和手动操作熟练掌握。

    掌握正射校正的原理和方法。

📚 数据

    提供数据：

    附带数据文件夹下的… \ chapter04 \ data \

    LC81240362021273LGN00、Orthorectification、landsat5-spot 三个文件夹

🎥 实践要求

1. 辐射定标
2. 大气校正
3. 太阳高度角校正
4. 图像到图像的几何校正
5. 图像到地图的几何校正
6. 正射校正

第一节　辐射校正

辐射校正包括辐射定标和大气校正两部分。辐射定标是为了获得在传感器入瞳处准确的地表辐射量，而大气校正是为了消除电磁波在传输过程中由于受大气影响导致的误差。在利用 ENVI 进行辐射校正时，需要先进行辐射定标，再进行大气校正。

本节实验过程中使用的数据均在 LC81240362021273LGN00 文件夹中。

一、辐射定标

ENVI 提供了两种封装的辐射定标方法。另外，利用遥感影像头文件的增益和偏移值，结合软件中的波段计算工具也可以对单一波段进行辐射定标。

（一）通用辐射定标工具（Radiometric Calibration）

点击 File/Open，打开指定目录文件夹 LC81240362021273LGN00 下的 LC08＿L1TP＿124036_20210930_20211013_01_T1_MTL. txt 文件。

点击 Display/Profiles/Spectral 菜单，出现 Spectral Profile 面板，移动视窗中的十字丝到任意一处植被位置，则窗口所示的光谱曲线如图 4.1 所示（不同类型、不同时期的植被曲线略有不同），可见该曲线与典型植被的反射率曲线差别较大。

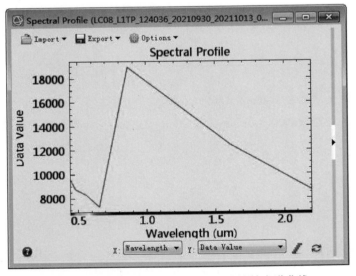

图 4.1　像元位置（3046，3078）处植被光谱曲线

资料来源：ENVI 软件。

在工具箱（Toolbox）中，选择 Radiometric Correction/Radiometric Calibration 工具，弹出图 4.2 所示窗口，窗口中显示了打开影像的所有波段，本案例中选择第一项 MultiSpectral，其他缺省设置，点击 OK 按钮进入图 4.3 所示窗口。

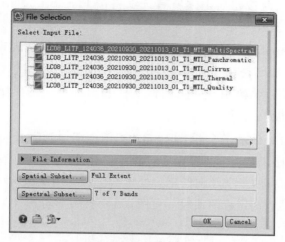

图 4.2 选择输入文件

资料来源：ENVI 软件。

图 4.3 辐射定标参数设置

资料来源：ENVI 软件。

在辐射定标面板中，定标类别（Calibration Type）包括辐射亮度（Radiance）和反射率（Reflectance）两种，即可以将原始无物理意义的 DN 值定标为亮度和反射率两种产品，输出结果存储方式类别（Output Interleave）包括 BSQ、BIL、BIP 三种，输出数据类型（Output Data Type）包括浮点型（Float）、双精度（Double）、无符号整型（UInt）三种。

辐射亮度的单位默认是 $\mu W/(cm^2 \cdot \mu m \cdot sr)$，在实际应用中可能需要对其进行调整，此时可以使用缩放因子 Scale Factor 进行设置。

同时，面板中还提供了 Apply FLAASH Settings 按钮，使定标结果满足 FLAASH 大气校正数据输入要求，点击此按钮后上述所有选项将按 FLAASH 大气校正的需求自动设置完毕。

本案例中，点击 Apply FLAASH Settings 按钮进行设置，将默认的输出结果数据类型由 BSQ 改变成 BIL，主要原因是在应用 FLAASH 大气校正模块时，默认可使用的数据类型为 BIL 或 BIP，因此为了后续使用，采用此种文件输出类型，输出结果文件名为 Calibra-tion. dat，点击 OK 按钮完成定标过程。

完成定标后，打开定标结果 Calibration. dat 图像，选择光标工具查看像元值，发现其数据与原始影像相比已发生明显变化。再次点击 Display/Profiles/Spectral，出现 Spectral Profile 面板，移动视窗中的十字丝到任意一处植被位置，则窗口所示的光谱曲线如图 4.4 所示，可见其光谱曲线已与定标前曲线（见图 4.1）有所不同。

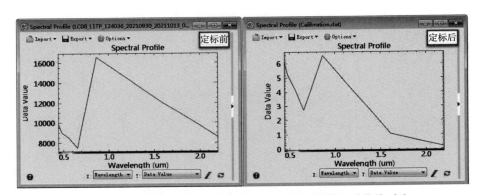

图 4.4　像元位置（3046，3078）处定标前后植被光谱曲线对比

资料来源：ENVI 软件。

（二）增益和偏移工具（Apply Gain and Offset）

在工具箱（Toolbox）中，选择 Radiometric Correction/Apply Gain and Offset 工具，随后选择第一项出现的 .txt 文件，代表打开多光谱数据，弹出 Gain and Offset Values 面板（见图 4.5），ENVI 已直接从头文件中读取了各波段的增益和偏移值，分别选取同一波段的增益值（Gain）和偏移值（Offset）进行了相应校正，定义其输出路径、文件名、数据类型即可完成该数据的定标。

（三）波段运算（Band Math）

每个波段的增益和偏移值在头文件中也可以查找到，例如 RADIANCE_MULT_BAND_1 = 0.012518 和 RADIANCE_ADD_BAND_1 = −62.58866 分别为第 1 波段的增益和偏移值。

利用 Band Math 工具和在头文件中查找到的增益和偏移值，结合定标公式（4.1）也能得到波段的定标结果。

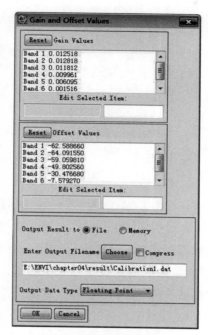

图4.5　增益与偏移校正

资料来源：ENVI 软件。

$$L = Gain * DN + Offset \tag{4.1}$$

以第 1 波段定标为例，在工具箱（Toolbox）中选择 Band Algebra/Band Math 工具，在弹出的 Band Math 面板中输入公式 b1 * 0.012518-62.58866，点击 OK 按钮并选择第 1 波段，即可输出第 1 波段的定标结果。

其他波段在头文件中查找相应的增益和偏移值，结合公式（4.1）并选择对应波段完成公式创建，即可逐波段完成相应的定标过程。

二、大气校正

ENVI 中提供了快速大气校正、FLAASH 大气校正、内部平均相对反射率法大气校正、平场域法大气校正、对数残差法大气校正、经验线性法大气校正等校正方法。本节对前四种方法进行介绍，而对数残差法与内部平均相对反射率法类似，经验线性法需要实测数据辅助，在此不再一一介绍。

（一）快速大气校正

在工具箱（Toolbox）中，选择 Radiometric Correction/Atmospheric Correction Module/QUick Atmospheric Correction（QUAC）工具，在 File Selection 面板中选择定标文件 Calibration.dat，点击 OK 按钮即出现 QUAC 面板，如图 4.6 所示。

在传感器类型（Sensor Type）中设置输入数据的类型，该参数下 ENVI 软件已列出了

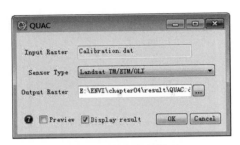

图 4.6　快速大气校正

资料来源：ENVI 软件。

常用的传感器，此处选择 Landsat TM/ETM/OLI，并设置输出路径和文件名为 QUAC. dat，点击 OK 按钮完成大气校正过程。

点击菜单栏 Display/Profiles/Spectral，出现 Spectral Profile 面板，移动视窗中的十字丝到任意一处植被位置，则窗口所示的光谱曲线如图 4.7 所示，已符合在绿波段有反射峰，而红蓝波段各有一反射谷的植被典型特征，形态与原始曲线图 4.1 及辐射定标后曲线图 4.4 明显不同。

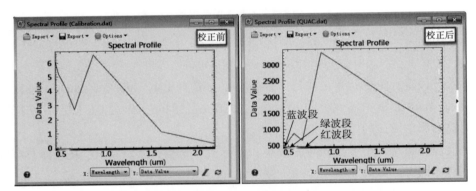

图 4.7　像元位置（3046，3078）处快速大气校正前后植被光谱曲线对比

资料来源：ENVI 软件。

（二）FLAASH 大气校正

在工具箱（Toolbox）中，选择 Radiometric Correction/Atmospheric Correction Module/FLAASH Atmospheric Correction 工具，弹出 FLAASH 大气校正面板，见图 4.8。

1. 输入与输出文件路径设置

点击 Input Radiance Image 按钮，在弹出的 FLAASH Input File 面板中选择 Calibration. dat，点击 OK 按钮，出现图 4.9 所示对话框，此处选择 Use single scale factor for all bands 选项，并在 Single scale factor 中设置为 1 后，点击 OK 按钮返回到图 4.8 界面。

注意：FLAASH 大气校正输入数据的格式要求主要包括辐射亮度单位为 $\mu W/$（$cm^2 \cdot \mu m \cdot sr$）和数据的存储方式必须为 BIL 或 BIP。本案例应用的数据辐射定标结果数据 Cali-

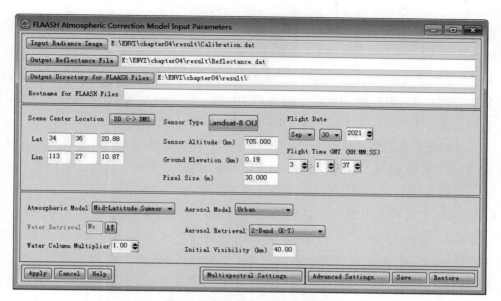

图 4.8　FLAASH 大气校正面板

资料来源：ENVI 软件。

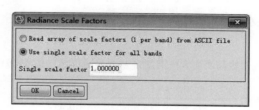

图 4.9　辐射亮度尺度因子

资料来源：ENVI 软件。

bration. dat 已经符合 FLAASH 大气校正对输入数据的格式要求，因此在 Single scale factor 中设置为 1，否则需要进行因子系数设置，将数据转换为需要的单位格式。

点击 Output Reflectance File 按钮，设置大气校正输出结果反射率文件的路径和文件名，这里设置的文件名为 Reflectance. dat。

点击 Output Directory for FLAASH Files 按钮，设置 FLASSH 大气校正过程中输出的其他文件（水汽柱、日志等）的路径。

Rootname for FLAASH Files 用于设置 FLASSH 大气校正过程中输出的其他文件的根文件名。如输入 rs，则在输出的 journal. txt 文件前会自动添加 rs_前辍成为 rs_ journal. txt。本案例中此项不设置。

2. 传感器参数设置

在前述打开辐射亮度文件 Calibration. dat 后，下方的中心经纬度 Lat 和 Lon、像素尺寸 Pixel Size、飞行日期 Flight Date 及飞行时间 Flight Time GMT 均自动从影像读取填充，点击

DD<->DMS 按钮可以将经纬度在十进制度与度分秒之间切换。

点击 Sensor Type 后面的按钮设置传感器类型，本案例中使用的数据为 Landsat-8，因此选择 Multispectral/Landsat-8 OLI，相应的传感器高度 Sensor Altitude 也自动读取填充。

上述参数如果 ENVI 软件不能读取，可在文件夹 LC81240362021273LGN00 原始影像头文件 LC08_L1TP_124036_20210930_20211013_01_T1_MTL. txt 中查找，Flight Date 和 Flight Time 对应头文件中的字段是 DATE_ACQUIRED 和 SCENE_CENTER_TIME。

Ground Elevation 是影像覆盖区域的平均高度值。本书从地理空间数据云网站下载了该区域 30 米分辨率的 DEM，拼接后获取的 DEM 的平均值是 190 米，故输入数值 0.19。

3. 大气设置

ENVI 提供了六种大气模型：亚极地冬季（Sub-Arctic Winter，SAW）、中纬度冬季（Mid-Latitude Winter，MLW）、美国标准大气模型（U. S. Standard，US）、亚极地夏季（Sub-Arctic Summer，SAS）、中纬度夏季（Mid-Latitude Summer，MLS）、热带（Tropical，T）。具体选择哪种模型需要结合影像覆盖地区的水汽含量决定，六种模型对应的水汽含量见表 4.1。实际应用中一般选择接近或稍大于影像覆盖场景水汽含量的模型，但如果没有查询到其水汽或温度信息，可以结合影像覆盖地区的地理位置（纬度信息）及成像时间（季节）综合选择，见表 4.2。本案例中实验影像为 2021 年 9 月 30 日成像，中心纬度为 34.36°N，未查询到相关水汽含量数据，故结合表 4.2 选取了 MLS 大气模型。

表 4.1　基于水汽含量和表面大气温度（从海平面算起）的 MODTRAN 大气模型

大气模型	水汽柱（std atm-cm）	水汽柱（g/cm^2）	表面大气温度
SAW	518	0.42	−16°C 或 3°F
MLW	1060	0.85	−1°C 或 30°F
US	1762	1.42	15°C 或 59°F
SAS	2589	2.08	14°C 或 57°F
MLS	3636	2.92	21°C 或 70°F
T	5119	4.11	27°C 或 80°F

表 4.2　基于季节—纬度选择 MODTRAN 大气模型

纬度范围（°N）	1 月	3 月	5 月	7 月	9 月	11 月
80	SAW	SAW	SAW	MLW	MLW	SAW
70	SAW	SAW	MLW	MLW	MLW	SAW
60	MLW	MLW	MLW	SAS	SAS	MLW
50	MLW	MLW	SAS	SAS	SAS	SAS
40	SAS	SAS	SAS	MLS	MLS	SAS
30	MLS	MLS	MLS	T	T	MLS
20	T	T	T	T	T	T

纬度范围（°N）	1月	3月	5月	7月	9月	11月
10	T	T	T	T	T	T
0	T	T	T	T	T	T
−10	T	T	T	T	T	T
−20	T	T	T	MLS	MLS	T
−30	MLS	MLS	MLS	MLS	MLS	MLS
−40	SAS	SAS	SAS	SAS	SAS	SAS
−50	SAS	SAS	SAS	MLW	MLW	SAS
−60	MLW	MLW	MLW	MLW	MLW	MLW
−70	MLW	MLW	MLW	MLW	MLW	MLW
−80	MLW	MLW	MLW	SAW	MLW	MLW

4. 水汽参数设置（Water Retrieval）

多光谱数据缺少相应波段且分辨率较低，一般不执行水汽反演。ENVI 提供了两个值可供选择：

（1）No：不执行水汽反演，只使用一个固定水汽含量值，其取值参照表 4.1。Water Column Multiplier 为水汽含量乘积系数，默认为 1.0。

（2）Yes：执行水汽反演。ENVI 提供了三个水汽吸收带模型，Water Absorption Feature 下列框中分别为 1135nm（1050～1210nm 范围波段）、940nm（870～1020nm 范围波段）、820nm（770～870nm 范围波段）。

本次实验默认选择 NO 选项，不执行水汽反演。

5. 气溶胶模型（Aerosol Model）

ENVI 提供了五种气溶胶模型供选择：

（1）无气溶胶（No Aerosol）：不考虑气溶胶影响。

（2）乡村（Rural）：没有城市和工业影响的地区。

（3）城市（Urban）：适合高密度城市或工业地区。

（4）海面（Maritime）：海平面或受海风影响的大陆区域，适合海雾和小粒乡村气溶胶。

（5）对流层（Tropospheric）：应用于平静、干净条件（能见度大于 40 千米）的大陆区域，只包含微小成分的乡村气溶胶。

ENVI 还提供了三种气溶胶反演（Aerosol Retrieval）算法：None、2−Band（K−T）、2−Band Over Water。其中，2−Band Over Water 用于海面上的图像；None 需要结合初始能见度（Initial Visibility）用于反演，其取值参照表 4.3；2−Band（K−T）在没有找到合适黑暗像元时也需要使用初始能见度值。

表 4.3　天气条件与能见度估算

天气状况	估算能见度/km
晴朗	40~100
薄雾天气	20~30
大雾天气	不超过 15

本次实验影像覆盖地区为城市，故气溶胶模型选择 Urban，同时气溶胶反演算法选择 2-Band（K-T），另外，数据获取时天气晴朗，能见度 Initial Visibility（km）使用默认设置 40.00。至此，FLAASH 大气校正主界面设置结束。

6. 多光谱设置（Multispectral Settings）

点击 Multispectral Settings 按钮，出现 Multispectral Settings 对话框（见图 4.10）。该对话框提供了两种设置方式：文件方式（File）和图形方式（GUI）。GUI 可以交互选择数据通道，这里使用图形方式。多光谱数据一般不能进行水汽反演，但可以进行气溶胶反演，选择 Kaufman-Tanre Aerosol Retrieval 面板进行气溶胶反演参数设置。如图 4.10 所示，点击 Defaults 按钮，选择第一项 Over-Land Retrieval Standard（660：2100 nm），KT Upper Channel 和 KT Lower Channel 将会自动设置为 SWIR2（2.2010）和 Red（0.6546），其余设置按默认即可。点击 OK 按钮返回 FLAASH 大气校正面板。

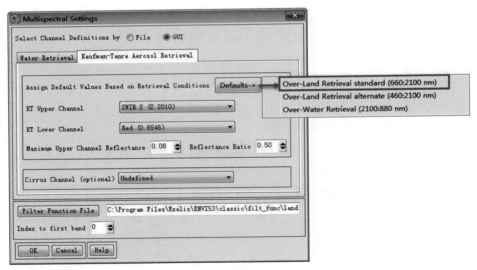

图 4.10　多光谱设置

资料来源：ENVI 软件。

7. 高级设置（Advanced Settings）

点击 Advanced Settings 按钮，弹出高级设置面板（见图 4.11），其中 Tile Size 为分块大小，该值的设置影响大气校正的效率，具体数值大小需要结合计算机的配置决定。

本次实验中计算机为 64 位操作系统、4G 内存、8 核处理器，Tile Size 输入 200，需要注意的是，Output Reflectance Scale Factor 的设置表示校正后图像反射率被放大了 10000 倍，可以利用 Band Math 工具还原原始值。其余参数设置较为复杂，采用默认设置即可。点击 OK 按钮返回 FLAASH 大气校正面板。

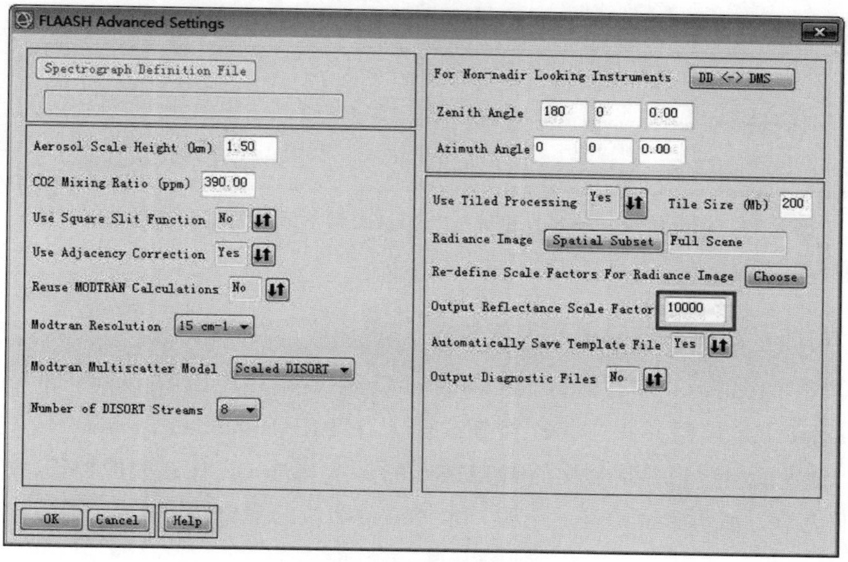

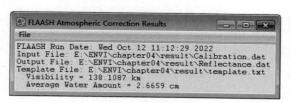

图 4.11　高级设置

资料来源：ENVI 软件。

8. 执行大气校正（Apply）与结果浏览

在大气校正主界面，点击 Apply 按钮，开始执行 FLAASH 大气校正过程。数分钟后校正完成，获得大气校正结果，如图 4.12 所示，显示了输入文件、输出文件、临时文件的存储路径，以及估算的可见度和平均水汽柱信息。

图 4.12　大气校正结果

资料来源：ENVI 软件。

打开校正结果，并将其放置在最上层。点击菜单栏 Display/Profiles/Spectral，出现 Spectral Profile 面板，移动视窗中的十字丝到任意一处植被位置，光谱曲线如图 4.13 所示，可见其光谱曲线已符合植被在绿波段有反射峰，而红、蓝波段各有一反射谷的典型特征。

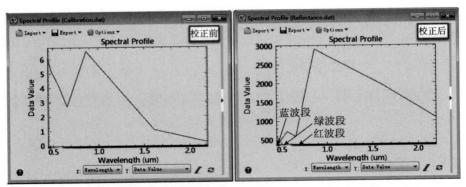

图 4.13　像元位置（3046，3078）处 FLAASH 校正前后植被光谱曲线对比

资料来源：ENVI 软件。

（三）内部平均相对反射率法大气校正

在工具箱（Toolbox）中，选择 Radiometric Correction/IAR Reflectance Calibration 工具，选中 Calibration. dat 数据并点击 OK 按钮，进入 IARR Calibration Parameters 对话框（见图 4.14），设置输出路径并定义文件名 IARR. dat 后，点击 OK 按钮完成校正。校正完成的图像，参照上节方法再验证植被、土壤、水体波谱曲线的变化即可。

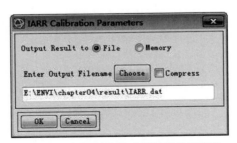

图 4.14　内部平均相对反射率校正参数

资料来源：ENVI 软件。

对数残差法大气校正（Log Residuals Calibration）是工具箱（Toolbox）中选择 Radiometric Correction/Log Residuals Calibration，操作流程与本方法类似，在此不再赘述。

（四）平场域法大气校正

使用该工具前需要建立平场域，点击 File/Open 打开数据 Calibration. dat，并在图层管理（Layer Manager）窗口中右键点击该数据，选择 New Region of Interest 打开 ROI 面板，在图像上选择面积大、亮度高且光谱响应曲线变化平缓的区域（如沙漠、大块水泥地、沙地等），建立 ROI，保存名称为 Flat_field. xml（见图 4.15）。

在工具箱（Toolbox）中，选择 Radiometric Correction/Flat Field Correction 工具，选中 Calibration. dat 数据并点击 OK 按钮，进入 Flat Field Calibration Parameters 对话框（见图 4.16），选中构建的平场域感兴趣区 Flat_field. xml 并设置输出路径和文件名 FF. dat，点击 OK 按钮即完成校正。

图4.15 构建的平场域 ROI

资料来源：ENVI 软件。

图4.16 Flat Field Calibration Parameters 对话框

资料来源：ENVI 软件。

三、太阳高度角校正

太阳位置的变化会导致地表不同位置接收的太阳辐射不同，从而导致不同位置、不同季节、不同时间获取的遥感影像之间存在辐射差异。太阳高度角校正是将太阳光线倾斜照射时获取的图像校正为太阳光线垂直照射时获取的图像。Landsat 影像中，太阳高度角 θ 可以从头文件中查找，也可以根据成像时间、季节和地理位置计算获得，其模型见式（4.2）：

$$\sin\theta = \sin\varphi \cdot \sin\delta \pm \cos\varphi \cdot \cos\delta \cdot \cos\tau \qquad (4.2)$$

其中，φ、δ、τ 分别为影像覆盖地区的中心纬度、成像时刻太阳直射点的纬度、覆盖地区与直射点的纬度差。

太阳高度角校正通过调整一幅图像中像元的灰度实现，需要结合 ENVI 中的波段计算器 Band Math 工具实现。其校正模型见式（4.3）或式（4.4）。

$$DN' = \frac{DN}{\sin\theta} \tag{4.3}$$

$$DN' = \frac{DN}{\cos i} \tag{4.4}$$

其中，θ、i 分别为太阳高度角和太阳天顶角，两者均可在头文件中查找获取，对应字段分别为 SUN_ELEVATION、SUN_AZIMUTH。

本案例中以式（4.3）为例，以 FLAASH 大气校正的结果 Reflectance. dat 为输入数据进行太阳高度角校正。用写字板打开 LC81240362021273LGN00 文件夹中影像头文件 LC08_L1TP_124036_20210930_20211013_01_T1_MTL. txt，查找后发现其太阳高度角 SUN_ELE-VATION = 48.64818444。

在工具箱（Toolbox）中，选择 Band Algebra/Band Math 工具，在弹出的 Band Math 面板中输入公式 b1/sin（48.64818444 * ! DTOR），点击 OK 按钮。在弹出的 Variables to Bands Pairings 对话框中点击 Map Variable to Input File 按钮，选中输入数据的所有波段，点击 OK 按钮再次返回到 Variables to Bands Pairings 对话框，接下来设置输出路径和文件名 Reflectance_sun. dat，点击 OK 按钮完成太阳高度角校正。

注意：ENVI 软件中对三角函数要求输入的是弧度而不是度，故需要将太阳高度角 48.64818444 度转换为弧度，而! DTOR 是软件系统变量，值为 π/180，实现弧度转换。

点击菜单栏中 Display/Profiles/Spectral，弹出 Spectral Profile 窗口，移动视窗中的十字丝到任意一处植被位置，光谱曲线如图 4.17 所示，可见其光谱曲线与 FLAASH 校正后曲线（见图 4.13）形态是一样的，但校正后曲线的值均大于校正前。

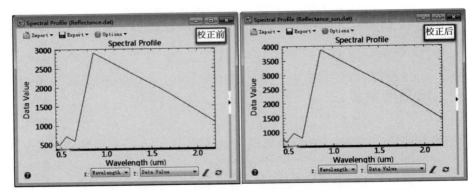

图 4.17　像元位置（3046，3078）处太阳高度角校正后植被像元光谱曲线

资料来源：ENVI 软件。

四、地形校正

太阳光线和地表作用以后再反射到传感器的太阳光的辐射亮度和地面倾斜度有关。显然，在平坦地区，地表接受太阳辐射的强度基本一样，则性质相同地物的辐射亮度值大致相同。在丘陵和山区地带，由于地形起伏，阳坡会接收更多的太阳辐射，使其在图像上更亮；而阴坡的光亮来源于散射，其亮度值会明显偏弱，以至于在图像上相对偏暗。这一现象会导致分布于阳坡和阴坡的同种地物有不同的辐射亮度值，从而可能会在影像分类中带来许多误差。

地形校正的目的是消除由于地形引起的辐射亮度误差，使同种地物在不同坡度情况下在影像中具有相同的亮度值。

若处在坡度为 α 的倾斜面上地物的影像为 $g(x, y)$，则地形校正后的图像为：

$$f(x,y) = \frac{g(x,y)}{\cos\alpha} \tag{4.5}$$

ENVI 软件中没有提供专门的地形校正工具，且从上述原理看，校正过程中需要影像覆盖地区 DEM 数据的支持。一般情况下对地形坡度引起的误差不做校正，有兴趣的读者可以结合波段运算工具进行尝试。

第二节　几何校正

遥感图像在成像时，由于投影方式、传感器外方位元素变化、传感介质不均匀、地球曲率、地形起伏、地球旋转等因素影响，获得的遥感图像相对于地表目标存在一定的几何变形，即图像产生了几何形状或位置的失真，主要表现为偏移、旋转、缩放、仿射、弯曲和更高阶的歪曲，消除这种差异的过程称为几何校正。

遥感图像的几何校正分为两种：几何粗校正和几何精校正。

几何粗校正又称系统误差改正，是对一些系统误差按实际测定的参数，如传感器姿态、运行至各摄站时刻、传感器内部结构的几何偏移等加以改正。用户获取的遥感图像一般都已经做过此项校正。

当系统误差改正后，影像上还有残剩误差，包括残剩的系统误差和偶然误差，一般用地面控制点做进一步的几何处理。利用地面控制点进行的校正是几何精校正。几何精校正不考虑引起畸变的原因，直接利用地面控制点建立像元坐标与目标地理坐标之间的数学模型，实现不同坐标系统中像元位置的变换。

本节所谈几何校正均指几何精校正。

一、图像到图像的几何校正

图像到图像的几何校正一般是以一幅经过几何校正，位置准确的栅格文件为基准图像，通过在图像中选择若干同名点校正另一幅存有畸变的图像，使相同地物出现在校正后的图像相同位置。图像到图像的几何校正也可以用于具有不同地理参考的两幅图像之间。

本案例中使用的是某地区的 Landsat5 和 SPOT 图像，空间分辨率分别为 30 米和 10 米。在 ENVI 中打开后，可见两幅图像之间存在偏移。在左侧的图层管理（Layer Manager）工具中分别查看两个数据的元数据，发现两者均含有投影和坐标信息。本案例中以 SPOT 影像为基准图像、Landsat5 影像为待校正图像进行校正。

（一）基于 ENVI 5. X 的几何校正

1. 校正准备

ENVI 软件中的 Registration：Image to Image 工具要求基准图像必须带有地理信息或 RPC 信息，不能是像元坐标，或有地理坐标但没有投影信息；对待校正图像没有特殊要求。但当待校正图像没有地理坐标信息时，利用该工具进行校正需要提供至少三个同名点，此时需自行创建同名点文件，其结构如图 4.18 所示。

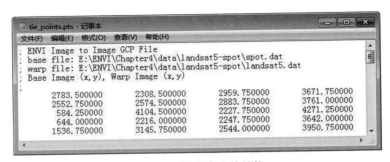

图 4.18　同名点文件结构

资料来源：ENVI 软件。

图 4.18 中同名点文件中";"后面的文字为注记文字，提供了基准图像和待校正图像的保存路径等信息，此部分注记内容可以缺省；数字部分的每行为采集的同名点像元坐标（Cursor Value 面板中 File 字段对应的坐标值），从左到右分别代表基准图像坐标 X、基准图像坐标 Y、待校正图像位置 X、待校正图像位置 Y。

同名点文件创建过程如下：新建一个 tie_points.txt 文件，修改其文件名为 tie_points.pts，即完成同名点文件的创建。用文字编辑器（记事本或者写字板）打开 tie_points.pts 文件，按照图 4.18 所示的结构要求完成前五行的文字注记；之后，在基准图像中寻找至少三个特征点，并结合 Cursor Value 🔦工具查询记录其各自坐标，采用同样的方法再在待校正图像上找到与基准图像对应的同名地物点的位置坐标并记录其坐标；最后，同名地物点作为一行数据记录，逐一输入基准图像和待校正图像获取的坐标位置数据并保存，即完成同名点文件的设置。

注意：如果待校正图像含有地理坐标信息，没有同名点文件也可以直接使用图像对图像校正工具。

2. 实验数据设置

打开实验数据 landsat5.dat 和 spot.dat 影像，在工具箱（Toolbox）中，选择 Geometric

Correction/Registration/Registration：Image to Image，启动图像到图像的校正工具，弹出图 4.19 所示对话框。从中选择 SPOT 影像的 Band1 波段作为基准图像，点击 OK 按钮弹出图 4.20 所示对话框，从中选择 landsat5. dat 作为待校正图像。在选择待校正图像时，可以根据需要点击 Spatial Subset 和 Spectral Subset 对图像进行空间或光谱裁剪，本案例中采用默认设置。点击 OK 按钮弹出 Warp Band Matching Choice 对话框（见图 4.21），用于选择待校正图像中参与匹配的波段，本案例中选择与基准图像波长一致的 Band1 波段，点击OK 按钮完成选择。

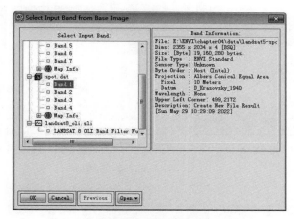

图 4.19　选择输入基准图像波段对话框

资料来源：ENVI 软件。

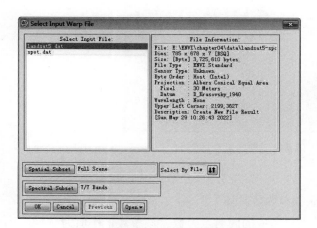

图 4.20　选择输入待校正图像对话框

资料来源：ENVI 软件。

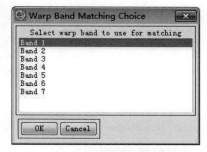

图 4.21　待校正图像波段选择

资料来源：ENVI 软件。

3. 自动生成同名点设置

当点击 OK 按钮后，弹出 ENVI Question 对话框（见图 4.22），如果待校正图像没有地理坐标信息，点击"否（N）"会导致无法使用图像到图像的校正工具；点击"是

（Y）" 则弹出 Select Existing Tie Points File 对话框（见图 4.23），需要选择并打开已创建的控制点文件 tie_points.pts 后才能进入后续操作。本案例中待校正图像含有地理坐标信息，仍然点击"是（Y）"按钮，弹出 Automatic Registration Parameters 对话框，对其参数进行相应的设置（见图 4.24），完成所有设置后，点击 OK 按钮，开始自动生成同名点。

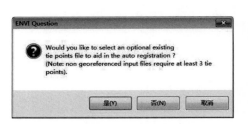

图 4.22　ENVI Question

资料来源：ENVI 软件。

图 4.23　选择同名点文件

资料来源：ENVI 软件。

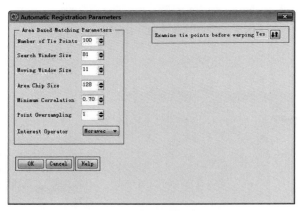

图 4.24　自动生成同名点对话框 1

资料来源：ENVI 软件。

Auto Registration Parameters 对话框各参数含义如下：

Number of Tie Points：用于设置计划要生成的同名点个数，该参数最小值为 9。由于自动生成的同名点个数受已有同名点个数、分布等多种因素影响，实际生成的点个数一般会比该值偏少，故该参数需要设置为比计划点个数更多的数值。本案例中要求点个数不少于 50，此参数设置为 100。

Search Window Size：用于设置搜索窗口的大小，该参数可设置为不小于 21 的奇数。搜索窗口是图像的子集，用于在图像中移动窗口扫描寻找地形特征匹配点，该值的大小影响同名点生成的效率。本案例中使用默认值 81。

　　Moving Window Size：用于设置移动窗口的大小，该参数可设置为不小于 5 的奇数。由于移动窗口是在搜索窗口中扫描寻找地形特征点，故要求其值小于搜索窗口的大小。移动窗口的大小同样影响同名点生成的效率和质量。移动窗口的大小与图像空间分辨率有关，一般采用如下设置：10 米分辨率或更低分辨率图像，设置为 9~15；5~10 米分辨率图像，设置为 11~21；1~5 米分辨率图像，设置为 15~41；优于 1 米分辨率图像，设置为 21~81 或更高。本案例中使用默认值 11。

　　Area Chip Size：用于设置提取特征点的区域切片大小，最小取值 64，最大取值 2048。本案例中使用默认值 128。

　　Minimum Correlation：最小相关系数，新生成同名点的相关性低于该值则将会被删除。如果使用了很大的移动窗口，建议将此值设小一些。例如，Moving Window Size 值为 31 或更大时，建议将此值设置为 0.6 或更小为宜。本案例中使用默认值 0.7。

　　Point Oversampling：用于设置一个图像切片中采集的匹配点个数。此值设置越大，则生成的同名点越多，但同时花费时间也越长。如果同名点的质量很重要，且不想检查同名点，建议将此值设置为 2。本案例中使用默认值 1。

　　Interest Operator：用于设置识别同名点的算法，ENVI 提取了 Moravec 和 Forstner 两种。Moravec 算法计算像元与其邻域像元的灰度差，运算速度优于 Forstner；而 Forstner 算法计算像元与邻域像元的灰度梯度，匹配精度优于 Moravec。本案例中使用默认值 Moravec。

　　Examine tie points before warping：用于设置是否在校正之前检查同名点。选择 "Yes" 可以检查生成的同名点并编辑误差较大的同名点；选择 "No" 即当前生成的所有同名点不用检查而直接用于几何校正，当前对话框会自动显示其他参数设置（见图 4.25），涉及校正参数、输出参数两大类，其含义和设置方法将在后文（见图 4.30）中详细介绍。操作中此选项一般选择 "Yes"，本案例中也使用默认值 "Yes"。

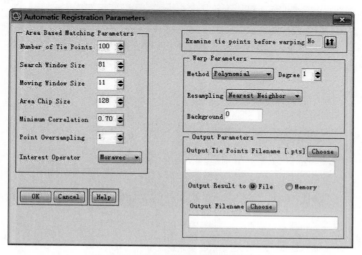

图 4.25　自动生成同名点对话框 2

资料来源：ENVI 软件。

4. 同名点编辑

ENVI 生成同名点后自动弹出 Image、Scroll、Zoom 三个视窗显示基准图像和待校正图像的 Band1 波段（显示波段取决于前面的波段设置），同名点也叠加显示在对应位置上，如图 4.26 所示。

图 4.26　基准图像和待校正图像的 Scroll 窗口

资料来源：ENVI 软件。

同时弹出的还有 Ground Control Points Selection 和 Image to Image GCP List 两个对话框，如图 4.27 和图 4.28 所示。

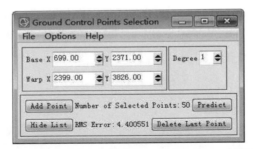

图 4.27　Ground Control Points Selection 对话框

资料来源：ENVI 软件。

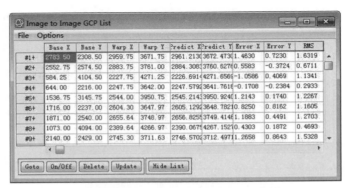

图 4.28　Image to Image GCP List 对话框

资料来源：ENVI 软件。

在 Ground Control Points Selection 对话框中可知，自动生成同名点和手工选点共计 50 个，总误差是 4.400551。一般要求图像的总体校正精度 RMS 残差不超过 1，故需要通过删除、位置微调、重新选择（更新）等方式对误差较大的同名点进行调整。

如果生成同名点个数不够，可以在 Ground Control Points Selection 对话框中，选择 Options/Automatically Generate Tie Points，弹出 Atuomatic Tie Points Parameters 对话框（见图 4.29），调整部分参数设置可生成新的同名点。该对话框中各项参数设置与前文 Automatic Registration Parameters 对话框（见图 4.24）完全一致，在此不再赘述。

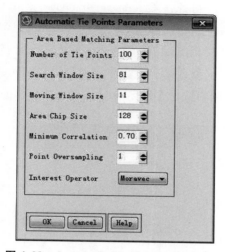

图 4.29　Automatic Tie Points Parameters

资料来源：ENVI 软件。

Image to Image GCP List 对话框中最左侧为同名点编号，每行由左至右分别为基准图像中 X 坐标与 Y 坐标、待校正图像中 X 坐标与 Y 坐标、预测点 X 坐标与 Y 坐标、X 方向与 Y 方向点误差以及 RMS 残差。点击同名点编号可以在 Zoom 窗口中快速定位到该点。选择菜单项 Options/Order Points by Error 将同名点按 RMS 误差由大到小排序，将误差较大且其周围没有合适位置的点直接删除；也可以利用 Zoom 窗口的十字光标在图像的其他位置重新定位，再点击下方的 Update 按钮将误差较大的点替换掉；反复调整至总误差 RMS 小于 1 且同名点分布均匀为止。

本案例中将 RMS 值大于 2.15 的点全部删除，同时考虑到删除后同名点个数不够，以及控制点在整幅图像分布均匀的原则，通过手动添加的方法补充控制点，主要过程如下：

在基准图像和待校正图像的 Image 窗口和 Scroll 窗口中对比寻找图像上明显的同名地物特征点，然后在两个 Zoom 窗口中用十字丝精确选择其位置，再点击 Ground Control Points Selection 对话框的 Add Point 按钮添加该同名点。本案例中已选择的同名点个数（Number of Selected Points）已超过 3 个，可以先在基准图像中选择清晰的特征点，再点击 Ground Control Points Selection 对话框中 Predict 按钮预测该点在待校正图像中的位置，再通过手动微调，最后点击 Add Point 按钮添加该点。或者也可以通过提前打开 Ground Control

Points Selection 对话框中的 Options/Auto Predict 功能，每次选点会自动预测，然后再手动微调即可。

5. 图像校正与输出

本案例中，通过删除、点位微调、更新等操作共保留了 22 个同名点，总误差为 0.650566，点位分布较为均匀。选择 Ground Control Points Selection 对话框中的 File/Save GCPs to ASCII 将同名点保存到文件。本案例中，输出同名点文件为 image_to_image_gcps.pts。当需要修改该文件时，可以选择 Ground Control Points Selection 对话框中的 File/Restore GCPs from ASCII，打开同名点文件 image_to_image_gcps.pts 继续进行精度调整。

选择 Ground Control Points Selection 对话框中的 Options/Warp File，在弹出的 Input Warp Image 对话框中选择待校正图像 landsat5.dat 并点击 OK 按钮，打开 Registration Parameters 对话框（见图 4.30），设置相应参数并定义输出文件的路径和文件名，点击 OK 按钮完成几何校正过程。本案例中输出文件名为 image_to_image.dat。

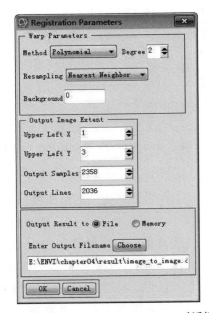

图 4.30 Registration Parameters 对话框

资料来源：ENVI 软件。

Registration Parameters 对话框各参数含义如下：

Method：用于设置几何校正模型。ENVI 提供了仿射变换（RST）、Polynomial（多项式校正）、Triangulation（局部三角网）三种模型，其中在选择多项式校正时需要设置多项式的级数（Degree）。本案例中选择多项式校正，多项式级数为 2。

Resampling：用于设置重采样方法，提供了最邻近法（Nearest Neighbor）、双线性内插法（Bilinear）、三次卷积法（Cubic Convolution）。本案例中选择 Nearest Neighbor 方法。

Background：用于设置背景值。本案例中设置为 0。

Upper Left X、Upper Left Y、Output Samples、Output Lines：用于设置校正文件的输出范围，可以做适当的调整。默认值为不裁剪，本案例中使用默认值。

6. 校正精度检验

打开校正后图像 image_to_image.dat 和基准图像 spot.dat，查看校正后图像元数据，发现其尺寸大小、投影参数、像元大小都与基准图像保持一致。在菜单栏选择 Display/View Swipe，可见两幅图像在重叠处的道路、农田、河流等地物均非常吻合。检查几何校正后的效果，也可以在菜单栏选择 Views/Link View，使用地理链接（Geographic Link）工具查看。

（二）基于 ENVI Classic 的几何校正

基于 ENVI 5.X 的几何校正，当待校正图像没有地理坐标信息时，需要先创建同名点文件才能调用相应模块完成校正，在此功能上，ENVI Classic 相较于 ENVI 5.X 实现图像到图像的几何校正更简单便捷、易于操作。具体操作方法如下：

1. 打开并显示图像文件

通过开始/程序/ENVI 5.3/Tools/ENVI Classic 5.3（64-bits），启用 ENVI Classic 界面，通过主菜单/File/Open Image File，将 SPOT 图像（spot.dat）和 TM 图像（landsat5.dat）文件打开，分别在 Display 中显示两个影像。

2. 启动几何校正模块

选择主菜单/Map/Registration/Select GCPs：Image to Image，打开几何校正模块 Image to Image Registration。选择显示 spot.dat 文件的 Display#1 为基准影像（Base Image），显示 landsat5.dat 文件的 Display#2 为待校正影像（Warp Image），如图 4.31 所示，点击 OK 按钮，启动配准程序，进入 Ground Control Points Selection 对话框采集地面控制点，如图 4.32 所示。

图 4.31　选择基准与待校正影像

资料来源：ENVI 软件。

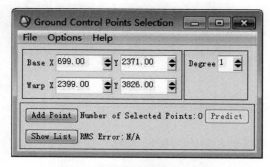

图 4.32　地面控制点采集界面

资料来源：ENVI 软件。

Ground Control Points Selection 对话框各参数含义如下：

Base X，Y：基准图像中控制点的坐标。

Warp X，Y：待校正图像中控制点的坐标。

Degree：多项式纠正法校正的次数。

Add Point：添加一个控制点。

Show List：查看地面控制点列表。

RMS Error：Root Mean Square Error，均方根误差，显示总 RMS 误差。为了最好地配准，应该试图使 RMS 误差最小化，一般 RMS 小于 1 会达到较好的校正效果。

Predict：预测点坐标功能。

3. 采集地面控制点

在两个 Display 中，通过将光标放置在两幅影像的相同地物点上找到相同区域。在基准图像和待校正图像 Zoom 窗口中，分别微调十字光标到相同点上（见图 4.33），在 Ground Control Points Selection 对话框中点击 Add Point，将该地面控制点添加到列表中。

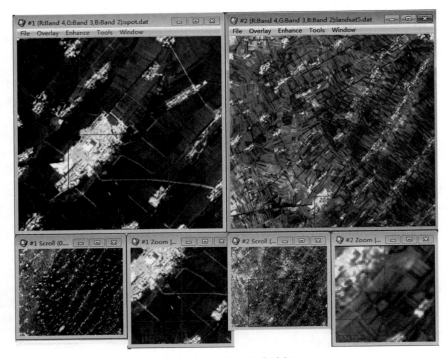

图 4.33　同名地物点选择

资料来源：ENVI 软件。

当选择控制点的数量达到 3~5 点时，可以发现 Show List 列表中 RMS 被自动计算。此时 Ground Control Points Selection 上的 Predict 按钮可用，此时通过选择 Ground Control Points Selection 对话框菜单栏中的 Options/Auto Predict 打开自动预测功能。打开该功能后，当在 Base Image（spot. dat 影像）上选择某地物点时，Warp Image（landsat5. dat）上会自动预测同名地物点的位置，然后根据实际情况进行调整即可快速添加同名点。因此，打开 Options/Auto Predict 功能可以显著提高选择同名点的效率，故在操作过程中建议打开该功能。

　　另外，当选择一定数量的控制点（至少 3 个）之后，可以利用自动生成点功能。在 Ground Control Points Selection 上选择 Options/Automatically Generate Tie Points，选择两个图像的匹配波段，这里均选择 band1，点击 OK 按钮，弹出自动找点参数设置面板，方法与基于 ENVI 5. X 的几何校正部分一样，设置 Tie 点的数量，其他选择默认参数，点击 OK 按钮，即可自动生成校正点。根据经验，建议少用此功能，主要原因是生成点质量不高，很多时候达不到精度，并不能较好地实现图像校正。

　　除此之外，点击 Ground Control Points Selection 上的 Show List 按钮，可以看到选择的所有控制点的列表 Image to Image GCP List 对话框，如图 4.34 所示。选择 Image to Image GCP List 上的 Options/Order Points by Error，按照 RMS 值由高到低排序。对于 RMS 过高的点，一是直接按 Delete 按钮删除此行；二是在两个影像的 Zoom 窗口上，将十字光标重新定位到正确的位置，点击 Image to Image GCP List 上的 Update 按钮进行更新。列表中的 Clear All Points 为清除所有的控制点；On/Off 为开启或关闭点，即是否让所选的高亮度的控制点参与校正；Goto 为定位到选择的控制点；Hide List 为隐藏控制点列表。

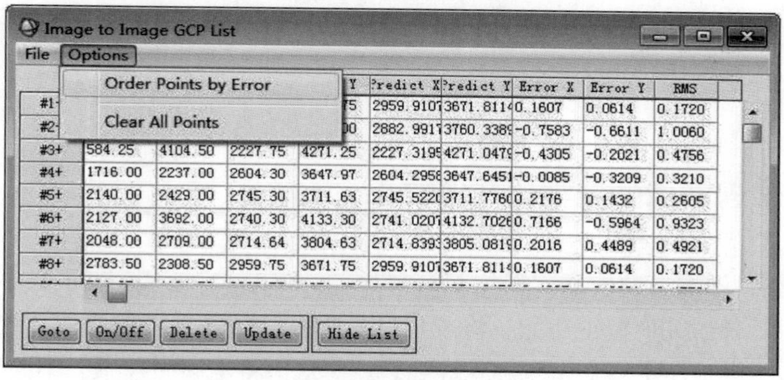

图 4.34　**Image to Image GCP List 列表**

资料来源：ENVI 软件。

　　当总的 RMS 值小于 1 个像素时，完成控制点的选择。点击 Ground Control Points Selection 面板上的 File/Save GCPs to ASCII，将控制点保存。如果控制点下次使用或者不小心删掉，还可以通过 File/Restore GCPs from ASCII 恢复。

　　4. 选择校正参数输出

　　在 Ground Control Points Selection 面板上，选择 Options/Warp File，选择校正文件 landsat5. dat 图像，点击 OK 按钮，出现校正参数对话框（见图 4.35），使用方法和含义与基于 ENVI 5. X 的几何校正部分相同（见图 4.30）。

　　最后完成校正后，检验校正结果的基本方法与基于 ENVI 5. X 的几何校正部分相同，在此不再赘述。

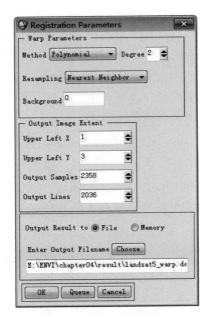

图 4.35　校正参数输出

资料来源：ENVI 软件。

二、图像到图像的流程化几何校正

ENVI 提供了图像自动校正流程化工具（Image Registration Workflow），该工具以流程化的方式提供图像的几何校正功能，将校正过程中复杂的参数设置集成到统一的面板中，在人工干预较少的情况下自动定位和生成同名点，从而将不同坐标系、不同地理位置的图像配准到同一坐标下，使图像中相同地物具有相同的地理坐标。图像自动校正流程化工具对没有地理坐标信息的图像进行校正需要至少三个同名点，其构建方法同上一小节。

本案例中使用的图像与上节相同，打开实验数据 Landsat5. dat 和 spot. dat，在工具箱（Toolbox）中，选择 Geometric Correction/Registration/Image Registration Workflow 启动流程化校正工具，弹出 Image Registration 对话框（见图 4.36），在 File Selection 中，Base Image File 选择 spot. dat 影像作为基准图像，Warp Image File 选择 Landsat5. dat 作为待校正图像。完成后点击 Next 按钮进入 Image Registration 对话框的 Tie Points Generation 面板（见图 4.37）。

（一）Tie Points Generation 面板

Tie Points Generation 面板包含 Main、Seed Tie Points、Advanced 三个选项卡。

1. Main 选项卡

Main 选项卡用于图像配准的主要参数设置（见图 4.37），包括 Auto Tie Point Generation 和 Auto Tie Point Filtering 两类。

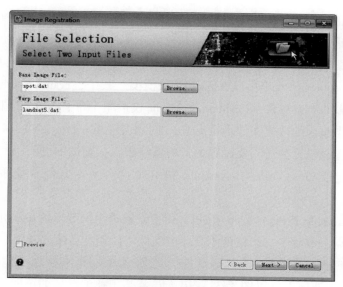

图 4.36 File Selection 面板

资料来源：ENVI 软件。

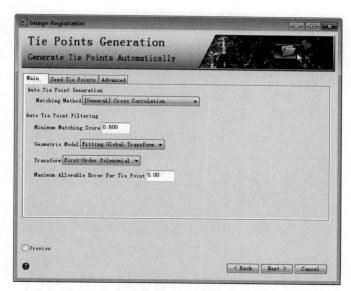

图 4.37 Tie Points Generation 面板 Main 选项卡

资料来源：ENVI 软件。

Auto Tie Point Generation 中的 Matching Method 用于设置图像匹配生成同名点的方法。ENVI 提供了 [General] Cross Correlation 和 [Cross-Modality] Mutual Information 两种算法。其中，[General] Cross Correlation 一般用于具有相似形态的图像之间，如两幅光学影像；而 [Cross-Modality] Mutual Information 用于不同形态的图像之间，如光学影像与雷达图像、可见光与热红外影像等。本案例中使用默认设置 [General] Cross Correlation。

Auto Tie Point Filtering 主要包括以下参数设置选项：

Minimum Matching Score：用于设置同名点匹配最小阈值，取值介于 0 和 1 之间。生成同名点的得分若低于该值，则会自动删除，不参与校正过程。本案例中使用默认取值 0.6。

Geometric Model：用于设置图像的几何模型。ENVI 提供了 Fitting Global Transform、Frame Central Projection、Pushbroom Sensor 三种模型。其中，Frame Central Projection 适用于框幅式中心投影的航空影像；Pushbroom Sensor 仅适用于带有 RPC 文件的图像，其下拉列表中内容只有当输入的两幅图像均带有 RPC 时才会显示；Fitting Global Transform 适用于大多数图像，且选择该模型还需要设置如下两项参数，本案例中也使用此项设置。

Transform：包括 First-Order Polynomial 和 RST 两种。本案例中使用默认设置 First-Order Polynomial。

Maximum Allowable Error Per Tie Point：用于设置每个同名点的最大允许误差。该值越大，保留的同名点个数越多，但精度不高。本案例中使用默认值 5.0。

2. Seed Tie Points 选项卡

Seed Tie Points 选项卡（见图 4.38）用于同名点（种子点）的读取、添加和删除，主要设置参数如下：

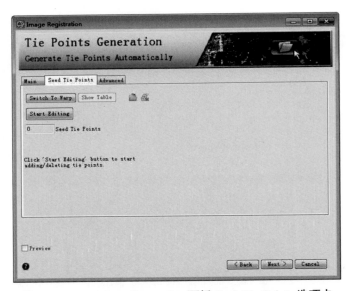

图 4.38　Tie Points Generation 面板 Seed Tie Points 选项卡

资料来源：ENVI 软件。

Switch To Warp/Switch To Base：用于在窗口中基准图像和待校正图像之间切换显示。当显示图像为基准影像时，按钮为 Switch To Warp，单击则切换显示为待校正图像。

Show Table：用于显示同名点列表。没有同名点时该按钮显示为灰色且不可用。

Import Seed Tie Points 📁：用于打开已有的同名点文件（格式要求 *.pts）。打开同名点后，其点号在基准影像和待校正影像中分别用紫色和绿色的数字显示，且该数字与 Show Table 中显示的 POINT_ID 为同一属性。

Clear Seed Tie Points 　：用于清空当前所有同名点。

Start Editing：用于在基准图像和待校正图像上手动添加、删除同名点。当启动编辑后，该按钮名称变换为 Stop Editing。

Seed Tie Points：用于显示当前总的同名点个数。

本案例中使用已有同名点，通过 Import Seed Tie Points 　图标打开同名点文件 tie_points1. pts，然后利用 Advanced 选项卡进行生成同名点的高级参数设置，以进行接下来的几何校正任务。

实际上，如果畸变图像和参考图像都有坐标信息，可以不必添加同名地物点，利用 Advanced 选项卡自动生成同名地物点，对同名地物点进行修正，即可完成校正。如果畸变图像没有坐标信息，也没有同名地物点文件，可以通过点击 Start Editing 按钮选择 Add 选项手动添加同名点，手动选择至少 3 个同名点，然后借助 Advanced 选项卡进行生成同名点的高级参数设置，便可实现接下来的校正。主要方法是在当前显示的基准影像中将十字丝光标移动到想添加同名点的位置，点击即出现十字标志，再右键点击该位置选择 Accept as Individual Points，图像窗口即自动切换到待校正图像上，然后在待校正图像上相同位置点击确定位置再右键点击选择 Accept as Individual Points 即完成一个同名点对。每完成一个同名点对会自动顺序编号并切换到第一幅出现的基准图像上。在手动添加同名点过程中，若点击选中位置后发现点位不佳要更换时，可右键点击选择 Clear 取消当前点位或选择 Stop Editing 后面的 Delete 选项，在视窗中点击选中该点后（显示为淡蓝色）再右键点击，在属性面板中选择 Delete 删除该点。

3. Advanced 选项卡

Advanced 选项卡（见图 4.39）用于生成同名点的高级参数设置。

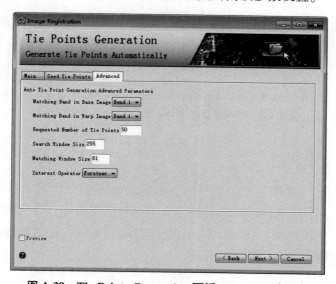

图 4.39　Tie Points Generation 面板 Advanced 选项卡

资料来源：ENVI 软件。

Matching Band in Base Image：用于设置基准图像的波段。本案例中使用第 1 波段。

Mathcing Band in Warp Image：用于设置待校正图像的波段。本案例中使用第 1 波段。

Requested Number of Tie Points：用于设置需要的同名点个数。本案例中设置为 50。

Search Window Size：用于设置搜索窗口大小。本案例中使用默认值 255。

Mathcing Window Size：用于设置匹配窗口大小。本案例中使用默认值 61。

Interest Operator：用于设置角点算法。其原理与上一小节相同，在此不再赘述。本案例中使用默认值 Forstner。

（二）Review and Warp 面板

完成上述所有设置后，点击 Next 按钮进入 Review and Warp 面板，包括 Tie Points 和 Warping 两个选项卡（见图 4.40）。

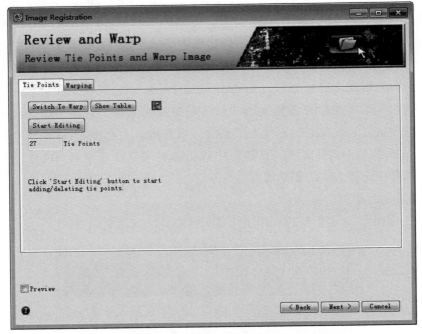

图 4.40　Review and Warp 面板 Tie Points 选项卡

资料来源：ENVI 软件。

1. Tie Points 选项卡

Tie Points 选项卡（见图 4.40）各个按钮的用法与图 4.38 一致，在此不再赘述。点击 Show Table 按钮查看同名点。RMS 总误差为 0.966091，符合小于 1 的要求。当 RMS 总误差不符合要求时，在属性表 ERROR 字段上点击右键，对同名点误差按递增或递减排序，误差较大点直接删除。

2. Warping 选项卡

Warping 选项卡（见图 4.41）主要用于图像配准的参数设置。其中的 Warping Method、

Resampling、Background 的用法与上一小节的图 4.30 一致，在此不再赘述。其他参数设置含义如下：

Output Extent：用于设置输出图像的范围，ENVI 提供了待校正图像的全部范围（Full Extent of Warp Image）和重叠区（Overlapping Area Only）两种方法。本案例中选择第一项。

Output Pixel Size From：用于设置输出图像的像元大小，ENVI 提供了与基准图像一致（Base Image）、与待校正图像一致（Warp Image）、自定义（Customized Value）三种模式。本案例中选择第一项。

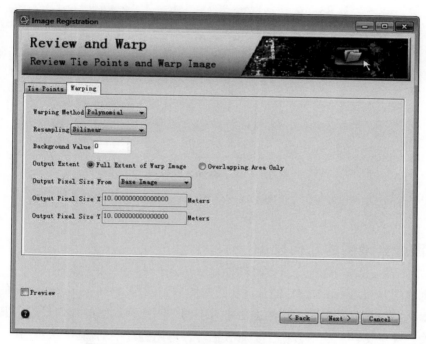

图 4.41　Review and Warp 面板 Warping 选项卡

资料来源：ENVI 软件。

（三）Export 面板

完成上述所有设置后，点击 Next 按钮进入输出（Export）面板（见图 4.42），包括输出待校正图像（Export Warped Image）和输出同名点文件到 ASCII（Export Tie Points to ASCII）两个复选框，当选中这两个复选框时，点击相应的 Browse... 按钮定义输出路径和文件名即可保存输出结果，面板中提供了 ENVI 和 TIFF 两种输出影像格式（Select Output Image File）。本案例中两个复选框均选中，影像格式选择 ENVI，影像和同名点文件名分别命名为 landsat5_warp.dat 和 spot_tie.pts。

完成设置后点击 Finish 完成几何校正。打开校正后影像 landsat5_warp.dat，参照上一小节的检查方法查看校正的效果。

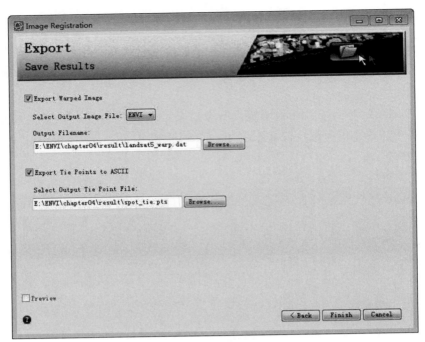

图 4.42 Export 面板

资料来源：ENVI 软件。

三、图像到地图的几何校正

图像到地图（Image to Map）的几何校正与图像到图像（Image to Image）的校正流程和方法基本类似，只是采集同名点的方法略有不同。图像到地图的几何校正，其同名点可以来自图像、矢量文件、文本数据、实测数据等，再用键盘手动输入，以此建立待校正图像与地理坐标之间的变换关系。本案例以扫描的某地形图为例进行介绍。

图 4.43 选择地图对话框

资料来源：ENVI 软件。

（一）启动校正工具

通过 Toolbox/Geometric Correction/Registration/Registration：Image to Map，启动图像到地图的校正工具，在弹出的 Select Image Display Bands Input Bands 对话框中（见图 4.43），选择波段分别赋予 R、G、B 通道，点击 OK 按钮弹出 Image to Map Registration 对话框和 Image、Scroll、Zoom 三个窗口显示的待校正图像（见图 4.44）。

（二）设置坐标系和投影信息

本案例中地形图坐标系为 1980 西安坐标系，位于高斯投影 3 度分带的第 34 投影带，故在 Image to Map Reg-

图 4.44 Image to Map Registration 对话框

资料来源：ENVI 软件。

istration 对话框 Select Registration Projection 中选择 Xian 1980 3 Degree GK Zone 34（如果列表中没有现成坐标系，则点击上方的 New… 按钮新建），设置完成后点击 OK 按钮，弹出 Ground Control Points Selection 对话框（见图 4.45）。

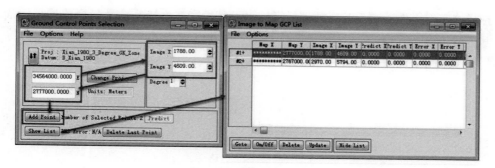

图 4.45 Ground Control Points Selection 对话框

资料来源：ENVI 软件。

（三）控制点选择

在 Scroll 窗口中移动方框到左下第一个公里格网交点处（见图 4.46），并在 Zoom 窗口中精确定位后点击，其图像坐标会自动添加到 Ground Control Points Selection 对话框的 Image X 和 Image Y 的编辑框中，从地图上查阅该点 X 坐标为 34564000，Y 坐标为 2777000，分别填入 E 和 N 对应的编辑框，点击 Add Point 按钮添加同名点（见图 4.45）。按此方法添加其他公里格网交叉点，保证添加的控制点分布均匀。另外，校正地图的同名点也可以是实测数据同名点。

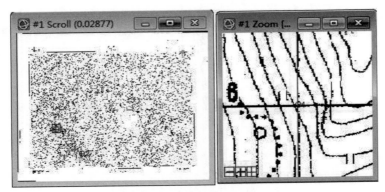

图 4.46 公里格网点选择

资料来源：ENVI 软件。

在 Ground Control Points Selection 对话框中点击 Show List 按钮查看同名点总误差（见图 4.45），如果 RMS 值符合精度要求即可保存同名点到文件，完成采集工作。同名点调整、删除、输出方法参照本节第一小节内容。

（四）选择校正参数输出结果并检查

选择 Ground Control Points Selection 对话框的 Options/Warp File，在弹出的 Input Warp Image 对话框中选择待校正地图，其各项参数设置与本节第一小节相关内容一致，在此不再赘述。

打开校正后影像，查看其元数据信息，可见其投影、坐标系统及坐标值均与扫描图像左下方显示的信息一致。

第三节 正射校正

正射校正是几何校正的一种高级形式，利用高程数据实现对中心投影的影像校正来生成多中心投影正射图像。

正射校正要求输入的图像带有 RPC 信息且有 DEM 数据的支持，在有地面控制点时可以提高校正的精度。当待校正影像缺少 RPC 信息时，在收集到影像传感器参数的情况下，可以使用 ENVI 提供的 Build RPCs 工具自行制作，操作流程此处不再介绍。

ENVI 5.3 提供了 RPC Orthorectification Using Reference Image、Rigorous Orthorectification、RPC Orthorectification Workflow 三种正射校正方法。本书以 RPC Orthorectification Workflow 为例，介绍正射校正。

一、启动校正工具并输入数据

通过 Toolbox/Geometric Correction/Registration/Orthorectification/RPC Orthorectification Workflow 启用正射校正流程化工具，弹出 RPC Orthorectification 对话框的 File Selection 面板（见图 4.47），选择 image. dat 作为待校正在 Input File 中输入。ENVI 软件自 5.1 版本起默认使用全球 900 米分辨率的 DEM 产品 GMTED2010. jp2 作为 DEM File，当有更高分辨率 DEM 数据时可点击 DEM File 中的 Browse... 按钮，在弹出的 File Selection 对话框中选择替换。本案例中不使用默认数据，选择更高分辨率的 dem. dat 进行替换。

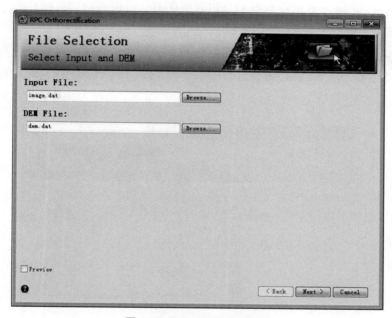

图 4.47　File Selection 面板

资料来源：ENVI 软件。

二、RPC 设置

点击 Next 按钮进入 RPC Refinement 面板，主要用于添加控制点以改善 RPC 模型，提高正射校正的精度，包括 GCPs、Advanced、Statistics、Export 四个选项卡。

（一）GCPs 选项卡

GCPs 选项主要用于对控制点进行设置（见图 4.48），各按钮及其功能如下：

▣：用于删除选中的控制点。

▨：用于删除所有控制点。

：用于设置所有控制点置于 Adjustment 状态，此状态下所有 GCPs 都将用于统计误差和调整 RPC 模型。

：用于设置所有控制点置于 Independent 状态，此状态下只统计单独 GCPs 的误差而不参与调整 RPC 模型。

：用于从文件中打开已有控制点。

：用于保存现有控制点到文件，格式为 * . pts。

：用于设置显示/隐藏误差向量。

：用于设置显示/隐藏误差叠加层。

Ground Control Points：显示所有控制点的个数。

Horizontal Accuracy：显示控制点的总均方根误差，该误差的统计范围在 Statistics 选项卡的 GCP Statistics 中设置。

GCP Properties：显示选中控制点的名称、地图坐标 X、地图坐标 Y、高程、图像坐标 X、图像坐标 Y、状态（Status，包括 Adjustment 和 Independent 两种）、X 方向误差和 Y 方向误差。

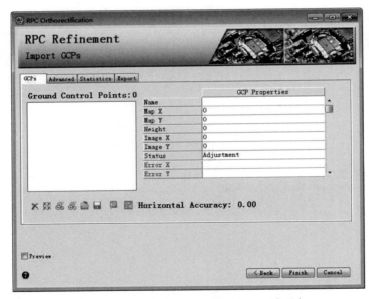

图 4.48 RPC Refinement 面板 GCPs 选项卡

资料来源：ENVI 软件。

本案例中不使用控制点进行校正。

（二）Advanced 选项卡

Advanced 选项卡主要用于设置大地水准面校正、输出像元大小、重采样方法和采样间隔（见图 4.49），主要参数含义如下：

Geoid Correction：用于设置是否使用大地水准面校正，启用该项可以提高 RPC 模型的水平精度和垂直精度。RPC 正射校正模型使用 Earth Gravitational Model（EGM）1996 来自动进行大地水准面校正，其偏差显示在下方文本框中。本案例中启动大地水准面校正。

Output Pixel Size：用于设置输出像元的大小。本案例中使用默认值。

Image Resampling：用于设置重采样方法。本案例中使用默认值 Bilinear。

Grid Spacing：用于设置校正的采样间隔。该值越大，则执行正射校正用时越短，但精度也越低。默认值为 10，即每隔 10 个像元进行一个像元基于 RPC 的校正。当有高分辨率 DEM 或处理区域地形起伏较大时，可以将此值设置为较小值以执行严格的正射校正。本案例中使用默认值 10。

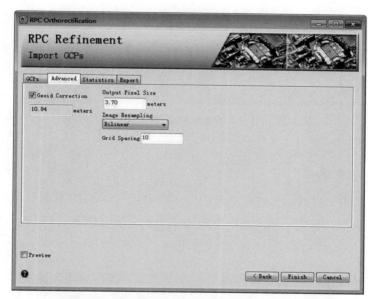

图 4.49　RPC Refinement 面板 Advanced 选项卡

资料来源：ENVI 软件。

（三）Statistics 选项卡

Statistics 选项卡用于统计 GCPs 的水平、垂直和总误差 RMS，该选项卡只有在输入 GCPs 后才能使用（见图 4.50），具体参数含义如下：

GCP Statistics：通过选择 All、Adjustment GCPs、Independent GCPs 三个单选按钮之一，分别实现对所有像元、调整像元、独立像元进行误差统计。

Horizontal Accuracy：水平方向误差，包括 RMSE X、RMSE Y、RMSE R、CE95 四种指标，分别表示 GCP 与图像像元位置在东方向和北方向的均方根误差、水平方向均方根误差、在 95% 置信区间的循环标准误差。

Vertical Accuracy：垂直方向误差，包括 RMSE Z、LE95 两种指标，分别表示垂直方向均方根误差、GCP 测量的高程与经过 geoid offset 修正过的 DEM 高程的差值。

Number of GCPs：控制点的总个数。

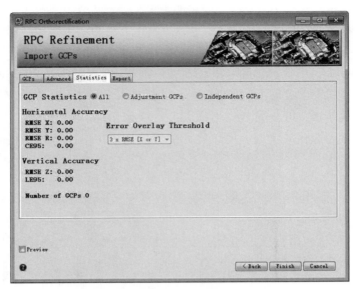

图 4.50　RPC Refinement 面板 Statistics 选项卡

资料来源：ENVI 软件。

（四）Export 选项卡

Export 选项卡用于设置输出校正结果的格式和路径等（见图 4.51），使用方法与本章第二节第二小节类似，在此不再赘述。本案例中校正结果选择 ENVI 格式，文件名为 Orthorectification. dat。

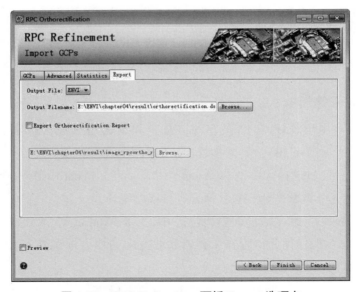

图 4.51　RPC Refinement 面板 Export 选项卡

资料来源：ENVI 软件。

三、校正效果对比

打开校正后影像 Orthorectification. dat，参照本章第二节第一小节的检查方法查看校正的效果，可见在道路、地块边缘等地物分界处已有明显差异。

第五章

遥感图像增强方法

📢 概述

　　图像增强指利用各种数学方法和变换算法提高图像中的地物对比度与图像清晰度，从而增加图像显示的信息量，使图像有利于人眼分辨地物。本章实验课主要学习常用的 ENVI 遥感图像增强方法，如对比度变换、彩色变换、多光谱变换、滤波增强等。

🔍 目的

　　掌握 ENVI 软件遥感图像增强常用操作方法。

📚 数据

　　（1）ENVI 自带图像数据：

　　C:\Program Files\Exelis\ENVI53\classic\data\can_tmr.img

　　（2）提供数据：

　　附带数据文件夹下的…\chapter05\data\

　　Landsat8-zz2021.dat

🎥 实践要求

1. 对比度变换
2. 彩色变换
3. 多光谱变换
4. 图像运算
5. 空间域滤波增强
6. 傅里叶变换

第一节　对比度变换

对比度变换是通过改变图像像元的亮度值来改变图像像元对比度，从而改变图像质量的图像处理方法。为了改善图像的对比度，必须改变图像像元的亮度值，并且这种改变需符合一定的数学规律，即在运算过程中有一个变换函数，常用的方法有线性变换、分段线性变换、非线性变换、直方图均衡化、自定义拉伸和直方图匹配等方法，具体每种方法的介绍如表 5.1 所示。

表 5.1　对比度变换直方图拉伸方法介绍（以 TM 影像为例）

菜单命令	功能
Linear（线性拉伸）	线性拉伸的最小值和最大值分别设置为 0 和 255，两者之间的所有其他值设置为中间的线性输出值
Piecewise Linear（分段线性拉伸）	可以通过使用鼠标中键在输入直方图中放置几个点进行交互式限定。对于各点之间的部分采用不同的线性拉伸方法
Gaussian（高斯拉伸）	系统默认的 Gaussian 拉伸使用均值 DN127 和对应于 0~255 的以正负 3 为标准差的值进行拉伸。输出直方图用一条红色曲线显示被选择的 Gaussian 函数。被拉伸数据的分布呈白色，并叠加显示在红色 Gaussian 函数上
Equalization（直方图均衡化拉伸）	对图像进行非线性拉伸，一定灰度范围内像元的数量大致相等，输出的直方图是一个较平的分段直方图
Square Root（平方根拉伸）	计算输入直方图的平方根，然后应用平方根拉伸
Arbitrary（自定义拉伸和直方图匹配）	在输出直方图的顶部绘制任何形状的直方图，或与另一个图像的直方图相匹配
User Defined LUT（自定义查找表拉伸）	一个用户自定义的查找表可以把每个输入的 DN 值拉伸到一个输出值。也可以从外部打开一个 LUT 文件或交互定义

一、交互式直方图拉伸

（一）基于 ENVI 5.X 版本的交互式直方图拉伸

打开多光谱图像 can_tmr. img，在主菜单中选择 Display/Custom Stretch 或在工具栏中点击图标，就可以打开交互式直方图拉伸操作面板（见图 5.1）。在进行直方图拉伸时，可以选择直方图统计的数据范围，方法是在工具栏中点击图标，可以设置统计全图范围；点击 图标，可以设置统计当前视窗范围内的数据。

对于彩色图像来说，在交互式直方图拉伸操作面板中（见图 5.1），默认显示了当前视窗中 R、G、B 3 个通道的直方图 。可以使用面板右侧的按钮切换要显示直方图的波段，当点击 按钮切换到 R 通道时，直方图中的两条垂线表明了当前波段拉伸所用到的最小值和最大值，其值显示在 Black-Point 和 White-Point 两个标签的文本框中（见图 5.2）；另外，如果是灰度图像，Custom Stretch 面板中只显示此单一波段的直方图。

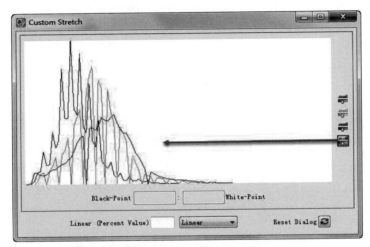

图 5.1　ENVI 5.3 交互式直方图拉伸操作面板

资料来源：ENVI 5.3 软件。

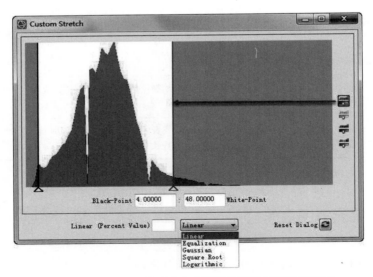

图 5.2　ENVI 5.3 交互式直方图拉伸波段切换操作面板

资料来源：ENVI 5.3 软件。

在 Custom Stretch 面板下方的下拉列表中，共有 5 种拉伸方法可供选择，其特点说明

如表 5.1 所示。在面板右侧可以根据需要选择 R、G、B 3 个通道之一，这里以 can_
tmr. img 的 TM Band3 为例，使用 Linear（线性拉伸）对 TM Band3 图像进行拉伸。

图 5.2 中，在下拉列表中选择 Linear，将鼠标移动到直方图中的垂直线上，当鼠标变
为横向双箭头时，按住左键可以移动直方图中的垂直线到所需的位置（见图 5.3），将
直方图中的两条垂线范围从 ［4，48］ 变换为 ［15.45988，35.61644］，或在 Black-Point
和 White-Point 文本框中分别输入最小值和最大值，按回车键即可实现图像的线性拉伸，
图 5.4 所示为图像拉伸前后对比图。

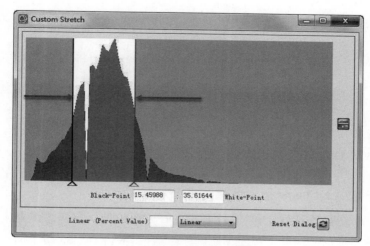

图 5.3　Linear 线性拉伸界面

资料来源：ENVI 5.3 软件。

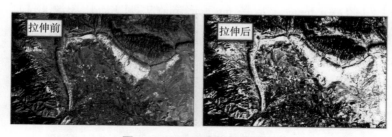

图 5.4　Linear 线性拉伸对比

资料来源：ENVI 5.3 软件。

另外，也可以在 Linear（Percent Value）文本框内输入所需要的数据百分比，比如输
入 2，代表进行 2% 的线性拉伸，按回车键确认线性拉伸。除此之外，如果对拉伸效果不
满意，可以点击右下侧的 Reset Dialog ⟳ 按钮，恢复图像原始直方图状态。其他拉伸方法
的使用与 Linear（线性拉伸）类似，用户可以自己动手实践。需要注意的是，交互式直方
图拉伸只是改变图像的显示状态，并没有真正改变图像像元值，一旦图像关闭，重新打开
后还是原来默认显示状态。

除了上述方法，在 ENVI 5.3 界面下任意打开一幅图像，ENVI 都会默认自动进行图像增强，工具栏中的按钮 Linear 2% ▼ 显示当前默认的拉伸方式，默认是进行 Linear2% 线性拉伸或者 Optimized Linear 最优化线性拉伸，可以点击下拉菜单，将出现图 5.5 所示 Linear 线性拉伸等一系列选项，可以通过 Custom 进行图像交互式拉伸，或者直接选择相应的拉伸方法，比如 Gaussian（高斯拉伸）、Equalization（直方图均衡化拉伸）等操作。

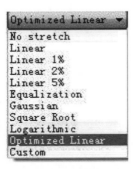

图 5.5 工具栏拉伸方法

资料来源：ENVI 5.3 软件。

（二）基于 ENVI Classic 版本的交互式直方图拉伸

ENVI 5.X 版本虽然可以对图像进行交互式直方图拉伸，但是总体上来说，该功能并不完善，无法将拉伸后的图像进行保存使用，而基于 ENVI Classic 版本的交互式直方图拉伸功能更加完善，可以实现拉伸图像的保存使用，具体使用方法如下：

首先启用 ENVI Classic 版本，选择开始/所有程序/ENVI5.3/Tools/ENVI Classic（64-bit），然后通过 File/Open Image File 将 can_tmr.img 的 TM Band1 图像文件打开，点击主图像窗口中 Enhance/Interactive Stretching...，出现图 5.6，选择 Stretch_Type，出现不同的直方图拉伸方法。具体的每一种拉伸方法的使用含义如表 5.1 所示。

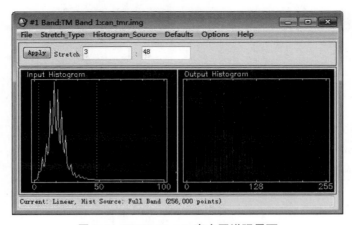

图 5.6 ENVI Classic 直方图增强界面

资料来源：ENVI Classic 软件。

1. Linear 线性拉伸

在 Stretch_Type 中选择 Linear 方式，如图 5.6、图 5.7 所示，左侧直方图为输入直方图，右侧直方图为输出直方图，两条虚线表明当前拉伸用到的最大值和最小值，其值也显示在 Stretch 标签的两个对话框中，可以通过鼠标调整两条虚线或者在 Stretch 标签的两个对话框中输入值来进行直方图拉伸范围的设置，然后点击 Apply 按钮，图像即被拉伸。拉伸图像可以进行输出，选择 File/Export Stretch…，如图 5.8 所示，将图像保存为 line-stretch. dat。

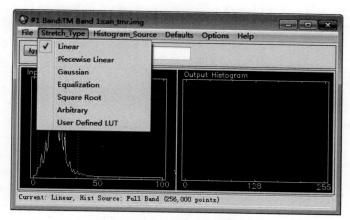

图 5.7 Linear 线性拉伸的使用

资料来源：ENVI Classic 软件。

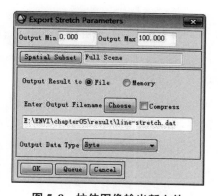

图 5.8 拉伸图像输出新文件

资料来源：ENVI Classic 软件。

Interactive Stretching… 交互式拉伸对话框中 File 和 Options 菜单主要功能如表 5.2 和表 5.3 所示，Histogram_Source 菜单命令是选择直方图生成源，有主图像窗口（Image）、滚动窗口（Scroll）、放大窗口（Zoom）、整个原始波段（Band）和感兴趣区（ROI），默认选项是对整个原始波段（Band）拉伸。Defaults 命令菜单包括一些默认拉伸方式以及直方图生成源，与主图像菜单中 Enhance 菜单功能中默认拉伸方法是一致的。

表 5.2 　File 菜单命令及其功能

菜单命令	功能
Export Stretch...	输出图像拉伸结果
Save Stretch to LUT	拉伸结果（LUT 查找表）可以被保存为 ASCII 格式文件或 ENVI 图像文件的默认拉伸 LUT 格式
Restore LUT Stretch...	打开原先保存的 LUT
Save Plot As	导出直方图为图像文件
Print...	打印
Cancel	取消

表 5.3 　Options 菜单命令及其功能

菜单命令	功能
Reset Stretch	恢复默认拉伸
Set Gaussian Stdv...	设置高斯拉伸的标准差
Set Floating Point Precision...	设置浮点型数据的精度
Edit User Defined LUT...	编辑用户自定义 LUT 表
Edit Piecewise Linear...	编辑分段线性拉伸参数
Histogram Parameters...	直方图参数设置
Auto Reset Histogram	设定对新加载数据是否应用之前输入的范围
Auto Apply	自动应用拉伸处理
Lock Stretch Bars	锁定最小值和最大值拉伸条（垂直虚线）间的距离

除 Arbitrary 任意拉伸和 User Defined LUT（自定义查找表拉伸）有差别外，其余的拉伸方法的使用与 Linear 线性拉伸类似，在此不一一举例。

2. Arbitrary 自定义拉伸和直方图匹配

选择 Stretch_Type/Arbitrary，选择 Options/Auto Apply，打开自动应用功能。首先设定拉伸范围，通过使用鼠标左键移动输入直方图中的虚线到所需要的位置，或在 Stretch 文本框内输入所需要的 DN 值或一个数据百分比，然后通过点击或按住并拖放鼠标左键，可以在 Output Histogram 窗口绘制输出直方图，绘制线以粗线表示，点击鼠标右键接受绘制的输出直方图，点击中键取消绘制的输出直方图，匹配的数据函数用白色曲线绘制显示（见图 5.9）。

除此之外，通过使用自定义对比度拉伸功能也可以把一幅图像的直方图与另一幅图像的直方图进行匹配，方法是：从一个图像中，通过 Enhance/Interactive Stretching 获取想要匹配的输入或输出直方图，然后在该直方图顶部的 Input Histogram 或 Output Histogram 文本标签上点击鼠标左键并将其拖放。匹配过程是把 Input Histogram 或 Output Histogram 文本拖放到待匹配的自定义输出直方图中，然后释放按钮。被导入的直方图将用红色（图 5.9 中灰色）绘制，输出直方图将被拉伸，实现与导入的直方图相匹配。

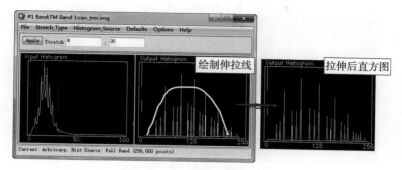

图 5.9 Arbitrary 自定义拉伸

资料来源：ENVI Classic 软件。

3. User Defined LUT 自定义查找表拉伸

选择 Stretch Type/User Defined LUT，同时选择 Options/Edit User Defined LUT。当出现编辑对话框时，一个包含输入 DN 值和相应拉伸输出值的列表显示在 Edit User Defined LUT 列表下，这些值反映了当前的拉伸情况。在值上点击进行编辑，当该值出现在 Edit Selected Item：文本框中时，输入所需值，然后按回车键确认新值，即可完成拉伸（见图 5.10）。

图 5.10 定义 LUT 表

资料来源：ENVI Classic 软件。

二、直方图匹配

通过开始/所有程序/ENVI5.3/Tools/ENVI Classic，以及主菜单/File/Open Image File 打开 can_tmr.img 文件，分别打开两个单波段图像 TM Band1 和 TM Band2，两幅图像分别显示在 Display #1 和#2 两个主图像窗口，在 TM Band1 图像主图像窗口，点击 Enhance/Histogram Matching，出现图 5.11，Match to 列表下选择匹配窗口为 Display #2，输入直方图选择 Image、Scroll、Zoom、Band 或者 ROI 其中的一种类型，此处选择使用 Image 窗口，点

击 OK 按钮，将 TM1 匹配到 TM2 图像上，实现直方图匹配。

图 5.11　直方图匹配

资料来源：ENVI 软件。

在 TM Band1 所处主图像窗口，选择 Enhance/Interactive Stretching，观察输出直方图的差别，其中匹配后输出直方图用红色（图 5.12 中灰色）表示，被匹配的输出直方图用白色表示（见图 5.12），匹配前后图像如图 5.13 所示。

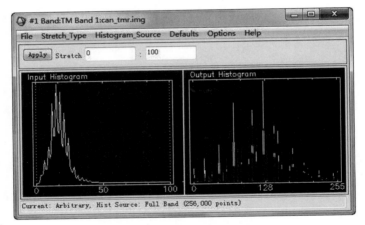

图 5.12　匹配直方图结果

资料来源：ENVI 软件。

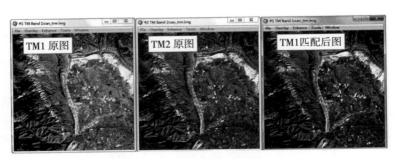

图 5.13　匹配前后图像

资料来源：ENVI 软件。

三、Stretch Data 工具实现直方图拉伸

打开 can_tmr. img 图像，通过 ENVI5. 3/Toolbox/Raster Management/Stretch Data 启用拉伸工具，选择 can_tmr. img 图像，点击 OK 按钮进入图 5.14 所示拉伸界面，选择 Linear 进行线性拉伸，将原图 0~100 的像元值拉伸到 0~255，数据类型设置为 Byte。其余几种拉伸方法与前两小节中的含义相同。

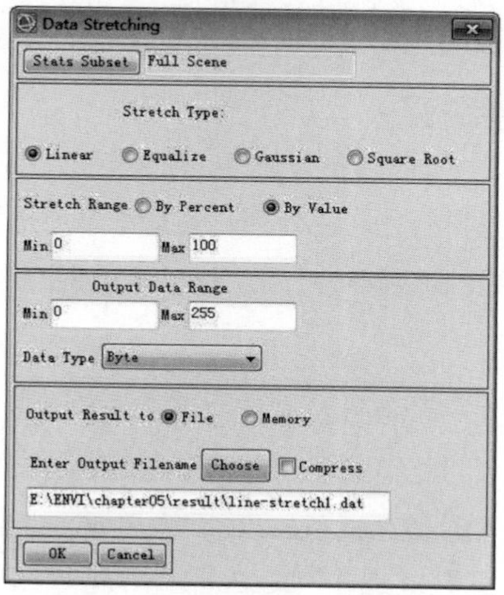

图 5.14 Data Stretching 工具对话框

资料来源：ENVI 软件。

Data Stretching 对话框各参数含义如下：

· Stats Subset：设置统计计算的图像范围。默认是对整幅图像进行统计，也可以通过设置行列数、影像范围、文件、ROI/EVF 等方式设置统计范围。

· Stretch Type：设置拉伸方式。可选择的拉伸方式包括 Linear（线性拉伸）、Equalize（均衡拉伸）、Gaussian（高斯拉伸）和 Square Root（平方根拉伸）。

· Stretch Range：用于设置拉伸范围。可以按比例设置（By Percent），也可以直接按照像元值设置（By Value）。选择 By Percent 时，在下面的 Min 和 Max 文本框中输入最小和最大比例；选择 By Value 时，在下面的 Min 和 Max 文本框中输入最小和最大灰度值。

· Output Data Range：用于设置输出数据的灰度值范围，在下面的 Min 和 Max 文本框中设置输出数据的最小和最大灰度值。

· Data Type：用于设置输出的数据类型。可设置成 ENVI 常用的 Byte、Floating、Integer 等类型。

· Output Result to：选择 File 则保存为文件，需要在 Enter Output Filename 文本框中输入路径；选择 Memory 则将结果临时存储在缓存中。

· Enter Output Filename：点击 Choose 按钮设置输出路径及文件名 line-stretch1. dat。

第二节　彩色变换

图像灰度值的变化可以改善图像的质量，但就人眼对图像的观察能力而言，一般正常人眼只能分辨 20 级左右的灰度级，而对彩色的分辨能力则可达 100 多种，远远大于对黑白灰度值的分辨能力。不同的彩色变换可大大增强图像的可读性。

一、单波段图像彩色增强

单波段图像彩色增强主要是进行伪彩色处理，其基本思想是使单波段的灰度图像变成一幅彩色图像，提高人眼对图像特征的识别能力，常用的方法包括伪彩色图像显示和色彩分割。

（一）伪彩色图像显示

伪彩色图像显示处理是建立一个像元灰度值与颜色空间分量 R、G、B 之间的一一对应关系，使图像的灰度值映射到三维的色彩空间，用颜色代表图像灰度值。具体操作步骤如下：

在 ENVI 5.3 软件中打开图像 can_tmr.img 的单波段图像 TM Band1，在图层管理（Layer Manager）工具中用鼠标右键点击 TM Band1 出现 Change Color Table（见图 5.15），其提供了 Grayscale、Blue/White、Red Temperature、Blue/ Green/Red/Yellow、Rainbow 及 More…等颜色表进行选择，图 5.16 所示为 Blue/ Green/Red/Yellow 伪彩色显示图像。

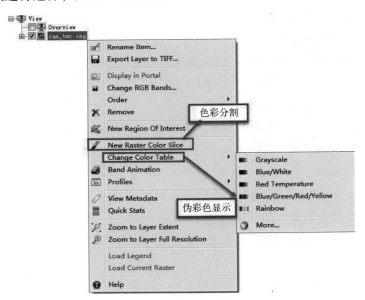

图 5.15　基于颜色表图像伪彩色增强

资料来源：ENVI 软件。

图 5.16　Blue/Green/Red/Yellow 伪彩色显示图像

资料来源：ENVI 软件。

另外，点击 More...，弹出 Change Color Table 对话框（见图 5.17），能够提供更多颜色表和定义功能，用户可通过以下两种方式定义颜色表：

（1）Selected Color Table：直接根据提供的颜色条选择颜色表。用户点击色带下方的下拉菜单 `GRN-RED-BLU-WHT ▼`，选中某颜色表，或者在 Predefined 中选择颜色条后，直接点击 OK 按钮，即可定义相应的颜色表。点击 Reverse 按钮可使颜色翻转。

（2）Color Model：选择不同的颜色空间，如 RGB、HLS、HSV 和 CMY 进行颜色定义。用户可利用各颜色空间分量的游标定义颜色，或者通过 Custom 选项卡中的黑线截取颜色剖面，点击 OK 按钮完成颜色设置。

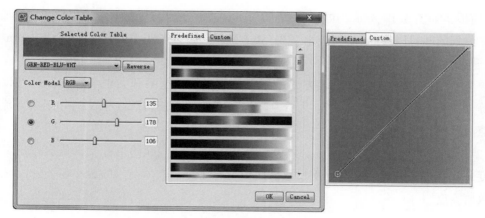

图 5.17　Change Color Table 对话框

资料来源：ENVI 软件。

（二）色彩分割（密度分割）

色彩分割就是将图像的灰度值进行分层，每一层包含了一定灰度值范围，分别赋予每个分层不同的颜色。

在图层管理（Layer Manager）工具中的 can_tmr.img 图像上点击鼠标右键选择 New Raster Color Slice（见图 5.15），或者通过 Toolbox/Classification/Raster Color Slices，选择波段 TM band1，点击 OK 按钮，打开 Edit Raster Color Slices 面板（见图 5.18）。

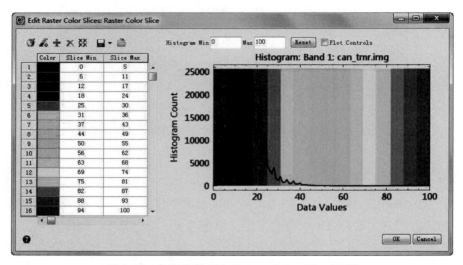

图 5.18　色彩分割 Edit Raster Color Slices 面板

资料来源：ENVI 软件。

在 Edit Raster Color Slices 面板中，有两种方式进行密度分割：

1. 自动分割

默认分成 16 个区间。点击 New Default Color Slice ▦按钮，打开 Default Raster Color Slices 面板，如图 5.19 所示，可以设置 Num Slices（分割数量）、Color（颜色）等信息。其中，分割区间可以按照最大/最小（By Min/Max）或者最小值/分割区间（By Min/Slice Size）进行设置。

（1）By Min/Max 分割法。该方法是先定义分割数值范围和类别个数，然后将该数值范围等分为相应的类别。Data Min 为分割数据范围的最小值，Data Max 为分割数据范围的最大值。

（2）By Min/Slice Size 分割法。该方法是从定义的分割起始值开始，依次按定义的数值宽度分割，直到满足定义的分割份数。Data Min 为分割数值范围的最小值，Slice Size 为类别数值宽度。

2. 手动输入分割区间

点击 Edit Raster Color Slices 面板中 Clear Color Slices ▦按钮，删除所有分割区间，点击 Add Color Slice ╋按钮，自己输入 Slice Min 和 Slice Max 值，可以反复添加，直至所有区间被分割完毕。此处，手动添加三个分割等级（见图 5.20），点击 OK 按钮，即可完成分割区间设置，结果如图 5.21 所示。

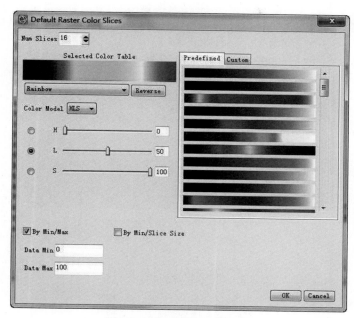

图 5.19 自动分割区间设置

资料来源：ENVI 软件。

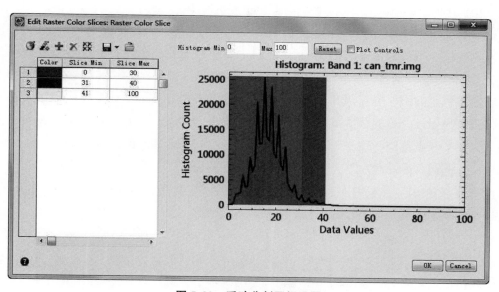

图 5.20 手动分割区间设置

资料来源：ENVI 软件。

色彩分割 Edit Raster Color Slices 面板中其余工具按钮的含义及功能如下：

Change Color Table ⊙：定义颜色表，点击打开 Change Color Table 对话框，选择合适的颜色表。

Add Color Slice ✚：增加一个分割份数。

图 5.21　图像色彩分割结果

资料来源：ENVI 软件。

Remove Color Slices ✗：删除选中的颜色类别。

Clear Color Slices ▨：清除所有颜色类别。

Save Color Slices to File ▦▾：保存当前的色彩分割方式。有三种保存方式：①Save Color Slices to File… ▦，即保存成文件；②Export as Class Image… ▦，即输出为分类图像；③Export as Shapefile… ▨，即输出成 Shapefile 文件。

Restore Color Slices from File ▭：导入色彩分割文件。

左侧表格：行数为密度分割的份数；Color 列是每类的颜色，右键点击每种颜色，选择 Edit Color 可修改颜色；Slice Min/Max 分别为类别的灰度最小/最大值，均可手动修改。

右侧颜色直方图：展示灰度直方图被不同类别分割的情况。点击某个分段数，在图左侧表格中可显示该分段的数值范围；也可将鼠标放在分段处，等鼠标变为双向箭头，拖动箭头放大某个灰度范围，图左侧表格中的 Slice Min 和 Slice Max 也会相应地改变。

Reset Reset：重置直方图灰度范围，恢复最初的设置。

色彩分割完毕后，在图层管理（Layer Manager）工具中的 TM Band1 下的 Slices 上点击右键，选择 Export Color Slices/Class Image…（见图 5.22），保存分割结果。

图 5.22　保存色彩分割图像

资料来源：ENVI 软件。

二、波段组合彩色增强

ENVI 通过波段组合进行彩色增强是通过在红（R）、绿（G）、蓝（B）三个颜色通道匹配不同波段的图像，进行图像的彩色合成，主要有以下三种：真彩色合成，即选择的波段的波长与红绿蓝的波长相同或近似；假彩色合成，即选择的波段的波长与红绿蓝的波长不相同；模拟真彩色合成，即通过模拟产生近似真彩色图像。其中，假彩色合成中还有一种特殊的合成，称为标准假彩色合成，即选择多波段图像中的近红外、红、绿三个波段分别赋予红、绿、蓝颜色通道，在屏幕上合成彩色图像。具体的彩色合成方法如下：

打开图像 can_tmr.img，打开数据管理工具（Data Manager），展开波段选择（Band Selection）选项，如图 5.23 所示。

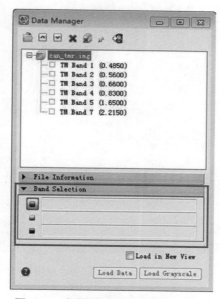

图 5.23　数据管理工具波段合成面板

资料来源：ENVI 软件。

（一）真彩色合成

在波段选择（Band Selection）框的红、绿、蓝三个颜色通道分别放入 TM Band 3、TM Band 2、TM Band 1，点击 Load Data 即为真彩色图像（见图 5.24），结果如图 5.25 所示。

（二）标准假彩色合成

在波段选择（Band Selection）框的红、绿、蓝三个颜色通道分别放入 TM Band 4、TM Band 3、TM Band 2，点击 Load Data 即为标准假彩色图像（见图 5.26），结果如图 5.25 所示。

（三）假彩色合成

除了真彩色合成和标准假彩色合成图像，以及经过分析和验证的特殊组合，其余都是

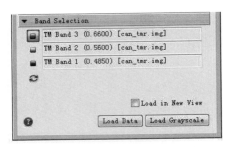

图 5.24　真彩色合成

资料来源：ENVI 软件。

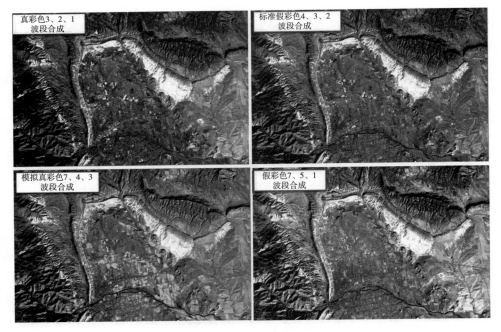

图 5.25　不同类型的彩色合成图像

资料来源：ENVI 软件。

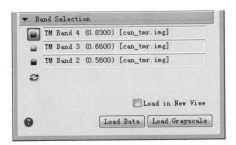

图 5.26　标准假彩色合成

资料来源：ENVI 软件。

假彩色合成图像，结果如图 5.25 所示。

（四）模拟真彩色

以 can_tmr.img 影像为例，经分析，波段 7、波段 4、波段 3 合成是模拟真彩色，结果如图 5.25 所示。

三、彩色空间变换

颜色空间是用一种数学方法来形象化地表示颜色。对于人的视觉系统来说，可以通过色调（Hue）、亮度（Lightness）和饱和度（Saturation）来定义颜色；对显示设备来说，使用红（Red）、绿（Green）、蓝（Blue）荧光体的发光来表示颜色；对于打印设备来说，使用青色（Cyan）、品红色（Magenta）、黄色（Yellow）和黑色（Black）的反射来产生指定颜色。颜色空间中的颜色通常用代表 3 个参数的三维坐标来描述，其颜色取决于所使用的坐标。大部分遥感数据都采用 RGB 颜色空间来描述，但对图像进行一些可视分析时，也会使用其他颜色空间。例如，用 HLS 模型可以将图像分成色调、亮度和饱和度，单独对亮度分量进行处理可以使图像变暗或变亮。颜色空间变换在遥感图像处理中主要用于图像增强、特征提取等环节。

遥感数字图像处理所涉及的颜色空间通常有 RGB、CMYK、HLS 和 HSV，各颜色空间具有不同的特性，为了满足不同的应用需求，有时需要对不同颜色空间进行相互转换。需要注意的是，RGB 转换要求图像数据范围在 0～255。如果数据超出范围，可以用 Stretch Data 功能实现数据范围调整。本次使用自带数据 can_tmr.img，数据范围为 0～255，无须调整，启用 Toolbox/Transform/Color Transforms/RGB to HLS Color Transform 工具进行转换，红绿蓝颜色通道选择 3、2、1 波段（见图 5.27），点击 OK 按钮，设置输出路径及文件名 RGB-HLS.dat 即可出现 HLS 转换结果（见图 5.28）。

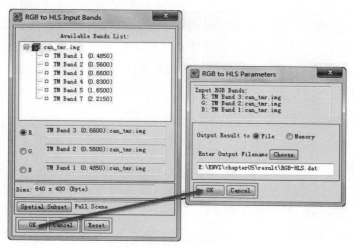

图 5.27　RGB to HLS 转换界面

资料来源：ENVI 软件。

图 5.28 HLS 转换结果

资料来源：ENVI 软件。

另外，也可以利用 Toolbox/Transform/Color Transforms/HLS to RGB Color Transform 进行反变换，将 HLS 图像变换回 RGB 图像，反变换后的 RGB 图像与原始 RGB 图像一样。

四、色彩拉伸

（一）去相关拉伸

去相关拉伸处理可以消除多光谱数据中各波段间的高度相关性，从而生成一幅色彩亮丽的彩色合成图像。首先是对图像做主成分分析，并对主成分图像进行对比度拉伸处理，然后再进行主成分逆变换，将图像恢复到 RGB 彩色空间，达到图像增强的目的。

在工具箱（Toolbox）中，双击 Transform/Decorrelation Stretch 工具，在 Decorrelation Stretch Input Bands 对话框中，从可用波段列表中选择 5、4、3 波段作为输入波段，在 Decorrelation Stretch Parameters 对话框中设置输出路径及文件名 decorrelation. dat，即可完成去相关拉伸（见图 5.29）。

（二）Photographic 拉伸

Photographic 拉伸可以对一幅真彩色输入图像进行增强，从而生成一幅与目视效果良好吻合的 RGB 图像，其结果与现实彩色照片类似。这种拉伸方法对真彩色输入图像的波段进行非线性缩放，然后将它们叠加。

在工具箱（Toolbox）中，双击 Transform/Photographic Stretch 工具，在 RGB Photographic Stretch Input Bands 对话框中，从可用波段列表中选择 3、2、1 波段作为输入波段，在 RGB Photographic Stretch Parameters 对话框中设置输出路径及文件名 photographic. dat，即可得到拉伸结果（见图 5.30）。

图 5.29 去相关拉伸结果

资料来源：ENVI 软件。

图 5.30 Photographic 拉伸结果

资料来源：ENVI 软件。

（三）饱和度拉伸

饱和度拉伸是对输入的 3 波段图像进行彩色增强，生成具有较高饱和度的波段。输入的数据由红、绿、蓝（RGB）空间变换为色度、饱和度和亮度值（HSV）空间。对饱和度波段进行高斯拉伸，从而使数据分布到整个饱和度范围，然后逆变换回 RGB 空间，完成增强处理。

在工具箱（Toolbox）中，双击 Transform/Saturation Stretch 工具，在 Saturation Stretch Input Bands 对话框中，从可利用波段列表中选择 4、3、2 波段作为输入波段，在 Saturation Stretch Parameters 对话框中设置输出路径及文件名 saturation. dat，获得饱和度拉伸结果（见图 5.31）。

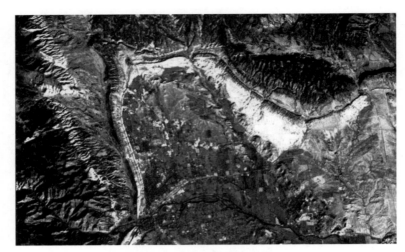

图 5. 31　饱和度拉伸结果

资料来源：ENVI 软件。

第三节　多光谱变换

一般情况下，多光谱影像数据量大、占空间大、相关性强、冗余度高、处理耗时长。多光谱变换的目的就是通过函数变换，达到保留主要信息、降低数据量、增强或提取有用信息的目的。其变换本质是对遥感图像实行线性变换，使多光谱空间的坐标系按一定规律进行旋转。

一、主成分变换

主成分分析（Principal Component Analysis，PCA）可以去除多光谱或者高光谱图像波段之间的冗余信息，将多波段的图像信息压缩为比原波段更有效的少数几个主成分。一般情况下，第一主成分包含所有波段中 80% 以上的方差信息，前三个主成分包含了 95% 以上的信息量。主成分分析通常包括三个步骤：主成分正变换、对变换成分进行处理、对处理的结果进行主成分反变换。对变换成分的处理通常为保留前几个信息总量占 90% 以上的主成分，再进行逆变换。

（一）主成分正变换

加载数据 can_tmr. img，在工具箱（Toolbox）中，选择 Transform/PCA Rotation/Forward PCA Rotation New Statistics and Rotate，弹出 Principal Components Input File 对话框（见

图 5.32)。在该对话框中选择 can_tmr.img 数据，点击 OK 按钮，出现主成分正变换参数对话框（见图 5.33），在 Forward PC Parameters 对话框中，填写正变换参数，包括设置生成的统计文件 pca.sta 和主成分结果图像 pca.dat。

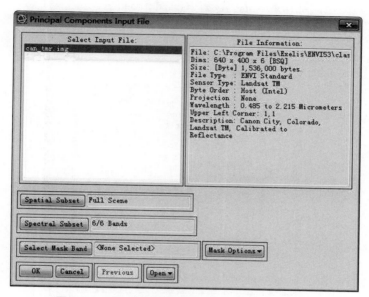

图 5.32　Principal Components Input File 对话框

资料来源：ENVI 软件。

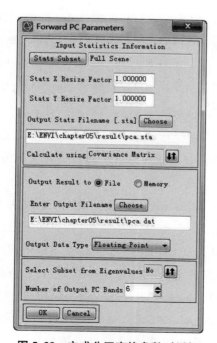

图 5.33　主成分正变换参数对话框

资料来源：ENVI 软件。

主成分正变换参数对话框各参数含义如下：

Stats Subset：点击按钮设置图像统计范围，可以基于一个空间子集或感兴趣区计算统计信息。该统计将被应用于整个文件或文件的空间子集。默认范围是整个图像，如果统计范围过大，可以进行空间裁切或者范围设置（见图5.34）。

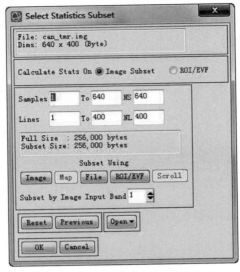

图5.34　主成分统计信息范围设置

资料来源：ENVI 软件。

Stats X/Y Resize Factor：其值范围为≤1，默认为1，用于计算统计值时的数据二次采样。键入一个小于1的调整系数，将会提高统计计算速度，例如，设置值为0.1，意为在行列方向上每隔10个像元取出1个参与统计。

Output Stats Filename［.sta］：设置输出的统计文件的路径和名称，此处命名为pca.sta。此统计文件在后续反变换中会用到。

Calculate Using：使用箭头切换按钮选择，主要功能是确定根据 Covariance Matrix（协方差矩阵）还是 Correlation Matrix（相关系数矩阵）计算主成分波段。一般情况下选择 Covariance Matrix（协方差矩阵）进行计算。

Output Data Type：选择所需的输出文件数据类型，默认为 Floating Point。

Select Subset from Eigenvalues：该设置默认为 No，即不依据各成分的特征值选择输出波段，此时可以直接在 Number of Output PC Bands 文本框中选择输出主成分的个数。默认值与输入的波段个数相同，如本案例中值为6。如果选择为 Yes，即依据各波段生成的所有特征值选择输出波段，此时 Number of Output PC Bands 文本框就会隐藏，然后点击 OK 按钮，出现 Select Output PC Bands 对话框（见图5.35），对话框中列出了每个主成分的特征值及其包含的数据方差的累计百分比，用户可依据以上信息在 Number of Output PC Bands 文本框中设置输出哪几个主成分波段。

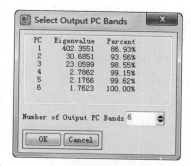

图 5.35 Select Output PC Bands 对话框

资料来源：ENVI 软件。

Enter Output Filename：选择设置输出文件路径和名称，此处输出主成分变换文件为 pca. dat，点击 OK 按钮之后，完成主成分正变换。同时也会弹出 PC Eigenvalues 对话框（见图 5.36），从中可以看出各主成分的特征值。该图显示各主成分特征值的折线图，可以看到前三个主成分具有较大的特征值，占总信息的 98%以上。图 5.37 所示是生成的第一主成分图像和主成分 1、2、3 的合成图像。

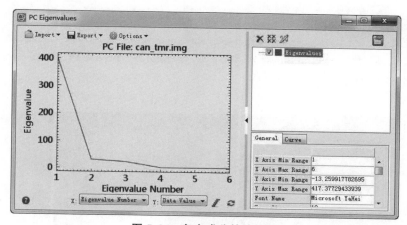

图 5.36 各主成分的特征值

资料来源：ENVI 软件。

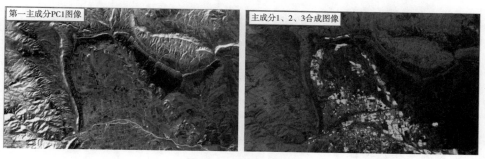

图 5.37 主成分图像

资料来源：ENVI 软件。

（二）主成分反变换

在工具箱（Toolbox）中，选择 Transform/PCA Rotation/Inverse PCA Rotation，弹出 Principal Components Input File 对话框，在该对话框中选择上面生成的主成分 pca. dat 数据，点击 Spectral Subset 按钮，在 File Spectral Subset 对话中选择前三个主成分分量（见图 5.38），点击 OK 按钮，回到 Principal Components Input File 对话框，在该对话框中点击 OK 按钮，在出现的 Enter Statistics Filename 对话框中，选择前面正变换生成的统计文件 pca. sta，弹出 Inverse PC Parameters 对话框。在该对话框中设置输出结果和输出类型，一般设置输出结果为浮点型（见图 5.39），点击 OK 按钮，输出主成分反变换结果 InversePCA. dat（见图 5.40）。

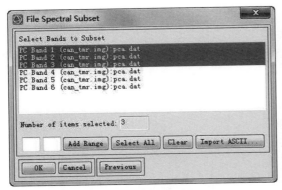

图 5.38　**File Spectral Subset** 对话框

资料来源：ENVI 软件。

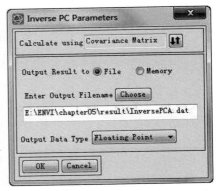

图 5.39　**Inverse PC Parameters** 对话框

资料来源：ENVI 软件。

图 5.40　主成分反变换结果

资料来源：ENVI 软件。

（三）查看主成分统计表

在工具箱（Toolbox）中选择 Statistics/View Statistics File，打开前面主成分变换得到的

统计文件 pca. sta，可以浏览各个波段的基本统计值、协方差矩阵、相关系数和特征向量矩阵（见图 5.41）。

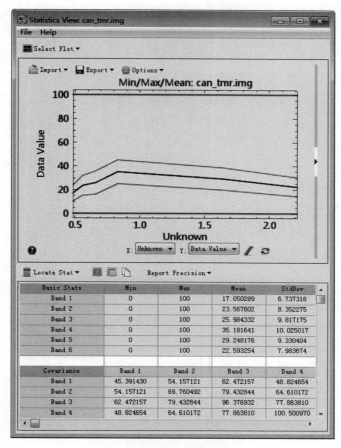

图 5.41　主成分统计信息

资料来源：ENVI 软件。

二、缨帽变换

缨帽变换（Tasseled Cap Transformation）是由 Kauth 和 Thomas 在 1976 年提出的，故又称之为 K-T 变换，是指在多维光谱空间中，通过线性变换、多维空间的旋转，将植物、土壤信息投影到多维空间的一个平面上，在这个平面上使植被生长状况的时间轨迹（光谱图形）和土壤亮度轴相互垂直，即通过坐标变换使植被与土壤的光谱特征分离。植被生长过程的光谱图形呈所谓的"穗帽"图形，而土壤光谱则构成一条土壤亮度线，有关土壤特征（含水量、有机质含量、粒度大小、土壤矿物成分、土壤表面粗糙度等）的光谱变化都沿土壤亮度线方向产生。因此，缨帽变换主要用于特征提取。另外，它也可用于图像压缩、图像增强和图像融合。缨帽变换对于同一传感器的遥感数据，转换系数是固定的，因此它独立于单幅图像，不同图像产生的结果可以进行比较，例如，Landsat5 TM 获取的不同图像产生的土壤亮度和绿度可以相互比较。

（一）自带传感器转换系数的缨帽变换

ENVI 提供了三种传感器的缨帽变换方法，分别为 Landsat MSS、Landsat5 TM 和 Landsat7 ETM（见图 5.42）。对于 Landsat MSS 数据，缨帽变换后分为土壤亮度指数（SBI）、绿度植被指数（GVI）、黄度指数（YVI）和与大气影响密切相关的 Non-Such 指数（NSI），主要为噪声；对于 Landsat5 TM 数据，缨帽变换为亮度（Brightness）、绿度（Greenness）和第三分量（Third），其中亮度和绿度相当于 MSS 缨帽变换的 SBI 和 GVI，第三分量与土壤特征及湿度相关；对于 Landsat7 ETM 数据，为输出亮度（Brightness）、绿度（Greenness）、湿度（Wetness）、第四分量（噪声）、第五分量、第六分量。这三种传感器数据的缨帽变换操作过程类似，具体如下：

在 ENVI 5.3 界面打开 can_tmr.img 图像，通过 Toolbox/Transform/Tasseled Cap 启用缨帽变换工具，在 Tasseled Cap Transform Input File 对话框中，选择 Landsat5 TM，设置输出路径和文件名 TC1.dat，点击 OK 按钮，即可得到缨帽变换结果（见图 5.43）。

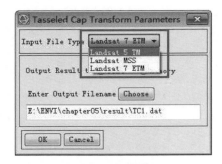

图 5.42　缨帽变换

资料来源：ENVI 软件。

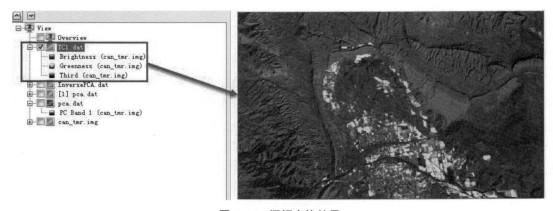

图 5.43　缨帽变换结果

资料来源：ENVI 软件。

（二）无传感器转换系数的缨帽变换

缨帽变换 ENVI 5.3 只提供了三种传感器的转换方法，如果需要处理其他传感器图像，需要提前查阅文献，找到公式。例如，对 Landsat8 OLI 数据进行缨帽变换，根据朱文泉等编著的《遥感数字图像处理——原理与方法》一书中的变换参数（见表 5.4），用 Band Math 工具计算即可获得缨帽变换各分量，现在以提取绿度分量为例，操作方法如下。

表 5.4　Landsat8 OLI 缨帽变换各分量公式

分量	公式
亮度分量	0.3029 * B2+0.2786 * B3+0.4733 * B4+0.5599 * B5+0.508 * B6+0.1872 * B7
绿度分量	−0.2941 * B2−0.243 * B3−0.5424 * B4+0.7276 * B5+0.0713 * B6−0.1608 * B7
湿度分量	0.1511 * B2+0.1973 * B3+0.3283 * B4+0.3407 * B5−0.7117 * B6−0.4559 * B7
第四分量	−0.8239 * B2+0.0849 * B3+0.4396 * B4−0.058 * B5+0.2013 * B6−0.2773 * B7
第五分量	−0.3294 * B2+0.0557 * B3+0.1056 * B4+0.1855 * B5−0.4349 * B6+0.8085 * B7
第六分量	0.1079 * B2−0.9023 * B3+0.4119 * B4+0.0575 * B5−0.0259 * B6+ 0.0252 * B7

打开 Landsat8‑zz2021.dat 文件，在工具箱（Toolbox）中启动 Band Math 工具，在 Enter an expression 文本框中输入表 5.4 中列出的绿度分量计算公式"−0.2941 * B2−0.243 * B3−0.5424 * B4+0.7276 * B5+0.0713 * B6−0.1608 * B7"，点击 Add to List 后再点击 OK 按钮，弹出 Variables to Bands Pairings 对话框（见图 5.44），选取表达式中每个变量对应的波段，其中 B2~B7 波段分别对应 Blue、Green、Red、NIR、SWIR1 和 SWIR2。选择设置输出路径和文件名 landsat8‑tc.dat，点击 OK 按钮，得到绿度分量结果（见图 5.45）。

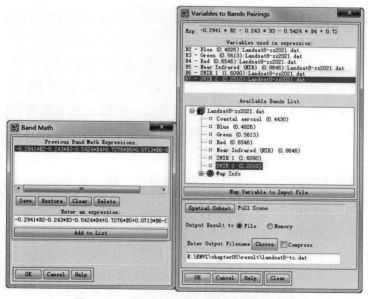

图 5.44　Band Math 绿度分量计算对话框

资料来源：ENVI 软件。

图 5.45　Landsat8 OLI 缨帽变换绿度分量结果

资料来源：ENVI 软件。

三、最小噪声分离变换

最小噪声分离（Minimum Noise Fraction，MNF）变换将一幅多波段图像的主要信息集中在前面几个波段中，主要作用是判断图像数据维数、分离数据中的噪声，减少后处理中的计算量。

MNF 也是一种线性变换，本质上是含有两次叠置的主成分分析。第一次变换是利用主成分中的噪声协方差矩阵，分离和重新调节数据中的噪声，即噪声白化（noise whitened），使变换后的噪声数据只有最小的方差且去除波段间的相关性。第二次变换是对噪声白化数据进行主成分变换。为了进一步进行波谱处理，检查最终特征值和相关图像来判定数据的内在维数。数据空间被分为两部分：一部分与较大特征值和相对应的特征图像相关，另一部分与近似相同的特征值以及噪声占主导地位的图像相关。

使用 MNF 变换从数据中消除噪声的过程为：首先进行正向 MNF 变换，判定哪些波段包含相关图像，用波谱子集选择"好"波段或平滑噪声波段，然后进行一个反向 MNF 变换。可以基于特征值选取 MNF 变换输出的波段子集，这样在使用高光谱数据时，可以从上百个波段中选择十几个主要的波段，达到降维目的，减少运算量。MNF 变换还应用在端元波谱提取的过程中。

MNF 变换包括正向变换和逆向变换，下面介绍具体操作过程。

（一）最小噪声分离正变换

MNF 变换产生 MNF 噪声统计（MNF noise statistics）和 MNF 统计（MNF statistics）两个统计文件。计算噪声最常用的方式是从输入数据中估计噪声，也可以使用以前计算的噪声统计文件。另外，还可以使用与数据相关的黑暗图像（dark image）进行噪声统计。下面介绍从输入数据中估计噪声的 MNF 变换操作过程。

打开 can_tmr.img 图像，在工具箱（Toolbox）中选择 Transform/MNF Rotation/Forward

MNF Estimate Noise Statistics，在弹出的 MNF Transform Input File 对话框中选择 can_tmr.img 图像，点击 OK 按钮，出现 Forward MNF Transform Parameters 对话框（见图 5.46），进行设置，点击 OK 按钮，生成 MNF.dat 最小噪声变换图像（见图 5.47）及相关统计文件 MNF Noise.sta 和 MNF.sta。

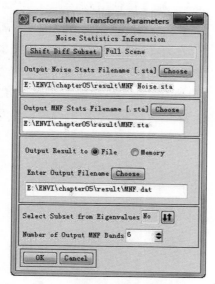

图 5.46　Forward MNF Rotation Parameters 对话框

资料来源：ENVI 软件。

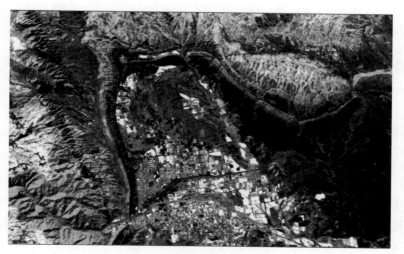

图 5.47　MNF.dat 最小噪声变换第一主分量图像

资料来源：ENVI 软件。

Forward MNF Transform Parameters 面板相关参数含义如下：

Shift Diff Subset：选择用于计算统计信息的空间子集，默认是整幅图，也可以通过该按钮进行空间调整。

Output Noise Stats Filename［.sta］：输出噪声统计文件。

Output MNF Stats Filename［.sta］：输出 MNF 统计文件，在逆向 MNF 变换中需要使用该文件。

Enter Output Filename：设置 MNF 变换结果输出路径及文件名。

Select Subset from Eigenvalues：通过特征值来选择 MNF 变换输出的波段数。若选择 Yes，执行 MNF 变换后，会打开 Select Output MNF Bands 对话框（见图 5.48），列表中显示每个波段及相应的特征值，以及每个 MNF 波段包含的数据方差的累计百分比。Number of Output MNF Bands 设置输出的波段数，一般可以选择波段特征值高的前几个分量作为输出波段，特征值接近 1 的多为噪声，点击 OK 按钮，继续 MNF 变换；若选择 No，则在下面的 Number of Output MNF Bands 框中手动设置输出波段的数量，默认为和输入波段数一致，此处默认为 6。

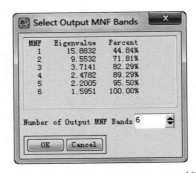

图 5.48 **Select Output MNF Bands 对话框**

资料来源：ENVI 软件。

（二）最小噪声分离逆变换

最小噪声分离逆变换，即利用 MNF 正变换的结果，选择信息量的分量进行逆变换，生成与原始图像相近的图像。新生成的图像信息含量大，噪声小。

在工具箱（Toolbox）中选择 Transform/MNF Rotation/Inverse MNF Rotation，打开 Inverse MNF Transform Input File 对话框（见图 5.49），选择正变换 MNF.dat 文件，并点击 Spectral Subset 按钮，在弹出的 File Spectral Subset 对话框中选择前 4 个变换波段，点击 OK 按钮，进入 Enter Forward MNF Stats Filename 对话框，选择之前生成的 MNF.sta 统计文件，点击 OK 按钮。在 Inverse MNF Transform Parameters 对话框中，保存输出结果为 InverseM-NF.dat，实现逆变换，结果如图 5.50 所示。

（三）波谱曲线 MNF 变换

ENVI 软件提供依据 MNF 变换统计文件对光谱曲线进行最小噪声分离的正变换和逆变换。其中，光谱曲线的 Y 轴数值范围要求与 MNF 变换文件的像元值范围一致，可利用 Band Math 或 Spectral Math 进行转换。本书采用最简便的从图形窗口输入的方式进行案例讲解。

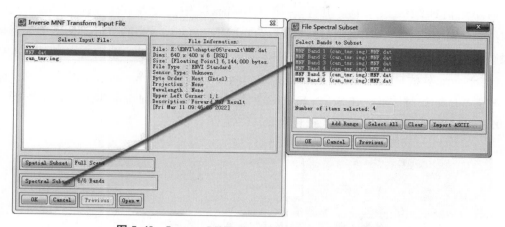

图 5.49　Inverse MNF Transform Input File 对话框

资料来源：ENVI 软件。

图 5.50　MNF 逆变换图像

资料来源：ENVI 软件。

打开 can_tmr. img 图像，点击工具栏中光谱剖面 ∿ 按钮，提取像元光谱剖面，即光标点所在位置处像元的光谱剖面图，可拖动光标获取不同位置的光谱剖面图（见图 5.51）。

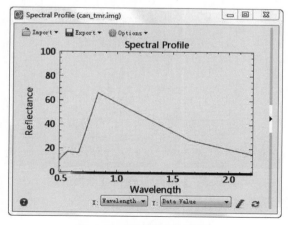

图 5.51　像元光谱剖面图

资料来源：ENVI 软件。

　　启动光谱曲线变换工具。在工具箱（Toolbox）中，选择 Transform/MNF Rotation/ Apply Forward MNF to Spectra，在打开的 Forward MNF Statistics Filename 对话框中，选择前面最小噪声分离变换生成的统计文件 MNF.sta，点击 OK 按钮，在出现的 Forward MNF Convert Spectra 对话框中（见图 5.52）点击 Import/from Plot Windows，继而弹出 Import from Plot Windows 对话框，在 Select Spectra 列表中选中 can_tmr.img 生成光谱剖面图，点击 OK 按钮，则该光谱曲线被导入到转换窗口（见图 5.52）。

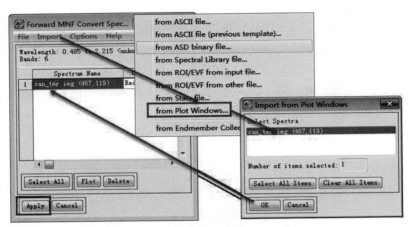

图 5.52　光谱曲线导入到 MNF 转换窗口

资料来源：ENVI 软件。

　　执行 MNF 转换。在 Forward MNF Convert Spectra 对话框中，点击 Apply 即可生成 MNF 变换后的曲线图（见图 5.53）。

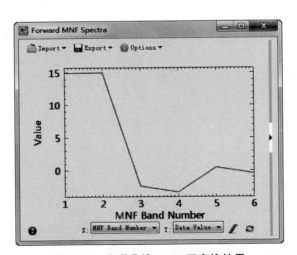

图 5.53　光谱曲线 MNF 正变换结果

资料来源：ENVI 软件。

　　使用 Apply Inverse MNF to Spectra 工具可将 MNF 光谱变换回原始光谱空间，操作过程与 Apply Forward MNF to Spectra 类似，此处不再赘述。

四、独立成分变换

独立成分分析（Independent Component Analysis，ICA）通过去相关把多光谱或者高光谱数据转换成相互独立的部分，可以用来发现和分离图像中隐藏的噪声、降维、异常检测、降噪、分类和波谱端元提取以及数据融合，它把一组混合信号转化成相互独立的成分。在感兴趣区信号与数据中其他信号相对较弱的情况下，这种变换要比主成分分析得到的结果更加有效。ENVI 中提供了独立成分正变换和独立成分逆变换。

（一）独立成分正变换

在工具箱（Toolbox）中，选择 Transform/ICA Rotation/Forward ICA Rotation New Statistics and Rotate，弹出 Independent Components Input File 对话框，在 Select Input File 列表中选择 can_tmr.img 文件，点击 OK 按钮，即可出现 Forward IC Parameters 对话框（见图 5.54），在 Forward IC Parameters 对话框中设置独立成分变换输出的统计文件 ICA.sta、输出结果文件 ICA.dat 和转换文件 ICA.trans，点击 OK 按钮获得输出结果（见图 5.55）。

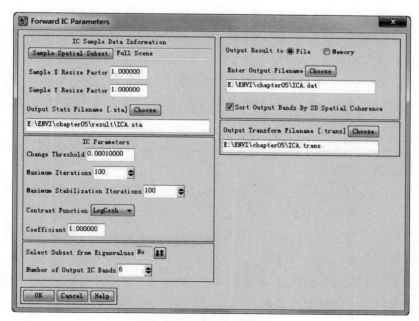

图 5.54　独立成分正变换对话框

资料来源：ENVI 软件。

Forward IC Parameters 对话框中各输出参数的含义如下：

Sample Spatial Subset：点击设置用于统计计算的图像范围。一般采用默认设置，如果图像范围很大，可以使用此按钮设置一个较小的图像范围。

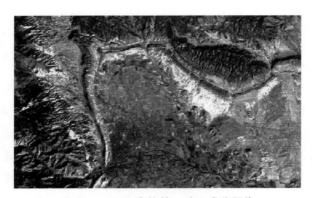

图 5.55 ICA 变换第一独立成分图像

资料来源：ENVI 软件。

Sample X/Y Resize Factor：调整系数，其值≤1，用于计算统计值时的数据二次采样方式，默认值为 1；当输入小于 1 的调整系数时，将会提高统计计算速度，例如，设置为 0.1 时，在统计计算时将只用到 1/10 的像元。

Output Stats Filename：输出统计文件的路径及文件名。

Change Threshold：变化阈值，阈值范围为 $10^{-8} \sim 10^{-2}$，默认为 0.0001。如果独立成分变化范围小于该阈值，就退出迭代，值越小，得到的结果越好，但计算量会增加。

Maximum Iterations：最大迭代次数。默认值为 100，最小值为 100，值越大，得到的结果越好，但计算量会增加。

Maximum Stabilization Iterations：最大稳定性迭代次数。默认值为 100，当达到最大迭代次数仍不收敛时，运行 stabilized fixed-point 算法优化结果，最小值为 0，值越大，结果越好。

Contrast Function：提供 LogCosh、Kurtosis 和 Gaussian 三个对比度函数，默认使用 Log-Cosh 函数，该数需要在 Coefficient 中设置系数范围 1.0~2.0。

Select Subset from Eigenvalues：该按钮默认为 No，即不依据各独立成分的特征值选择输出波段，此时可以直接在其下方的 Number of Output IC Bands 中选择输出前几个分量的个数，默认值与输入的波段个数相同，如本案例为 6。如果此处选择为 Yes，即依据各波段特征值选择输出分量，此时 Number of Output IC Bands 文本框就会隐藏，然后点击 OK 按钮，则弹出 Select Number of Output Bands 对话框（见图 5.56），对话框中列出了每个分量的特征值及其包含的数据方差的累计百分比，用户可依据以上信息在 Number of Output IC Bands 文本框中选择输出前几个分量。本案例此处采用默认设置，即选择输出所有分量。

Output Result to：选择 File 保存为文件，需要在 Enter Output Filename 文本框中输入路径及文件名；选择 Memory 则将结果临时存储在缓存中。

Sort Output Bands by 2D Spatial Coherence：选中，可让噪声波段不出现在第一个独立成分中，默认为选中。

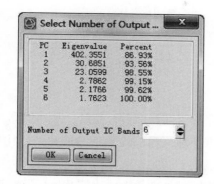

图 5.56　Select Number of Output Band 对话框

资料来源：ENVI 软件。

Output Transform Filename［.trans］：设置转换特征系数的输出路径及文件名，该文件可用在类似图像中，在 ICA 逆变换中也需要该文件。

（二）独立成分逆变换

在工具箱（Toolbox）中，选择 Transform/ICA Rotation/Inverse ICA Rotation，打开 Inverse Independent Components Input File 对话框（见图 5.57），在 Select Input File 列表中选择 ICA 正变换结果 ICA.dat，并点击 Spectral Subset 按钮。由于前三个独立成分占了所有波段信息量的 98.55%，在此选择前三个独立成分进行逆变换，点击 OK 按钮。在打开的 Enter Transform Filename 对话框中，选择 ICA 生成的变换文件 ICA.trans，点击 OK 按钮，在出现的 Inverse IC Parameters 对话框中保存反变换图像 InverseICA.dat，即可完成反变换。

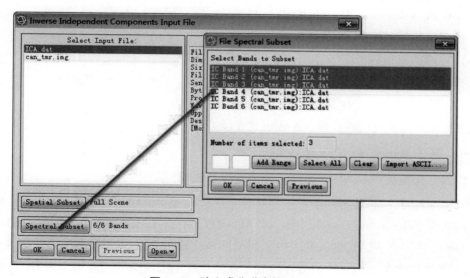

图 5.57　独立成分逆变换对话框

资料来源：ENVI 软件。

第四节　图像运算

两幅或多幅单波段图像完成空间配准后，通过一系列运算，可以实现图像增强，达到突出感兴趣的地物信息、压抑不感兴趣的地物信息的目的。比如，差值运算 b＝b1－b2 获得的差值图像提供了不同波段或不同时相图像间的差异信息，在动态监测、运动目标检测与跟踪、图像背景消除、不同图像处理效果的比较及目标识别等工作中的应用较多，其常用于土地利用变化监测、海岸带变化、边缘增强等；比值运算 b＝b1/b2 获得的比值图像上，像素亮度反映了光谱比值的差异，比值算法能去除地形坡度和方向引起的辐射量变化，在一定程度上消除同物异谱现象，是图像自动分类前常采用的预处理方法之一；植被指数是代数运算增强的典型应用，根据地物光谱反射率的差异做比值运算可以突出图像中植被的特征、提取植被类别或估算绿色生物量。

一、植被指数提取

植被指数的应用极为广泛，例如，利用植被指数可检测某一区域农作物长势，并在此基础上建立农作物估产模型，从而进行大面积的农作物估产。常用的植被指数有以下四种：

（1）比值植被指数：$RVI＝NIR/R$。
（2）归一化植被指数：$NDVI＝(NIR-R)/(NIR+R)$。
（3）差值植被指数：$DVI＝NIR-R$。
（4）正交植被指数：$PVI＝1.6225*NIR-2.2978*R+11.0656$ 或 $PVI＝0.939*NIR-0.344*R+0.09$。

式中，NIR 代表近红外波段，R 代表红波段。

（一）基于 Band Math 的 NDVI 获取

现以归一化植被指数 NDVI 为例，介绍其提取过程。

打开 Landsat8－zz2021.dat 图像，启用 Toolbox/Band Algebra/Band Math 工具，在运算表达式输入框 Enter an expression 中输入计算 NDVI 的公式（float(b1)－b2)/(b1+b2)，点击 Add to List 按钮，将表达式加入列表中，如图 5.58 所示。其中需要注意的是，在表达式中运用 float 运算符将参与运算的数值转换成浮点型，避免出现整数相除结果为 0，不能正确获取 NDVI 值的情况。点击 OK 按钮，如图 5.59 所示。

在图 5.59 Variables to Band Pairings 对话框中，为每个变量赋予相应的波段实现运算，具体做法是在 Variables used in expression 列表框中选择 B1－［undefined］，在 Available

Bands List 中选择 Landsat8－zz2021. dat 图像 Near Infrared（NIR）近红外波段，然后针对 B2－［undefined］也做上述操作，选择 Red 红波段，设置相应输出路径和文件名称 NDVI. dat，即可完成波段运算，结果如图 5.60 所示。

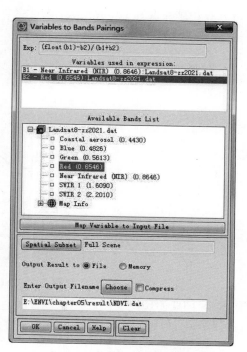

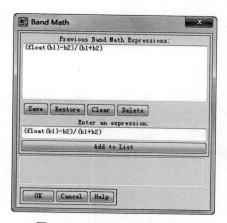

图 5.58　NDVI 运算式表达框
资料来源：ENVI 软件。

图 5.59　NDVI 波段计算设置框
资料来源：ENVI 软件。

图 5.60　归一化植被指数 NDVI 结果

资料来源：ENVI 软件。

（二）基于 NDVI 工具的 NDVI 获取

对于 NDVI，可以用 Toolbox/Spectral/Vegetation/NDVI 工具自动计算 NDVI，打开该模

块（见图 5.61），选择 Landsat8-zz2021.dat 图像，根据数据类型，选择相对应的传感器，此处图像是 Landsat8 OLI 传感器获取，设置相应的文件名和路径，即可得到与图 5.60 相同的 NDVI 结果。需要注意的是，该工具只针对 Landsat TM、MSS、OLI、AVHRR、SPOT 和 AVIRIS 几种传感器设置了相应模块，对于其他数据 NDVI 的计算还需使用 Band Math 工具。

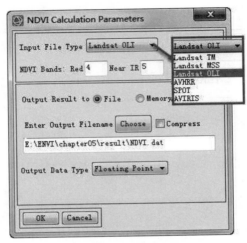

图 5.61 NDVI 计算模块

资料来源：ENVI 软件。

二、水体和陆地提取

本案例运用波段运算工具计算改进的归一化差值水体指数（MNDWI），其中建筑物的 MNDWI 值会明显减小，因此能在一定程度上抑制高建筑物的阴影，基于获取的 MNDWI 采用阈值法提取水体，最后采用求反运算提取陆地。MNDWI 的波段运算表达式为(b1-b2)/(bl+b2)，其中 b1 代表绿光波段，即 Landsat8 OLI 的 Green 波段；b2 代表中红外波段，即 Landsat8 OLI 的 SWIR1 波段。

打开 Landsat8-zz2021.dat 图像，启用 Toolbox/Band Algebra/Band Math 工具，在运算表达式输入框中输入 MNDWI 的计算公式(b1-b2)/(bl+b2+0.0001)，此处加上 0.0001，一是将计算结果转换为浮点型，二是避免分母为 0 带来计算错误。点击 Add to List 按钮，将表达式加入列表中，点击 OK 按钮，在 Variables used in expression 列表框中选择 B1-[undefined]，在 Available Bands List 中选择 Landsat8-zz2021.dat 图像的 Green 绿波段，然后针对 B2-[undefined]选择 SWIR1 中红外波段，设置相应输出文件路径和文件名称为 MNDWI.dat，即可完成波段运算，结果如图 5.62 所示。

水体提取主要通过查看 MNDWI 数据的灰度直方图，并与 Landsat8-zz2021.dat 标准假彩色图像进行目视比对，确定 MNDWI 小于 0.3 时水体可以得到较好的提取，此时，启用 Band Math 工具，输入波段运算表达式 b1 LT 0.3，含义为将 MNDWI.dat 图像中小于 0.3

图 5.62 MNDWI 提取结果

资料来源：ENVI 软件。

的像元赋值为 1，其余像元值为 0，水体提取结果 water.dat 如图 5.63 所示，白色部分为水体。需要说明的是，由于有异物同谱的像元存在，水体提取精度并不是 100%，想得到高精度图像，需要再做后续处理，该部分内容可参见第七章第二节相关知识。

陆地区域刚好是水体区域的补图像，因此可以对水体图像采用求反运算得到。启用 Band Math 工具，其波段运算表达式为 ~b1，b1 对应于水体图像，"~" 表示求反运算。陆地提取结果 land.dat 如图 5.64 所示，白色部分为陆地。

图 5.63 水体提取结果

资料来源：ENVI 软件。

图 5.64 陆地提取结果

资料来源：ENVI 软件。

第五节 空间域滤波

空间域滤波增强通过窗口或卷积核进行，利用相邻像素改变单个像素的灰度值，在方法上强调了像元与其周围相邻像元的关系，采用空间域中邻域处理方法，在被处理像元参与下进行运算。空间域滤波是可以突出图像的空间信息、压抑其他无关信息，或者去除图像的某些信息、恢复其他信息的图像增强方法。

一、卷积滤波

图像卷积运算就是将模板在输入图像中逐像元移动，每到一个位置就把模板的值与其对应的像元值进行乘积运算并求和，将计算结果赋值给输出图像位于模板中心位置的像元。ENVI 提供多种卷积核，如高通滤波（High Pass）、低通滤波（Low Pass）、拉普拉斯算子（Laplacian）、方向滤波（Directional）等，具体的含义可参见表 5.5。

表 5.5　不同滤波用途说明

滤波	名称	说明
High Pass	高通滤波器	高通滤波通过运用一个具有高中心值的变换核来完成，变换核周围通常是负值权重。默认的高通滤波器使用 3 * 3 的变换核，中心值为"8"，周围像元值为"−1"，高通滤波卷积核的维数必须是奇数。高通滤波在保持图像高频信息的同时，消除了图像中的低频成分，可以用来增强纹理、边缘等信息
Low Pass	低通滤波器	低频滤波保存了图像中的低频成分，使图像平滑。默认的低通滤波器使用 3 * 3 的变换核，每个变换核中的元素包含相同的权重，使用外围值的均值来代替中心像元值
Laplacian	拉普拉斯算子	拉普拉斯算子是边缘增强滤波，它的运行不用考虑边缘的方向。拉普拉斯滤波强调图像中的最大值，它通过运用一个具有高中心值的变换核来完成。一般来说，外围南北向与东西向权重均为负值，对角线为"0"。ENVI 中默认的拉普拉斯滤波使用一个大小为 3 * 3、中心值为"4"、南北向和东西向均为"−1"的变换核。所有的拉普斯滤波卷积核的维数都必须是奇数
Directional	方向滤波器	方向滤波是边缘增强滤波，具有选择性地增强有特定方向成分的图像特征。方向滤波变换核元素的总和为 0。结果在输出的图像中有相同像元值的区域均为 0，不同像元值的区域呈现出较亮的边缘
Gaussian High Pass	高斯高通滤波	高斯高通滤波器通过一个指定大小的高斯卷积函数对图像进行滤波，默认的变换核大小是 3 * 3，且卷积核的维数必须是奇数
Gaussian Low Pass	高斯低通滤波	高斯低通滤波器通过一个指定大小的高斯卷积函数对图像进行滤波，默认的变换核大小是 3 * 3，且卷积核的维数必须是奇数
Median	中值滤波	中值滤波在保留大于卷积核的边缘的同时，对图像实现平滑。这种方法对于消除椒盐噪声或斑点非常有效。ENVI 的中值滤波器用一个被滤波器的大小限定的邻近区的中值代替每一个中心像元值。默认的卷积核大小是 3 * 3
Sobel	索伯尔梯度算子	Sobel 滤波器是非线性边缘增强滤波，它是使用 Sobel 函数的近似值特例，也是一个预先设置变换核为 3 * 3 的非线性边缘增强的算子。滤波器的大小不能更改，也无法对卷积核进行编辑

滤波	名称	说明
Roberts	罗伯特梯度算子	Roberts 滤波是一个类似于 Sobel 的非线性边缘探测滤波，它是使用 Roberts 函数预先设置的 2 * 2 近似值的特例，也是一个简单的二维空间差分方法，用于边缘锐化和分离。滤波器的大小不能更改，也无法对卷积核进行编辑
User Defined	用户自定义卷积核	用户可以通过选择和编辑一个用户卷积核，定义常用的卷积变换核，主要包括矩形或正方形变换核

在 ENVI 5.3 界面打开 can_tmr. img 图像，打开 Toolbox/Filter/Convolutions and Morphology Tool 面板（见图 5.65），点击 Convolutions，打开各种空间滤波的卷积模板（见图 5.66），各滤波具体含义如表 5.5 所示，选择所需滤波方法，比如选择 High Pass 高通滤波（见图 5.65），点击 Apply To File，选择 can_tmr. img 图像执行图像增强，最终保存结果为 highpass. dat（见图 5.67），即完成高通滤波处理。

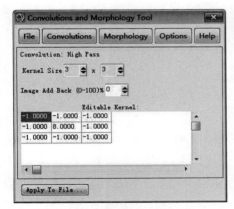

图 5.65　空间滤波工具面板

资料来源：ENVI 软件。

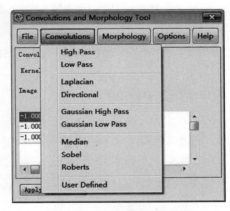

图 5.66　空间滤波卷积模板

资料来源：ENVI 软件。

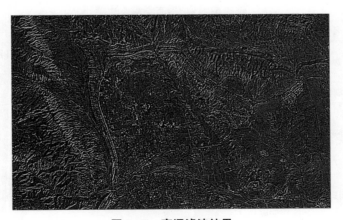

图 5.67　高通滤波结果

资料来源：ENVI 软件。

Convolutions and Morphology Tool 主要参数含义如下：

File：Save Kernel…，把卷积核保存为文件（. ker）；Restore Kernel…，恢复一个存在的卷积核文件；Cancel，取消操作。

Options：Square Kernel 默认卷积核是正方形，如果需要使用非正方形，可将 Square kernel 前的对钩取消。

Help：Convolutions 和 Morphology 滤波使用的帮助文件。

选择某种滤波后，Convolutions 模板的主要参数含义如下：

Kernel Size：卷积核大小，以奇数来表示，系统默认为 3 * 3 大小，但也可改变为 5 * 5、7 * 7 等大小模板；但是有些卷积核不能改变大小，如 Sobel 和 Roberts。

Image Add Back：提供一个原图像加回值，将原始图像中的一部分加回到卷积滤波结果图像上，有助于保持图像的空间连续性，输入一个 0~100% 的值。该方法经常用于图像锐化。例如，如果为加回值输入 30%，那么 30% 的原始图像将被加回到卷积滤波结果图像上，并生成最终的结果图像。

Editable Kernel：卷积核中各项的值。在文本框中双击鼠标可以进行编辑，根据需要修改卷积核的值。

Apply To File：把定义好的滤波器应用到图像上。

二、数学形态学滤波

数学形态学是以形态为基础对图像进行分析的数学工具，其基本思想是采用结构元素对图像进行逻辑判断，进而对图像进行各种运算，其基本运算包括腐蚀（Erode）、膨胀（Dilate）、开运算（Opening）和闭运算（Closing）。ENVI 软件数学形态学运算功能与卷积运算都在 Convolutions and Morphology 窗口中，操作步骤与卷积运算类似，数学形态学滤波主要功能简介如表 5.6 所示。

表 5.6 数学形态学滤波功能

滤波类型	名称	特点
Dilate	膨胀	用来在二值或灰度图像中填充比结构元素小的空隙，适用于 unsigned byte、unsigned long-integer 和 unsigned integer 数据类型
Erode	腐蚀	用来在二值或灰阶图像中消除比结构元素小的像元
Opening	开运算	图像的开运算滤波是先对图像进行腐蚀运算，再进行膨胀运算。开运算滤波器可以用于平滑图像边缘、打破狭窄峡部（break narrow isthmuses）、消除孤立像元、锐化图像最大和最小值信息
Closing	闭运算	图像的闭运算是先对图像进行膨胀运算，然后再进行腐蚀运算。闭运算滤波器可以用于平滑图像边缘、融合窄缝和长而细的海湾、消除图像中的小孔、填充图像边缘的间隙

打开图像 can_tmr. img，启动 Toolbox/Filter/Convolutions and Morphology Tool 面板，点击 Morphology，提供了 Erode（腐蚀）、Dilate（膨胀）、Opening（开运算）和 Closing（闭运算），选择所需滤波方法，比如选择 Erode（腐蚀），出现图 5.68。数学形态学滤波的操作过程与卷积滤波基本一样，Morphology 对应的滤波参数信息含义也基本相同，其中对两个特有的参数进行说明：

Cycles：数学形态学滤波的重复使用次数。

Style：滤波格式。Binary 意为二值的，Gray 含义是灰阶，Value 表示值。Binary 输出的像元呈黑色或白色，主要针对二值图像使用；Gray 保留梯度，主要针对灰度图像使用；选择 Value，表示允许对所选像元的结构元素值进行膨胀或腐蚀。

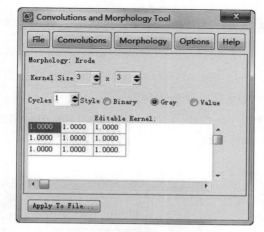

图 5.68　数学形态学运算界面

资料来源：ENVI 软件。

点击 Apply To File，选择 can_tmr. img 图像，最终保存输出结果 Erode. dat（见图 5.69），即完成腐蚀。

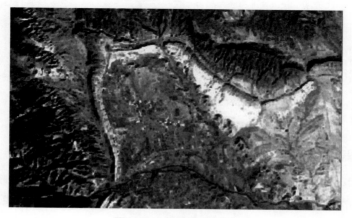

图 5.69　腐蚀运算结果

资料来源：ENVI 软件。

第六节　傅里叶变换

傅里叶变换是将图像从空间域转换到频率域。首先进行傅里叶正变换，把图像波段转换成一系列不同频率的二维正弦波图像；其次定义滤波器，在频率域内对傅里叶图像进行滤波、掩膜等各种操作，减少或者消除部分高频或者低频成分；最后进行傅里叶逆变换，把频率域的傅里叶图像变换为空间域图像。傅里叶变换主要用于图像去噪声、图像增强和特征提取。

（一）傅里叶正变换

在工具箱（Toolbox）中，选择 Filter/FFT（Forward），打开变换界面（见图 5.70），选择 can_tmr.img 图像，点击 Spatial Subset，观察数据行列是否为偶数，傅里叶变换（FFT）要求图像行列必须为偶数，此处为偶数，不必修改，否则，在 Select Spatial Subset 对话框进行行列值重新设置，点击 OK 按钮，在出现的对话框中设置路径和文件名，得到 Forward FFT.dat 傅里叶正变换图像（见图 5.71）。

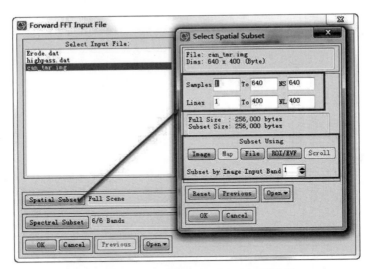

图 5.70　Forward FFT Input File 对话框

资料来源：ENVI 软件。

（二）滤波器制作

在工具箱（Toolbox）中，选择 Filter/FFT Filter Definition 进行滤波器的制作，在 Filter_Type 中选择制作的滤波器类型（见图 5.72），本书以 Circular Pass（低通滤波器）为例。选择 Circular Pass 后，打开设置滤波器参数界面，参数设置如图 5.73 所示。

图 5.71　Forward FFT 变换结果

资料来源：ENVI 软件。

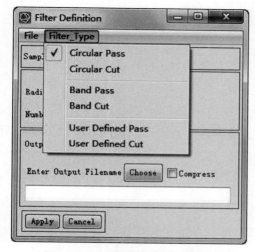

图 5.72　Filter Definition 定义框

资料来源：ENVI 软件。

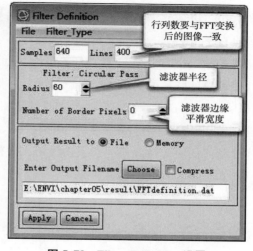

图 5.73　Filter Definition 设置

资料来源：ENVI 软件。

Filter Definition 滤波器定义界面参数的具体含义如下：

Samples 和 Lines：键入生成滤波器的行列数，即滤波器的尺寸大小，需要与 FFT 正变换得到的频率域图像大小一致。

Radius：输入滤波器的半径，此处设置为 60。

Number of Border Pixels：设置滤波器边缘平滑的宽度，这里设置为 0。

Output Result to：选择 File 保存为文件，需要在 Enter Output Filename 文本框中输入路径及文件名；选择 Memory 则将结果临时存储在缓存中。

设置滤波参数、输入路径等参数后，点击 Apply，得到定义好的滤波器 FFTdefinition. dat。图 5.74 所示为进行 Linear2% 的线性拉伸后的滤波器图像，白色部分代表可以通过的低频信息，黑色代表去除的高频信息，此滤波为平滑图像作用。

图 5.74　Filter Definition 设置的滤波器图像

资料来源：ENVI 软件。

Filter_Type 菜单下不同滤波器的具体含义如下：

Circular Pass（低通滤波器）和 Circular Cut（高通滤波器）：Radius 用于设置滤波器半径的大小，以像元为单位；Number of Border Pixels 用于设置滤波器边缘的像元数，其中 0 代表没有平滑。

Band Pass（带通滤波器）和 Band Cut（带阻滤波器）：Inner Radius 和 Outer Radius 分别代表设置的圆环的内外半径，以像元为单位。

User Defined Pass（用户自定义通过滤波器）和 User Defined Cut（用户自定义阻止滤波器）：可将 ENVI 中自定义的形状注记导入滤波器，目前该操作只能在 ENVI Classic 界面操作，新界面不支持经典界面下的注记文件格式。

（三）傅里叶逆变换

在工具箱（Toolbox）中，选择 Filter/FFT（Inverse），打开 Inverse FFT Input File 对话框（见图 5.75），选择 FFT 变化图像 Forward FFT. dat，点击 OK 按钮。

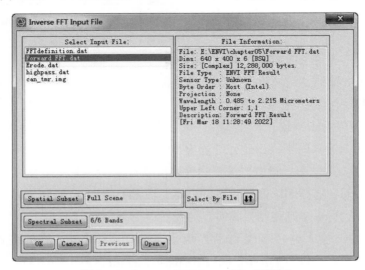

图 5.75　Inverse FFT Input File 对话框

资料来源：ENVI 软件。

选择滤波器。在 Inverse FFT Filter File 对话框选择创建完成的滤波器图像 FFTdefinition. dat 文件（见图 5.76），点击 OK 按钮，出现图 5.77 所示 Inverse FFT Parameters 对话框，设置输出路径和文件名，注意选择数据输出类型 Output Data Type 一般为 Floating Point 浮点型，点击 OK 按钮，得到最终反变换图像 InverseFFT. dat（见图 5.78）。可见，由于制作的为低通滤波器，除去了高频信息，起到平滑图像作用，因此图像就变模糊了。

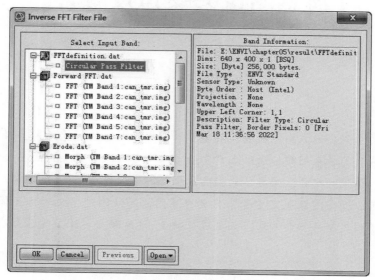

图 5.76　Inverse FFT Filter File 对话框

资料来源：ENVI 软件。

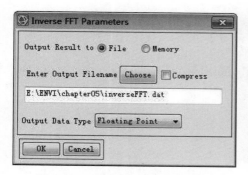

图 5.77　Inverse FFT Parameters

资料来源：ENVI 软件。

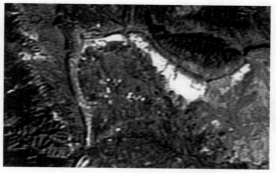

图 5.78　反变换图像 InverseFFT. dat

资料来源：ENVI 软件。

第六章

遥感图像去噪声及融合

📢 概述

　　遥感图像的噪声会造成图像失真、质量下降，影响图像的视觉效果，给特征提取、信息分析和图像分类等带来困难。通过本章实验可以学习图像常见噪声的去除方法，比如不同类型的滤波、傅里叶变换法等具体的操作过程。

　　图像融合可以提高图像视觉质量，其既提高图像的清晰度，又增加图像的光谱特征。本章学习 6 种不同类型的融合方法，如主成分融合、CN 融合、HSV 变换融合等。

🔍 目的

　　掌握 ENVI 软件遥感图像去噪声和图像融合常用操作方法。

📚 数据

　　提供数据：

　　附带数据文件夹下的… \ chapter06 \ data \

　　Landsat8-zz2021. dat、Landsat8-zz2021pan. dat、impulse_noise. dat、periodic_noise. dat

实践要求

1. 均值滤波
2. 中值滤波
3. 数学形态学去噪声
4. 傅里叶变换去噪声
5. 坏道填补
6. 去条带处理
7. 图像融合

　　图像噪声是指造成图像失真、质量下降的图像信号，在图像上常表现为引起较强视觉效果的孤立像元点或像元块。引起图像噪声的原因很多，图像获取与传输过程、成像系统、传输介质和记录设备的不完善以及数据处理不当都会引起噪声。遥感图像噪声既影响图像的视觉效果，又影响图像美观，也会给特征提取、信息分析和图像分类等后续处理带来很大困难。减少或改善数字图像中噪声的过程，就叫作图像去噪声。

第一节　空间滤波去噪声

由于噪声像元的灰度值常与周边像元的灰度值不协调，表现为极高或极低，因此可利用局部窗口的灰度值统计特性（如均值、中值）来去除噪声，主要方法是利用待处理像元邻域窗口内的像元进行均值、中值或其他运算得到新的灰度值，并将其赋给待处理像元，通过对整幅图像进行窗口扫描及运算，达到去除噪声的目的。

一、均值滤波

在 ENVI 5.3 中打开 impulse_noise. dat 图像，该图像具有椒盐噪声，启动 Toolbox/Filter/Convolutions and Morphology Tool，如图 6.1 所示。

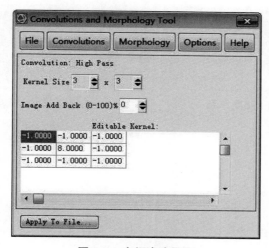

图 6.1　空间滤波界面

资料来源：ENVI 软件。

点击 Convolutions，选择 Low Pass 滤波（见图 6.2），即均值滤波，出现图 6.3 所示均值滤波界面，点击 Apply To File...，选择 impulse_noise. dat 图像，最终保存结果为 impulse_noise_lowpass. dat，即完成均值滤波（见图 6.4），此处以 No stretch 方式显示 impulse_noise_lowpass. dat。

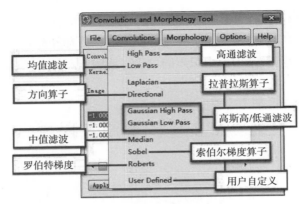

图 6.2　不同类型空间滤波

资料来源：ENVI 软件。

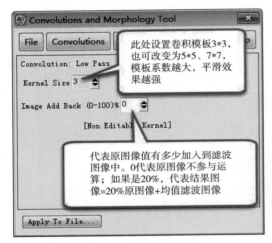

图 6.3　均值滤波界面

资料来源：ENVI 软件。

图 6.4　均值滤波去噪声结果

资料来源：ENVI 软件。

二、中值滤波

打开具有椒盐噪声的图像 impulse_noise. dat，启动 Toolbox/Filter/Convolutions and Morphology Tool，点击 Convolutions，选择 Median 中值滤波，出现图 6.5，点击 Apply To File，选择 impulse_noise. dat 图像，最终保存结果为 impulse_noise_median. dat，即完成中值滤波去噪声（见图 6.6），此处以 No stretch 方式显示 impulse_noise_median. dat。

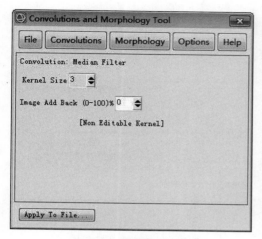

图 6.5　中值滤波界面

资料来源：ENVI 软件。

图 6.6　中值滤波去噪声结果

资料来源：ENVI 软件。

通过对比发现，在去除椒盐噪声上，中值滤波能较好地去除该类型噪声，而均值滤波效果并不好，因此，在使用空间滤波去除噪声时，要根据噪声类型有针对性地选择合适的滤波器才能起到较好的去噪声效果。

第二节　数学形态学去噪声

ENVI 中的数学形态学滤波包括以下类型：膨胀（Dilate）、腐蚀（Erode）、开运算（Opening）、闭运算（Closing）。它们在增强二值图像和灰度图像中各有特点，其中数学形态学的开运算和闭运算经常用来消除图像中的噪声。开运算可以消除图像中相对于结构元素而言较小的明亮细节，所以常用于抑制图像中的峰值噪声。闭运算可以消除图像中相对于结构元素而言较小的暗细节，所以常用于抑制图像中的低谷噪声。基于数学形态学的图像去噪声通常使用的是开运算和闭运算的组合，即开—闭运算或闭—开运算，具体操作如下：

打开 impulse_noise. dat 图像，启用 Toolbox/Filter/Convolutions and Morphology Tool，点击 Morphology（见图 6.7），实施 Opening（开运算）和 Closing（闭运算）去噪声操作。首先进行 Opening（开运算）操作，具体含义如图 6.8 所示，点击 Apply To File…，选择 impulse_noise. dat 图像，最终保存输出结果为 impulse_noise_opening. dat，即完成 Opening 开运算（见图 6.9）。

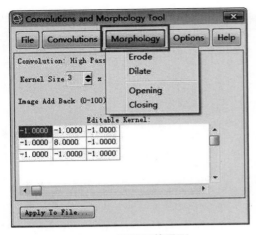

图 6.7　开闭运算界面

资料来源：ENVI 软件。

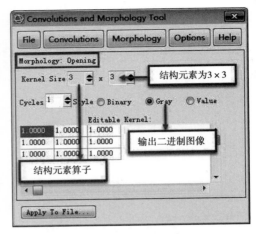

图 6.8　开运算界面意义

资料来源：ENVI 软件。

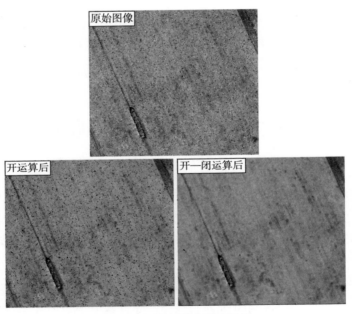

图 6.9　开闭运算去噪声结果

资料来源：ENVI 软件。

　　在此基础上，对 impulse_noise_opening. dat 图像再进行 Closing（闭运算）操作，结果为 impulse_noise_opening_closing. dat（见图 6.9）。

　　可知，椒盐噪声图像 impulse_noise. dat 首次进行开运算，可以去除亮点噪声，进一步进行闭运算，可以将暗点噪声去除，开—闭运算共同去除了图像上的噪声，但是可以发现，开—闭运算虽然可以去噪声，但是图像变得很模糊。同理，对图像先进行闭运算，再进行开运算，即进行闭—开运算，也可实现对噪声的去除，与开—闭运算效果一样。

第三节 傅里叶变换去噪声

一、低通滤波去除椒盐噪声

首先进行傅里叶正变换。加载数据 impulse_noise. dat，在工具箱（Toolbox）中，选择 Filter/FFT（Forward），打开界面，选择 impulse_noise. dat 图像，点击 Spatial Subset，观察数据行列是否为偶数，傅里叶变换 FFT 要求图像数据行列数必须为偶数，此处 Lines 方向为奇数 599，在 Select Spatial Subset 对话框中将行列值重新设置为 598（见图 6.10），点击 OK 按钮。在出现的对话框中（见图 6.11），设置输入路径和文件名，得到 FFT. dat 傅里叶正变换图像（见图 6.12）。

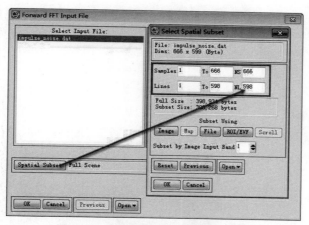

图 6.10 傅里叶正变换数据输入界面
资料来源：ENVI 软件。

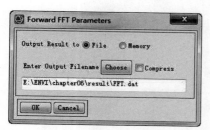

图 6.11 Forward FFT Parameters 对话框
资料来源：ENVI 软件。

图 6.12 Forward FFT 变换结果
资料来源：ENVI 软件。

其次进行滤波器制作。在工具箱（Toolbox）中，选择 Filter/FFT Filter Definition，启用滤波器制作工具（见图 6.13）。先选择滤波器类型，此处制作 Circular Pass（低通滤波器）进行去噪声操作。如图 6.14 所示，设置滤波参数，输入路径等，点击 OK 按钮生成滤波器 fftd. dat。

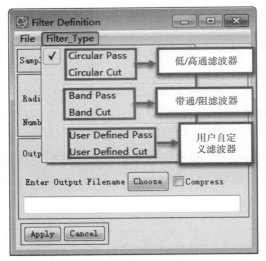

图 6.13　Filter Definition 定义框

资料来源：ENVI 软件。

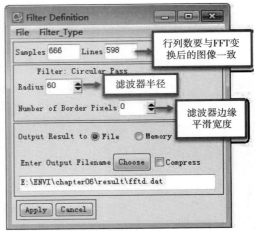

图 6.14　Filter Definition 设置

资料来源：ENVI 软件。

图 6.15 所示为做过 Linear2% 的线性拉伸的滤波器，其中白色部分代表可以通过的低频信息，黑色代表去除的高频信息，所以此滤波通过平滑图像来实现去噪声的目的。可以尝试把边缘平滑宽度设为 10、20、30 的滤波器，对比噪声去除情况。

图 6.15　滤波器图像

资料来源：ENVI 软件。

最后进行傅里叶逆变换。在工具箱（Toolbox）中，选择 Filter/FFT（Inverse），打开 Inverse FFT Input File 对话框，选择 FFT 正变换图像 fft. dat 点击 OK 按钮；选择滤波器，在 Inverse FFT Filter File 对话框中，选择刚创建的滤波器图像 fftd. dat 文件（见图 6.16），点击 OK 按钮，在 Inverse FFT Parameters 对话框中设置输出结果为 inversefft. dat（见图 6.17），同时注意数据类型选择为 Floating Point，得到最终反变换图像（见图 6.18）。

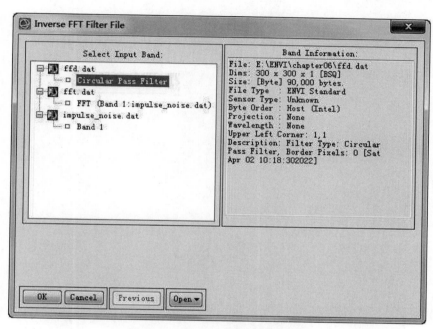

图 6.16　Inverse FFT 滤波器选择

资料来源：ENVI 软件。

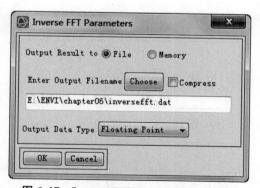

图 6.17　Inverse FFT Parameters 对话框

资料来源：ENVI 软件。

同时，图 6.18 将不同滤波去除椒盐噪声 impulse_noise. dat 的结果进行了对比，可以发现，中值滤波对于椒盐噪声的去除效果最好，开—闭运算次之，低通滤波和均值滤波效果并不理想。

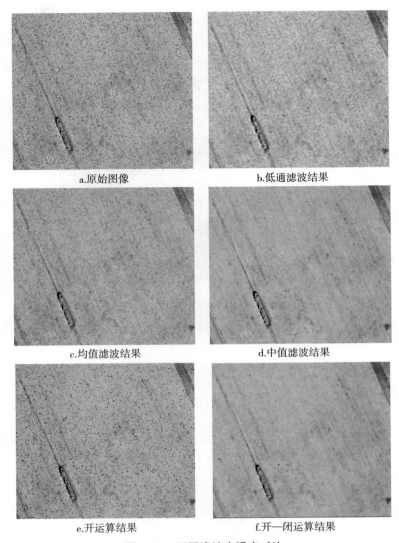

a.原始图像　　　　　　　　　　b.低通滤波结果

c.均值滤波结果　　　　　　　　d.中值滤波结果

e.开运算结果　　　　　　　　　f.开—闭运算结果

图 6.18　不同滤波去噪声对比

资料来源：ENVI 软件。

二、带阻滤波去除周期噪声

　　首先进行傅里叶 FFT 正变换。加载周期性噪声数据 periodic_noise.dat[①]，在工具箱（Toolbox）中，选择 Filter/FFT（Forward），打开界面，选择 periodic_noise.dat，点击 OK 按钮，在出现的对话框中，输入路径和文件名，得到 periodic_noiseFFT.dat 正变换图像（见图 6.19）。注意把图像拉伸方式改为 Linear，可以发现图中存在两组对称的高亮点，即为噪声点。

---

　　① 数据来源：朱文泉，林文鹏．遥感数字图像处理——实践与操作［M］．北京：高等教育出版社，2016.

图 6.19 **periodic_noiseFFT. dat** 变换图像

资料来源：ENVI 软件。

其次进行滤波器制作。在工具箱（Toolbox）中，选择 Filter/FFT Filter Definition，在 Filter_Type 中选择制作 Band Cut，制作内部带阻滤波器，设置滤波参数，输入路径等参数（见图 6.20）。其中，Inner Radius 和 Outer Radius 分别代表设置的圆环内部半径和外部半径，可以通过 量测工具，以 periodic_noiseFFT. dat 变换图像的中心为起始点，测量到噪声点像元内部和外部的距离获得。其余参数设置和低通滤波含义一样。点击 OK 按钮，获得内部带阻滤波器 bandcut1. dat，如图 6.21 所示。

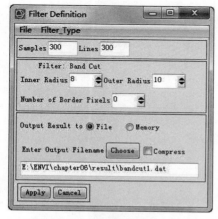

图 6.20 内部带阻滤波器定义框

资料来源：ENVI 软件。

图 6.21 内部带阻滤波器

资料来源：ENVI 软件。

同理，定义外部带阻滤波器，参数设置如图 6.22 所示，获得外部带阻滤波器 band-cut2. dat（见图 6.23）。

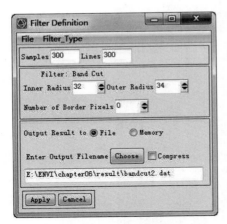

图 6.22 外部带阻滤波器定义框

资料来源：ENVI 软件。

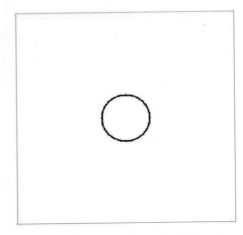

图 6.23 外部带阻滤波器

资料来源：ENVI 软件。

最终将内外部滤波器合并，形成最终的带阻滤波器。打开 Band Math 工具，输入 b1 * b2，如图 6.24 所示，点击 OK 按钮，界面参数选择如图 6.25 所示，波段运算后，最终得到合并后带阻滤波 bandcut. dat，结果如图 6.26 所示。

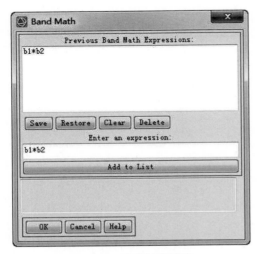

图 6.24 波段运算界面

资料来源：ENVI 软件。

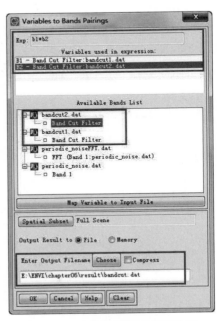

图 6.25 波段运算界面参数设置

资料来源：ENVI 软件。

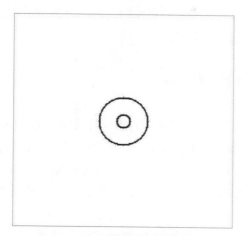

图 6.26 合并后带阻滤波器

资料来源：ENVI 软件。

最后进行傅里叶逆变换。在工具箱（Toolbox）中，选择 Filter/FFT（Inverse），打开 Inverse FFT Input File 对话框，选择 FFT 正变换图像 periodic_noise.FFT.dat，点击 OK 按钮；选择滤波器，在 Inverse FFT Filter File 对话框中，分别选择创建的不同类型的带阻滤波器——内部带阻滤波 bandcut1.dat、外部带阻滤波 bandcut2.dat 和合并后的带阻滤波 bandcut.dat，进行傅里叶逆变换。保存相应的结果为 periodic_noiseinner.dat、periodic_noiseouter.dat 和 periodic_noiseall.dat，得到三种傅里叶逆变换去周期性噪声结果图像（见图 6.27）。

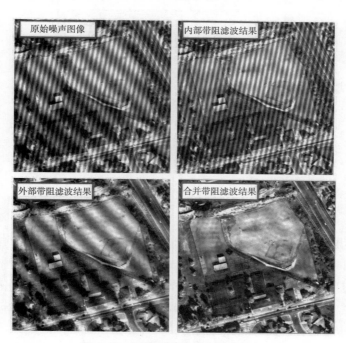

图 6.27 不同带阻滤波去噪声结果

资料来源：ENVI 软件。

可以发现，内部带阻滤波仅去除低频噪声，外部带阻滤波仅去除高频噪声，合并后总的带阻滤波器将高频和低频噪声都去除掉。

三、陷波滤波去除周期噪声

首先对图像进行傅里叶 FFT 正变换。加载周期性噪声数据 periodic_noise. dat，在工具箱（Toolbox）中，选择 Filter/FFT（Forward），打开界面，选择 periodic_noise. dat，点击 OK 按钮，在出现的对话框中，输入路径和文件名得到 periodic_noiseFFT. dat 变换图像（见图 6.19）。注意把图像拉伸方式改为 Linear，可以发现图中存在两组对称的高亮点，即为噪声点。

其次进行滤波器制作。在工具箱（Toolbox）中，选择 Filter/FFT Filter Definition，在 Filter_Type 中选择制作 User Defined Cut，制作陷波滤波器，设置滤波参数，输入路径等参数，参数设置和低通滤波基本一样，如图 6.28 所示，但是其中的 Ann File 选项要求输入已经定义完成的滤波器形状注记文件 ＊. ann 文件，该文件在 ENVI 5. X 版本不能实现，需要采用 ENVI 经典版本 ENVI Classic 进行创建完成，具体步骤如下：

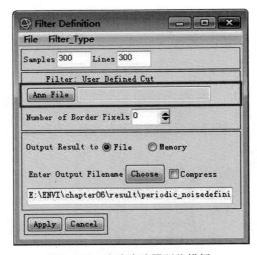

图 6. 28　陷波滤波器制作模板

资料来源：ENVI 软件。

（1）打开傅里叶正变换图像 periodic_noiseFFT. dat，点击开始/所有程序/ENVI5. 3/Tools/ENVI Classic（64-bit），启动 ENVI Classic。在 ENVI Classic 菜单栏中，选择 File/Open Image File 打开 Enter Data Filenames 对话框，加载图像 periodic_noiseFFT. dat，在 Image 窗口菜单栏中选择 Enhance/［Image］Linear 进行拉伸，可以在 Zoom 窗口中看见图像中有两组关于中心对称的高亮点，即周期噪声（见图 6.29）。

（2）制作注记。在 Image 窗口的菜单栏中选择 Overlay/Annotation，打开 Annotation 对话框（见图 6.30）。

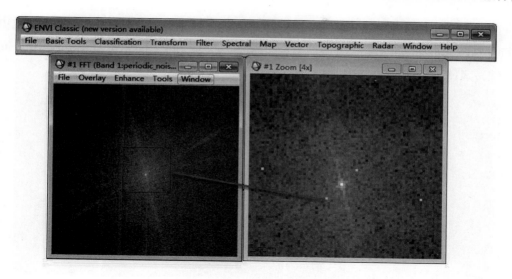

图 6.29　ENVI Classic 打开 periodic_noiseFFT. dat

资料来源：ENVI 软件。

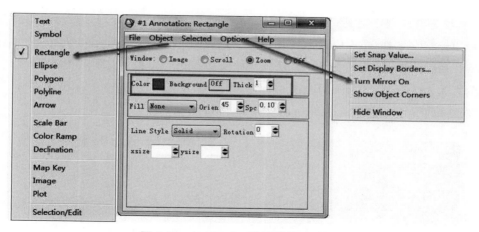

图 6.30　Annotation 注记制作对话框

资料来源：ENVI 软件。

在图 6.30 注记对话框菜单栏中选择 Object/Rectangle，此处代表设置注记形状为矩形；然后选择 Options/Turn Mirror On，打开注记镜像对称功能，可以实现绘制的噪声注记图形自动对称；除此之外，在 Window 选项中选择 Zoom，代表在 Zoom 窗口中标记注记。另外可以进行注记颜色、线性和背景的设置，此处点击 Color 设置标注颜色为 Red，在 Thick 文本框中输入注记厚度，设置为 1。设置结束后可以在 Zoom 窗口中绘制注记，点击鼠标左键直接绘制矩形，点击右键确定，绘制完成。矩形注记应包含噪声高亮点，但也不能绘制得太大，否则会将有用信息去除。一组高亮点，只需对其中一个高亮点绘制注记就行，Turn Mirror On 功能会自动对另一高亮点进行绘制。当绘制错误时，可在 Selected 界面下选择 Delete 或者 Delete All 删除，重新绘制。

（3）保存注记结果。绘制的注记如图 6.31 所示，在 Annotation 对话框的菜单栏中选择 File/Save Annotation，打开 Output Annotation Filename 对话框，将注记保存为 * . ann 格式文件，文件名设置为 periodic_noise. ann。

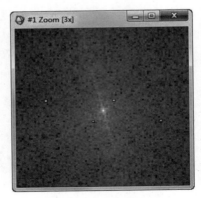

图 6.31　噪声注记

资料来源：ENVI 软件。

（4）注记文件制作完成，返回到 ENVI 5.3 的 Filter Definition 对话框，在菜单栏中选择 Filter_Type/User Defined Cut，点击 Ann File 按钮，添加 periodic_noise. ann 注记文件，Number of Border Pixels 设置为 3，实现对滤波器边缘进行平滑，选择将结果输出到文件，文件名设置为 periodic_noisedefinition. dat （见图 6.32），点击 Apply，输出结果并进行 Linear 线性拉伸，显示可见陷波滤波器 （见图 6.33）。

图 6.32　陷波滤波器定义参数设置

资料来源：ENVI 软件。

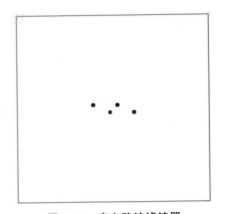

图 6.33　定义陷波滤波器

资料来源：ENVI 软件。

最后进行傅里叶逆变换。在工具箱 （Toolbox） 中，选择 Filter/FFT （Inverse），打开 Inverse FFT Input File 对话框，选择 FFT 正变换图像 periodic_noiseFFT. dat，点击 OK 按钮，在 Inverse FFT Filter File 对话框中选择创建的陷波滤波器 periodic_noisedefinition. dat，进行傅里叶逆变换得到去噪声图像 periodic_noise point. dat （见图 6.34）。

图 6.34　傅里叶逆变换去噪声图像

资料来源：ENVI 软件。

本案例也可以像带阻滤波器一样，分别建立内部噪声、外部噪声和总的噪声点的陷波滤波器分别进行去噪声，可以发现，内部噪声滤波仅去除低频噪声，外部噪声滤波仅去除高频噪声，合并后总的噪声点滤波器将高频和低频噪声都去除掉。除此之外，还发现陷波滤波器去噪声后的图像较带阻滤波器图像更加清晰，图像质量更好，主要原因是陷波滤波仅将噪声去除，较大限度地保留了图像的有用信息。

第四节　坏道填补

在 ENVI 中，利用坏道填补功能可以将图像中由于传感器等原因导致的图像数据中具有坏数据行的坏道用其他值填充。本案例中需要噪声条带数据是平行条带，即每一行具有明确的行号。

打开数据，点击工具栏中的▨图标打开 Cursor Value 对话框。确定要替代行的位置，启用 Toolbox/Raster Management/Replace Bad Lines 工具。在 Bad Lines Input File 对话框中，选择打开的图像文件。

Bad Lines Parameters 对话框中（见图 6.35），在 Bad Line 文本框中指定要替代的坏行，然后按回车键。这些行将显示在 Selected Lines 列表中。要从列表中删除行，点击该行即可。设置完毕后，可以点击 Save 按钮将列表保存到文件，下次使用 Restore 按钮加载。在 Half Width to Average 文本框中，键入要参与计算平均值的邻近行数。点击 OK 按钮，在出现 Bad Lines Output 对话框时，选择输出路径及文件名，点击 OK 按钮，输出结果。

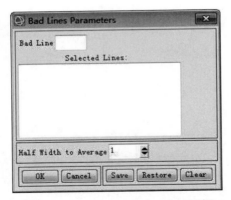

图 6.35　Bad Lines Parameters 面板

资料来源：ENVI 软件。

第五节　去条带处理

使用 Destripe Data 功能可以消除图像数据中的周期性扫描行条带。这种条带噪声经常在 Landsat MSS 数据中每 6 行出现一次，在 Landsat TM 数据中每 16 行出现一次。计算每 n 行的平均值，并将每行归一化为各自的平均值。要求数据必须是原始格式（平行条带），并且没有被旋转或地理坐标定位。

打开图像数据，在工具箱（Toolbox）中，双击 Raster Management/Destripe 工具，在打开的 Destriping Input File 对话框中，选择输入文件。Destriping Parameters 对话框中（见图 6.36），在 Number of Detectors 文本框中输入条带出现的周期，例如，对于 Landsat TM，该值为 16，选择输出路径及文件名，点击 OK 按钮，输出结果。

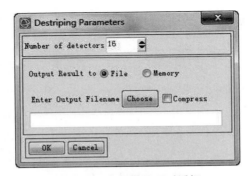

图 6.36　去条带处理对话框

资料来源：ENVI 软件。

第六节 图像融合

　　图像融合就是将同一区域的多源遥感图像按统一的坐标系统，通过空间配准和内容复合，生成一幅比单一信息源更准确、更完全、更可靠的新图像的技术方法。一般情况是将低分辨率的多光谱影像与高分辨率的单波段影像重采样生成一幅高分辨率多光谱遥感影像，处理后的影像既有较高的空间分辨率，又具有多光谱特征。

　　图像融合首先要求融合图像精确配准，其次需要选择合适的融合方法，相同的融合方法用在不同影像中，融合效果也会不一样。表 6.1 所示为 ENVI 中常用的几种融合方法的适用范围。

表 6.1　常用融合方法说明

融合方法	适用范围
HSV Sharpening（HSV 变换）	纹理改善，空间特征保持较好。光谱信息损失较大，受波段限制，只能使用三波段
Color Normalized（Brovey）Sharpening（Brovey 变换）	光谱信息保持较好，受波段限制，只能使用三波段
CN Spectral Sharpening（CN 乘积运算）	对大的地貌类型效果好，同时可用于多光谱与高光谱的融合
NNDiffuse Pan Sharpening（最近邻扩散变换）	当多光谱图像各波段间光谱范围重叠最小且其波段总体范围覆盖全色波段的光谱范围时，融合结果能很好地保留色彩、纹理和光谱信息
PC Spectral Sharpening（PC 变换）	无波段限制，光谱保持好。第一主成分信息高度集中，色调发生较大变化
Gram-Schmidt Pan Sharpening（GS 变换）	改进了 PCA 中信息过分集中的问题，不受波段限制，较好地保持空间纹理信息，尤其能高保真保持光谱特征。专为最新高空间分辨率影像设计，能较好地保持影像的纹理和光谱信息

下面对表 6.1 中 6 种融合方法的原理进行简单介绍：

　　（1）HSV 变换先进行 RGB 图像到 HSV 颜色空间的变换，然后用高分辨率图像代替颜色亮度值（V）波段，自动用最近邻、双线性或三次卷积技术将色调（H）和饱和度（S）重采样到高分辨率像元尺寸，最后再将图像变换回 RGB 颜色空间。输出的融合后 RGB 图像的像元将与高分辨率数据的像元大小相同。需要注意的是，该工具要求输入的多光谱图像数据必须为字节型（Byte）。

　　（2）Brovey 变换方法先对多光谱图像和高分辨率图像进行数学合成，从而使图像融合，方法为彩色图像中的每一个波段都乘以高分辨率数据与彩色波段总和的比值。函数自动地用最近邻、双线性或三次卷积技术将 3 个彩色波段重采样到高分辨率像元尺寸。输出的 RGB 图像的像元将与高分辨率数据的像元大小相同。

（3）CN 波谱转换法也被称为能量分离变换（Energy Subdivision Transform），它使用来自融合图像的高空间分辨率（低波谱分辨率）波段对输入图像的低空间分辨率（高波谱分辨率）波段进行增强。该方法仅对包含在融合图像波段的波谱范围内对应的输入波段进行融合，其他输入波段被直接输出而不进行融合处理。融合图像波段的波谱范围由波段中心波长和光谱响应函数曲线半峰宽 FWHM（Full Width-Half Maximum）值限定（可认为是光谱宽度），这两个参数都可以在融合图像的 ENVI 头文件中获得。该融合方法需要输入图像与融合图像的单位相同，即都为反射率、辐射率、DN 值等。

（4）NNDiffuse Pan Sharpening 方法利用 Nearest Neighbor Diffusion Pan Sharpening 算法进行图像融合，该算法假设融合后图像上的每一个像元的数字值是低分辨率图像上最邻近像元数字值的加权线性混合值。该方法首先建立低分辨率多波段数据与重采样后全色波段间（重采样后分辨率与多波段相同）的线性响应向量 T，建立 9 个兴趣像元与超像素区分布计算全色波段的像元差异系数 N，结合差异系数 N 与多波段数据建立高分辨率多波段数据。当多光谱图像各波段间光谱范围重叠最小，且其波段总体范围覆盖全色波段的光谱范围时，融合效果最好。需要注意的是，该工具要求输入的低空间分辨率的多光谱图像的空间分辨率是高空间分辨率全色波段图像的整数倍，且空间上完全匹配。

（5）PC Spectral Sharpening 主成分变换，首先对多光谱数据进行主成分变换；其次用高分辨率波段替换第一主成分波段，需要注意的是，图像替换前，高分辨率波段需要被匹配到第一主成分波段，以避免波谱信息失真；最后进行主成分反变换。函数自动地用最近邻、双线性或三次卷积技术将高光谱数据重采样到高分辨率像元尺寸。

（6）Gram-Schmidt Pan Sharpening（GS）融合，首先从低分辨率的波谱波段中复制出一个全色波段，然后对该全色波段和多光谱波段进行 Gram-Schmidt 变换，其中全色波段被作为第一个波段；其次用高空间分辨率的全色波段图像替换 Gram-Schmidt 变换后的第一个波段图像；最后应用 Gram-Schmidt 反变换得到融合图像。

下面介绍 6 种融合方法的操作步骤：

一、HSV Sharpening 融合

HSV 融合需要参与融合的数据必须为 Byte 字节型数据，因此首先将数据 Landsat8-zz2021. dat 和 Landsat8-zz2021pan. dat 进行数据类型转换，以 Landsat8-zz2021. dat 为例。

打开 Landsat8-zz2021. dat 图像，启用 ENVI 5. 3/Toolbox/Raster Management /Stretch Data 工具，选择 Landsat8-zz2021. dat 图像，点击 OK 按钮，进入图 6.37 所示拉伸界面，选择 Linear 进行线性拉伸，将原图拉伸到 0~255，数据类型为 Byte，输出数据为 Landsat8-zz2021-stretch. dat，同理对 Landsat8-zz2021pan. dat 数据进行数据转换，结果为 Landsat8-

zz2021pan-stretch. dat。此处需要说明的是，参与融合的高分辨率图像并非必须进行数据拉伸，根据提示进行相应拉伸即可。

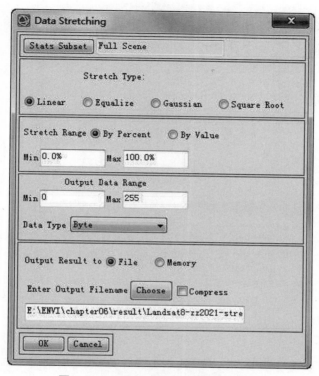

图 6.37　Stretch Data 工具拉伸对话框

资料来源：ENVI 软件。

启用 HSV 功能。打开 Toolbox/Image Sharpening/HSV Sharpening，在 Select Input RGB Input Bands 对话框中，选择低分辨率 Landsat8-zz2021-stretch. dat 图像的红、绿、蓝三波段进行融合（见图 6.38），点击 OK 按钮之后，在 High Resolution Input File 对话框中选择高分辨率图像 Landsat8-zz2021pan-stretch. dat（见图 6.39），点击 OK 按钮之后，在图 6.40 中设置重采样方法（Resampling），融合输出结果为 HSV. dat，图 6.41 所示为融合前后图像对比。

二、Brovey 融合

Brovey 融合和 HSV 融合方法基本类似，但是其不要求数据范围必须在 0～255，因此 Brovey 融合可以直接使用数据 Landsat8-zz2021. dat 和 Landsat8-zz2021pan. dat 进行融合。打开 Toolbox/Image Sharpening/Color Normalized（Brovey）Sharpening，接下来的操作过程可参考 HSV 融合方法，结果保存为 Brovey. dat（见图 6.42）。

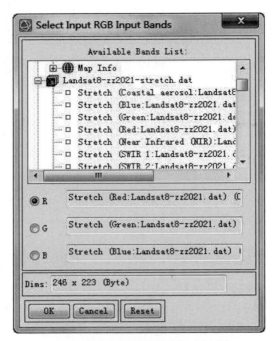

图 6.38 低分辨率图像融合波段选择

资料来源：ENVI 软件。

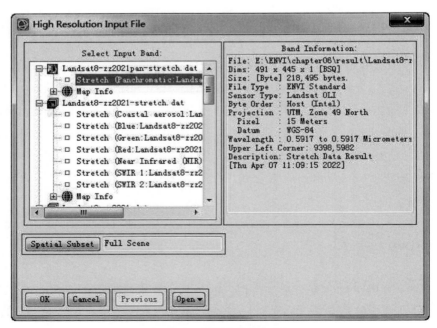

图 6.39 高分辨率图像选择

资料来源：ENVI 软件。

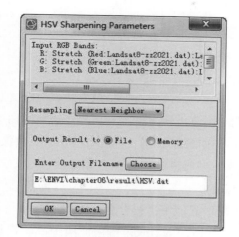

图 6.40 HSV 融合结果输出

资料来源：ENVI 软件。

图 6.41 HSV 融合结果对比

资料来源：ENVI 软件。

图 6.42 Brovey 融合结果对比

资料来源：ENVI 软件。

三、CN Spectral Sharpening 融合

CN Spectral Sharpening 融合实现的条件是高空间分辨率全色波段的波长范围能够覆盖参与融合的低空间分辨率至少 3 个波段的波长，该方法仅对包含在高空间分辨率全色波段的波长范围内对应的低空间分辨率波段进行融合，不在该范围内的其他低空间分辨率波段将不会被处理。以 Landsat8 OLI 图像为例，Landsat8 OLI 全色波段的波长范围为 $0.50 \sim 0.68 \mu m$，而在此波长范围内的多光谱数据仅包含绿光波段（$0.53 \sim 0.59 \mu m$）和红光波段（$0.64 \sim 0.67 \mu m$），因此不能较好地实现融合处理，所以需要进行融合波段的波长范围的处理，一般对高分辨率影像的波长范围进行处理。

在 ENVI 软件中，融合图像波段的波长范围由波段中心波长和光谱响应函数曲线半峰宽 FWHM（Full Width at Half Maximum）值限定，FWHM 可认为是光谱宽度，这两个参数均可在原始图像的头文件中获取，通过调整以上两个参数进行波段覆盖范围修正。为了实现图像融合，此处在定义全色波段波谱宽度时将其范围扩大，以便包含蓝光波段（$0.45 \sim 0.515 \mu m$），具体操作流程如下：

（一）修订中心波长和 FWHM

通过查阅 Landsat8 OLI 各波段的波谱范围、中心波长和 FWHM（见表 6.2），修订中心波长和 FWHM，为了让全色波段能包含蓝色波段，需将全色波段的波长范围修改成从 $0.45 \mu m$ 开始，且保持中心波长不变，即满足使全色波段的波长范围下限（$0.5917 - FWHM/2$）等于 $0.45 \mu m$，则全色波段的 FWHM 应等于 $0.2834 \mu m$，所以应将全色波段的 FWHM 修改成 $0.2834 \mu m$。修改方法为用记事本方式打开 Landsat8-zz2021pan. hdr 头文件，将其中的"fwhm = {0.172400}"修改成"fwhm = {0.283400}"，然后保存即可完成修订。

表 6.2　Landsat8 OLI 传感器波段主要参数

光谱波段	波长范围（μm）	中心波长（μm）	FWHM（μm）
Band 1 Coastal/aerosol（海岸/气溶胶波段）	$0.433 \sim 0.453$	0.4430	0.0160
Band 2 Blue（蓝波段）	$0.450 \sim 0.515$	0.4826	0.0601
Band 3 Green（绿波段）	$0.525 \sim 0.600$	0.5613	0.0574
Band 4 Red（红波段）	$0.630 \sim 0.680$	0.6546	0.0375
Band 5 NIR（近红外波段）	$0.845 \sim 0.885$	0.8646	0.0282
Band 6 SWIR 1（短波红外1）	$1.560 \sim 1.660$	1.6090	0.0847
Band 7 SWIR 2（短波红外2）	$2.100 \sim 2.300$	2.2010	0.1867
Band 8 Pan（全色波段）	$0.500 \sim 0.680$	0.5917	0.1724

本次实验所用数据有中心波长和 FWHM 信息，所以不必添加该信息。如果使用的融合数据缺少中心波长和 FWHM 信息，可以自行添加，以 Landsat8 OLI 多光谱数据为例，方法为用写字板打开数据 ∗.hdr 的头文件，在文件末尾添加如下所示的信息，保存即可。

wavelength = {0.443000，0.482600，0.561300，0.654600，0.864600，1.609000，2.201000}

fwhm = {0.016000，0.060100，0.057400，0.037500，0.028200，0.084700，0.186700}

wavelength units = Micrometers

其中，wavelength 指中心波长，7 个参数分别是 Landsat 8 OLI 多光谱数据第 1~7 波段的中心波长；fwhm 即光谱响应函数曲线半峰宽；wavelength units 指波长单位。

（二）查看中心波长和 FWHM

打开 Landsat8-zz2021.dat 和修改 FWHM 后的 Landsat8-zz2021pan.dat，在图层管理（Layer Manager）工具列表中选中 Landsat8-zz2021pan.dat 文件，点击鼠标右键选择 View Metadata，点击该对话框下的 Spectral 属性，即可看到各个波段的中心波长和 FWHM（见图 6.43），可以看出该波段的 FWHM 已经修改为 0.2834μm。

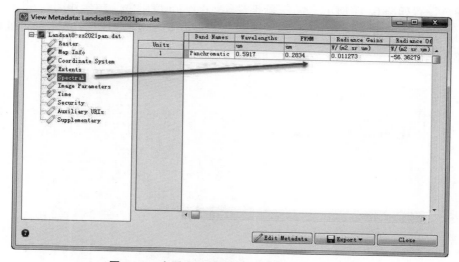

图 6.43　查看光谱信息的 View Metadata 窗口

资料来源：ENVI 软件。

（三）数据预处理

CN 融合需要参与运算的低分辨率多光谱数据波段的存储格式为 BIL，因此需要先将数据从 BSQ 格式转换为 BIL 格式，通过启用 Toolbox/Raster Management/Convert Interleave 工具，在 Convert File Input File 中选择 Landsat8-zz2021.dat，点击 OK 按钮之后，在 Convert File Parameters 模板中实现数据转换，结果保存为 Landsat8-zz2021BIL.dat（见图 6.44）。

（四）执行 CN Spectral Sharpening 融合功能

在工具箱（Toolbox）中，启用 Image Sharpening/CN Spectral Sharpening 功能，在弹出

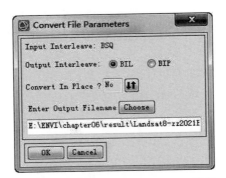

图 6.44　Convert File Parameters 模板

资料来源：ENVI 软件。

的 Select Low Spatial Resolution Image to be Sharpened 窗口中，选择 Landsat8-zz2021BIL. dat 文件（见图 6.45），在弹出的 Select High Spatial Resolution Sharpening Image 窗口中，选择 Landsat8-zz2021pan. dat 文件（见图 6.46），继而弹出 CN Spectral Sharpening Parameters 对话框，参数设置如图 6.47 所示，保存文件为 CN. dat，完成融合，结果如图 6.48 所示，该功能仅对图像的第 2 波段（蓝光）、第 3 波段（绿光）和第 4 波段（红光）进行处理，图像融合效果较好。

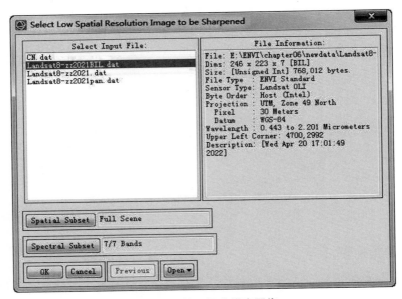

图 6.45　输入低分辨率图像

资料来源：ENVI 软件。

CN Spectral Sharpening Parameters 对话框中各参数的含义如下：

Sharpening Image Multiplicative Scale Factor：调整高空间分辨率图像与低空间分辨率图像的单位比例系数。该融合方法要求输入数据具有相同类型的单位，如反射率、辐射亮度

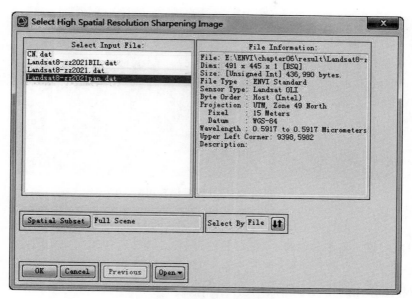

图 6.46　输入高分辨率图像

资料来源：ENVI 软件。

图 6.47　融合参数设置

资料来源：ENVI 软件。

值或者 DN 值。比如，低空间分辨率图像的单位是反射率扩大 10000 倍后的整型数据，高空间分辨率的图像反射率的单位是 0-1 的浮点型数据，则输入的比例系数为 0.0001。本案例中均为 DN 值，故设置为 1.0000。

Output Interleave：输出数据的多波段存储格式。通常情况下选择与输入图像的类型相同，BSQ 格式输出更快，但通常不便于融合图像的进一步使用，一般使用 BIL 格式。

需要注意的是，如果提前将低空间分辨率的波段预处理成与高空间分辨率波段相同的

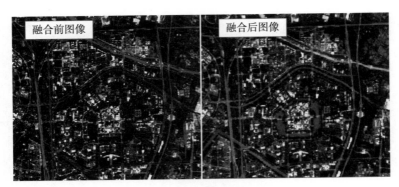

融合前图像　　　　融合后图像

图 6.48　CN 融合结果对比

资料来源：ENVI 软件。

像元大小和行列数，则该功能将不对数据进行融合处理而直接输出原始图像。

四、NNDiffuse Pan Sharpening 融合

在 ENVI 5.3 工具箱（Toolbox）中选择 Image Sharpening/NNDiffuse Pan Sharpening，启用 NNDiffuse Pan Sharpening 工具，弹出 NNDiffuse Pan Sharpening 对话框（见图 6.49）。

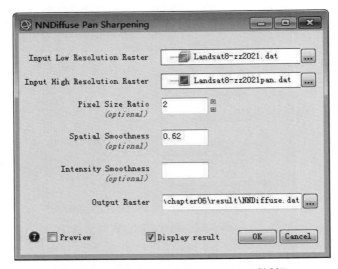

图 6.49　NNDiffuse Pan Sharpening 对话框

资料来源：ENVI 软件。

在 Input Low Resolution Raster 中输入低空间分辨率图像 Landsat8-zz2021.dat，在 Input High Resolution Raster 中输入高空间分辨率图像 Landsat8-zz2021pan.dat，Pixel Size Ratio 代表低空间分辨率的图像的像元大小与高空间分辨率图像的比值，取值必须为整数。该参数设置属于可选项，如果不指定，则会按照输入数据自动获取。因为 Landsat8 OLI 多光谱图

像的空间分辨率为 30 米，全色波段的空间分辨是 15 米，所以此处设置为 2。Output Raster
设置输出路径和文件名为 NNDiffuse. dat，设置完成后，点击 OK 按钮即可，融合结果如
图 6.50 所示。

图 6.50　NNDiffuse Pan Sharpening 融合结果对比

资料来源：ENVI 软件。

NNDiffuse Pan Sharpening 对话框参数的含义如下：

Spatial Smoothness：可选项，空间平滑系数，取值为正数。该参数类似于双三次插值
卷积核，默认为 Pixel Size Ratio * 0.62。此处选择默认值。

Intensity Smoothness：可选项，强度平滑系数，取值为正数。取值较小则会生成一幅细
节明显的图像，但会带入大量噪声。取值较大则会生成一幅平滑且噪声较少的图像。较大
的取值多应用于以图像分类和图像分割为目的的图像，同时被建议应用于高对比度的全色
图像或者地物分布复杂的图像。该参数默认设置为动态调整以适应局部相似性，用户也可
自定义数值，取值范围为 $10\sqrt{2} \sim 20$。此处选择默认值。

Preview：勾选，可预览处理效果。

Display result：勾选，可显示处理结果。

五、PC Spectral Sharpening 融合

在 ENVI 5.3 工具箱（Toolbox）中，选择 Image Sharpening/PC Spectral Sharpening，启
用主成分融合工具，在 Select Low Spatial Resolution Multi Band Input File 对话框中（见
图 6.51），选择低分辨率数据 Landsat8-zz2021. dat，点击 OK 按钮，弹出 Select High Spatial
Resolution Input File 对话框（见图 6.52），导入高分辨数据 Landsat8-zz2021pan. dat，点击
OK 按钮，继而弹出 PC Spectral Sharpen Parameters 对话框（见图 6.53），设置重采样方法
（Resampling），输出路径和文件名为 PC. dat，融合结果如图 6.54 所示。

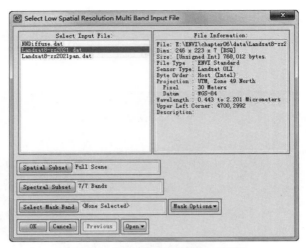

图 6.51　选择低分辨率图像对话框

资料来源：ENVI 软件。

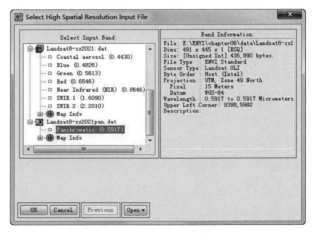

图 6.52　选择高分辨率图像对话框

资料来源：ENVI 软件。

图 6.53　PC 变换结果输出对话框

资料来源：ENVI 软件。

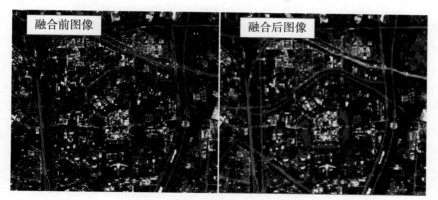

图 6.54 PC 主成分融合结果对比

资料来源：ENVI 软件。

六、Gram-Schmidt Pan Sharpening 融合

在 ENVI 5.3 下打开数据 Landsat8-zz2021. dat 和 Landsat8-zz2021pan. dat。在工具箱（Toolbox）中，通过 Image Sharpening/Gram-Schmidt Pan Sharpening 启用融合工具，在 Select Low Spatial Resolution Multi Band Input File 文件选择框中选 Landsat8-zz2021. dat 作为低分辨率多光谱影像输入波段（见图 6.55），点击 OK 按钮后，在 Select High Spatial Resolution Pan Input Band 文件选择框中选择 Landsat8-zz2021. dat 作为高分辨率影像输入波段（见图 6.56），点击 OK 按钮，打开 Pan Sharpening Parameters 面板。

图 6.55 低分辨率影像选择

资料来源：ENVI 软件。

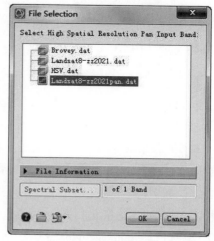

图 6.56 高分辨率影像选择

资料来源：ENVI 软件。

在 Pan Sharpening Parameters 面板中（见图 6.57），选择传感器类型（Sensor）为

Landsat8_oli，重采样方法（Resampling）为 Cubic Convolution，输出格式为 ENVI，设置输出路径及文件名为 GS.dat，点击 OK 按钮执行融合处理（见图6.58）。

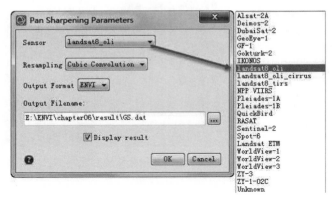

图 6.57　融合参数设置

资料来源：ENVI 软件。

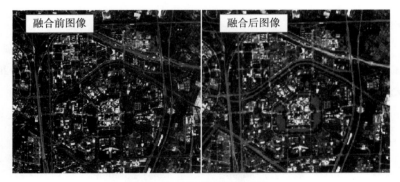

图 6.58　GS 融合结果对比

资料来源：ENVI 软件。

注意：

（1）当输入多光谱和全色图像的传感器不一致时，选择 Sensor 为 Unknown，即可完成融合。

（2）Gram-Schmidt 图像融合法是一种高保真的融合方法，它用给定传感器的光谱响应函数来估计全色波段，能保持融合前后图像光谱信息的一致性，所以该方法要求数据具有中心波长和 FWHM 等光谱信息，且输入数据会将所有波段进行变换。虽然不添加中心波长和 FWHM 信息也能进行融合处理，但无法正确估计全色波段，融合效果将产生色差。所以建议在进行 Gram-Schmidt 变换之前，对待融合数据添加各波段的中心波长和 FWHM 等光谱信息，具体方法可以参照 CN 融合中的处理方法。本次使用数据已具有中心波长和 FWHM 等光谱信息，故不必添加便可得到较好的融合效果。

第七章

遥感图像分类

📢 概述

遥感图像分类是根据感兴趣目标在遥感图像上的特征差异，判断并识别其类别属性和空间分布特征等信息的过程。本章实验主要学习常用的图像分类方法，主要包括监督分类、非监督分类、决策树分类以及分类后处理和精度验证等内容。

🔍 目的

掌握 ENVI 软件遥感图像计算机分类常用操作方法及分类后处理等内容。

📚 数据

提供数据：

附带数据文件夹下的…\ chapter07 \ data \

Landsat8 - zz2021classify. dat、reference. tif、rawsample. xml、rawsample. roi、test1. xml、test2. roi、roctest. roi、NDVI. dat、Landsat8-zz2021classify-band5NIR. dat、MNDWI. dat

🎥 实践要求

1. 监督分类
2. 分类后处理
3. 精度评价
4. 非监督分类
5. 决策树分类

第一节 监督分类

监督分类又称训练分类法，是用被确认类别的样本像元去识别其他未知类别像元的过程。其就是在分类之前通过目视判读和野外调查，对遥感图像上某些样区中影像地物的类别属性建立先验知识，对每一种类别选取一定数量的训练样本，计算机计算每种训练样区的统计或其他信息，同时用这些种子类别对判决函数进行训练，使其符合对各种子类别分类的要求，随后用训练好的判决函数去对其他待分数据进行分类，使每个像元和训练样本做比较，按不同的规则将其划分到和其最相似的样本类，以此完成对整个图像的分类。

一、分类类别确定

本案例以郑州市郑东新区龙子湖及中牟附近地区土地利用分类为例，采用的数据源为Landsat8-zz2021classify.dat，考虑到地物识别的清晰性，采用标准假彩色合成显示数据，即采用波段 5、4、3（近红外、红和绿）三波段合成数据显示，结合当地实际地物状况、高分辨率影像 reference.tif 以及地物光谱特征，将该区域的土地利用类型分为耕地、林/草地、建设用地和水体四类。分类原因为：该地区主要以水体和林地为主，水体主要分布于右上部，是当地的养鱼塘，另外龙子湖和象湖公园有大片水体；该区大部分植被是林地，但是多数公园的林地下面生长有草地，难以清晰划分林和草类型，因此将林地和草地分为一类，统称为林/草地。最后，对照 Landsat8-zz2021classify.dat 影像，建立了影像的解译标志，如表 7.1 所示。

表 7.1 遥感图像（标准假彩色）解译标志

类别	图像	空间分布位置	影像特征		
			形态	色调	纹理
耕地		分布于图像右上角平坦地区	几何形状明显，边界清晰，田块大小一致	暗绿色	影像纹理均一
林/草地		分布于公园内、建筑物、道路和河流两侧	受地形控制，边界自然圆滑，呈不规则形状	红色、深红、暗红	影像结构较均一
水体		分布于公园、建筑物以及东北部大部分区域	几何特征明显，有人工塑造痕迹	黑色、浅黑	影像结构均一
建设用地		分布于图像各个位置	几何形状特征明显，边界清晰	蓝色、白色或者蓝色里面夹有白色	影像结构粗糙

二、训练样本选择和评价

（一）训练样本选择

在图层管理（Layer Manager）工具中，右键点击 Landsat8-zz2021classify. dat，选择 New Region Of Interest，打开 Region of Interest（ROI）Tool 面板（见图 7.1），以建立林/草地训练样本为例，展示其建立过程。

首先，在 ROI Name 中将训练样本命名为"林/草地"，设置颜色为绿色 ▣▾。

其次，通过在图像上绘制图形进行样本选择，默认 ROI 绘制类型为多边形 ▣，但也可以使用矩形、圆、线段和点 ▣ ● Γ ❖ 进行样本选择，此处使用默认多边形进行样本选择。对影像适当缩放，在影像上辨别林/草地区域并点击鼠标左键开始绘制多边形样本，一个多边形绘制结束后，双击鼠标左键或者点击鼠标右键，选择 Complete and Accept Polygon，完成一个多边形样本的选择；重复上述操作，在图像上选择多个样本，样本尽量均匀分布在整个图像上，这样就完成了林/草地训练样本选取。

图 7.1 Region of Interest（ROI）Tool 面板参数设置

资料来源：ENVI 软件。

再次，在图像上右键点击 New ROI ▣ 工具，或者在 Region of Interest（ROI）Tool 面板上选择 ▣ 工具，创建新的感兴趣区样本类型，重复林/草地样本建立的方法，分别为耕地、水体、建设用地选择训练样本，即可完成整个分类过程所需训练样本的创建。需要说明的是，由于建设用地表现为不同的光谱特征，在样本选择时分为建设用地1、建设用地2、建设用地3，所以最终选择的样本分为耕地、水体、林/草地、建设用地1、建设用地2、建设用地3共6类样本（见图7.2）。

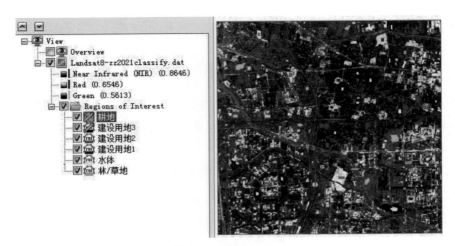

图 7.2　训练样本分布

资料来源：ENVI 软件。

最后，在 Region of Interest（ROI）Tool 对话框中，选择 File/Save As...，弹出 Save ROIs to. XML 窗口，在 Select ROIs for Output 列表中勾选创建的 6 个 ROI 图层，并在 Enter Output File［. xml］下设置输出路径和文件名为 rawsample. xml，设置完成后点击 OK 按钮，完成保存操作。

注意：

（1）如果要对某个样本进行编辑，可将鼠标移到样本上点击右键，Edit Record 为修改样本，Delete Record 为删除样本，Duplicated Record 为复制样本。

（2）一个样本 ROI 里面可以同时存在 n 个多边形或者其他形状的记录。

（3）如果关闭了 Region of Interest（ROI）Tool 面板，可在图层管理（Layer Manager）窗口中的某一类样本（感兴趣区）上双击鼠标左键，或者点击工具栏的 便可调出该面板。

（4）早期 ENVI Classic 版本的感兴趣区文件格式为 ∗. roi，新版本 ENVI 5. X 的文件格式为 ∗. xml，新版本完全兼容 ∗. roi 文件；在 Region of Interest（ROI）Tool 面板上，选择 File/Open 可以打开 ∗. xml 或 ∗. roi 文件；新版本的感兴趣区文件 ∗. xml 可以通过菜单栏命令 File/Export/Export to Classic 保存为 ∗. roi 文件。

（二）训练样本评价

ENVI 通过计算样本的可分离性来计算任意类别间的统计距离，这个距离用于确定两个类别间的差异性程度。类别间的统计距离是基于转换离散度（Transformed Divergence）和 J-M（Jeffries-Matusita）距离来衡量训练样本的可分离性，即训练样本的精度。

ENVI 提供的这两种评价方法性质相似，转换离散度（Transformed Divergence）和 J-M（Jeffries-Matusita）距离取值范围为 0～2.0。该方法主要评价两种地类的可分性，主要标准如下：

（1）>1.9 时，说明样本之间分离性好，属于可分类样本。

（2）1.7~1.9 时，地类之间能较好地区分。

（3）1.7~1.0 时，认为样本分离性不是很好，需要重新选择样本。

（4）<1.0 时，认为样本具有很强的相似性，可考虑将两类样本合并。

计算样本的可分离性。在 Region of Interest（ROI）Tool 面板上，选择 Options/Compute ROI Separability...，在 Choose ROIs 面板中勾选所有样本（见图 7.3），点击 OK 按钮，即可出现样本可分离性报告（见图 7.4），在可分离性报告中会计算每一类训练样本与其他类的转换离散度（Transformed Divergence）和 J-M（Jeffries-Matusita）距离，底部根据可分离性值大小，按照从小到大排列各个组合。从图 7.4 中可以发现，本次训练样本的分离性较好，属于合格样本，满足分类要求。

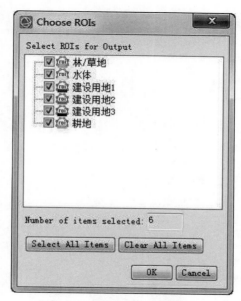

图 7.3 Choose ROIs 面板

资料来源：ENVI 软件。

（三）训练样本修改

通过训练样本评价后，发现训练样本不合格，可以通过以下方法修改：

在图层管理（Layer Manager）工具中，打开 Region of Interest（ROI）Tool 面板，可以添加或者删除训练样本；也可以选择需要修改的训练样本，具体方法参照训练样本选择部分注意事项中的操作介绍。

在 Region of Interest（ROI）Tool 面板上，选择 Options/Merge（Union/Intersection）ROIs...，打开 Merge ROIs 面板（见图 7.5），选择需要合并的类别，比如，此处选择建设用地 1 和建设用地 2，合并方法（Merge Method）有 Union（取并集）和 Intersection（取交集），这里选择 Union。一般情况下，勾选 Delete Input ROIs，则删除合并时输入的感兴趣区。

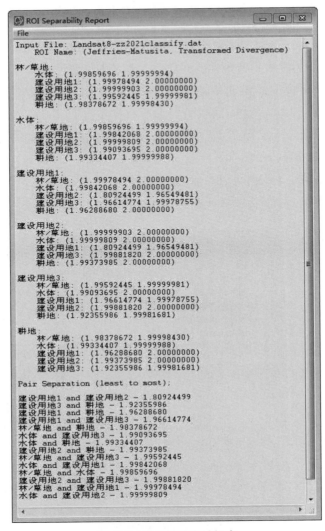

图 7.4　样本可分离性报表

资料来源：ENVI 软件。

三、执行监督分类

（一）分类器介绍

用户分类前，根据分类的复杂度、精度需求等确定选择哪一种分类器进行分类。目前，ENVI 的监督分类可分为：基于传统统计分析学方法的分类，包括平行六面体、最小距离、马氏距离、最大似然；基于神经网络的分类法；基于模式识别的方法，包括支持向量机、模糊分类等；针对高光谱数据的波谱角、光谱信息散度、二进制编码、最小能量约束、正交子空间投影、自适应一致估计等方法，ENVI 软件帮助中可以查阅以上方法的具

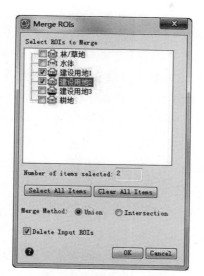

图 7.5　Merge ROIs 面板

资料来源：ENVI 软件。

体使用规则。下面是对几种分类器的简单描述。

（1）平行六面体（Parallelepiped Classification）：根据训练样本的亮度值形成一个 n 维的平行六面体数据空间，其他像元的光谱值如果落在平行六面体任何一个训练样本所对应的区域，就被划分到其对应的类别中。

（2）最小距离（Minimum Distance Classification）：利用训练样本数据计算出每一类的均值向量和标准差向量，然后以均值向量作为该类在特征空间中的中心位置，计算输入图像中每个像元到各类中心的距离，到哪一类中心的距离最小，该像元就归入哪一类。

（3）马氏距离（Mahalanobis Distance Classification）：计算输入图像到各训练样本的协方差距离，该方法是一种有效地计算两个未知样本集的相似度的方法，最终统计协方差距离最小的即为此类别。

（4）最大似然（Maximum Likelihood Classification）：假设每一个波段的每一类统计都呈正态分布，计算给定像元属于某一训练样本的似然度，像元最终被归并到似然度最大的一类当中。

（5）神经网络（Neural Net Classification）：指用计算机模拟人脑的结构，用许多小的处理单元模拟生物的神经元，用算法实现人脑的识别、记忆、思考过程。

（6）支持向量机（Support Vector Machine Classification，SVM）：是一种建立在统计学习理论（Statistical Learning Theory，SLT）基础上的机器学习方法。SVM 可以自动寻找那些对分类有较大区分能力的支持向量，由此构造出分类器，可以将类与类之间的间隔最大化，因而有较好的推广性和较高的分类准确率。

（7）波谱角（Spectral Angle Mapper Classification）：它是在 n 维空间将像元与参照波谱进行匹配，计算波谱间的相似度，之后对波谱之间相似度进行角度的对比，较小的角度表示更大的相似度。

（8）二进制编码法（Binary Coding Classification）：二进制编码分类技术是将某波段灰度值低于端元波谱平均值的像元编码为 0，将高于端元波谱平均值的像元编码为 1，并使用逻辑函数或运算对每一种编码的参照波谱和编码的分类波谱进行比较，生成汉明距离（Hamming Distance），汉明距离越小，说明待分类像元波谱与参考波谱越接近，则该像元被划分为参考波谱类别的可能性越大。该方法需要指定一个最小汉明距离阈值，否则所有的像元将被分类到与其匹配波段最多的端元波谱这一类别中。

（9）最小能量约束（Constrained Energy Minimization Classification，CEM）：CEM 算法与匹配滤波（MF）类似，唯一需要的知识是要检测的目标光谱。它是在参考光谱已知、背景光谱未知的条件下对小目标进行探测和提取的算法。算法根据目标光谱，放大特定方向信号，衰减其他背景信号，从而实现目标提取。

（10）正交子空间投影（Orthogonal Subspace Projection Classification，OSP）：首先设计一个正交子空间投影，以消除非目标物的波谱响应，其次应用匹配滤波器从数据中匹配期望的目标物。当目标特征非常明显时，OSP 是高效的。当目标特征和非目标特征之间的波谱角很小时，目标信号衰减剧烈，OSP 的性能可能很差。

（11）光谱信息散度（Spectral Information Divergence Classification，SID）：是一种光谱分类方法，利用散度来度量像元波谱与端元波谱的匹配程度，离散度越小，相似度就越高。测量值大于指定的最大散度阈值的像素不会被分类。SID 使用的端元波谱可以来自 ASCII 文件或光谱库，也可以利用 ROI 的平均光谱值直接从图像中提取。

（12）自适应一致估计分类法（Adaptive Coherence Estimator Classification，ACE）：ACE 起源于 Generalized Likelihood Ratio（GLR），在这个分析过程中，输入波谱的相对缩放比例作为 ACE 的不变量，这个不变量参与检测恒虚警率（Constant False Alarm Rate，CFAR）。与 CEM 和 MF 类似，ACE 不需要了解图像场景中的所有端元成员。

（二）影像分类

对于多光谱数据，上面介绍的监督分类的操作方法基本相似，都是导入待分类图像、选择训练样本、设置分类器参数以及设置输出路径和文件名。各分类器的详细参数设置可参考 ENVI 帮助文档。本实验以支持向量机分类法、最大似然法、神经网络分类和最小距离算法为例展示影像分类的过程。

1. 支持向量机分类

在工具箱（Toolbox）中，选择 Classification/Supervised Classification/Support Vector Machine Classification，在弹出的 Classification Input File 对话框中选择待分类影像 Landsat8-zz2021classify.dat，点击 OK 按钮，在弹出的 Support Vector Machine Classification Parameters 对话框中（见图 7.6）进行参数设置，此处按照默认设置参数输出分类结果，其中分类结果图像保存为 Landsat8-zz2021classify_SVM.dat（见图 7.7），分类规则图像保存为 Landsat8-zz2021classify_SVMrule.dat。

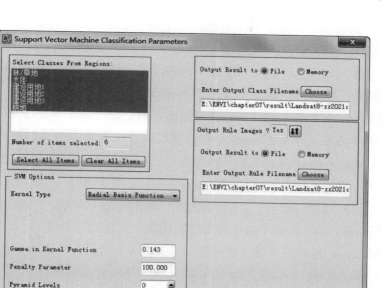

图 7.6 支持向量机分类器参数设置

资料来源：ENVI 软件。

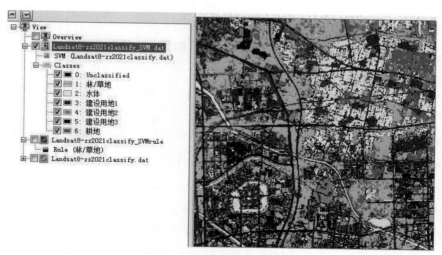

图 7.7 支持向量机分类结果

资料来源：ENVI 软件。

Support Vector Machine Classification Parameters 对话框参数含义如下：

Select Classes From Regions：选择训练样本，这里点击 Select All Items，选择所有样本。Clear All Items 是指清除所选的样本。

Number of items selected：选中的训练样本类型数量。

Kernel Type：核函数。这里提供了 Linear（线性）、Polynomial（多项式）、Radial Basis Function（径向基）和 Sigmoid（S 形）四种核函数作为分类方法。当选择 Polynomial（多项式）时，需进一步设置多项式的次数（Degree of Kernel Polynomial），其最小值为 1，最大值为 6，值越大，描绘类别之间的边界越精确，但是会增加分类变成噪声的风险，默认值为 2；当选择 Polynomial 或者 Sigmoid 时，使用向量机规则需要为核函数指定一个偏移量，即 Bias in Kernel Function，其默认值为 1；当选择 Polynomial、Radial Basis Function 或 Sigmoid 时，需要设置 Gamma in Kernel Function 参数，这个值是一个大于 0 的浮点型数据，默认值为输入图像波段数的倒数。本案例选择 Radial Basis Function 为核函数，由于输入波段数为 7，则 Gamma in Kernel Function 参数默认取值为 0.143。

Penalty Parameter：惩罚因子。该参数用于控制样本错误与分类刚性延伸之间的平衡，是一个大于 0 的浮点型数据，默认值为 100，本案例选择默认值。

Pyramid Levels：分级处理等级，在支持向量机训练和分类处理过程中用到。如果该参数取值为 0，即以原始图像分辨率进行处理；若等级数 n 为大于 0 的整数，则首先将原图像重采样成该等级的图像，即行列数是原始图像行列数的 $1/2^n$ 进行处理，然后对不能确定类别的像元在下一等级，即更精细的分辨率水平下进行处理。该参数可取到的最大值是根据图像的行列数确定的，其取值原则是最高等级图像的行列数必须大于 64 * 64。例如，对于一幅行列数为 24000 * 24000 的图像来说，其最大等级取值只能为 8，此时最大等级图像的行列数约为 94 * 94，即 $24000/2^8$ 的结果。如果 Pyramid Levels 被设置为一个大于 0 的值，此时还需设置一个金字塔分类阈值（pyramid classification threshold），该参数用于限定该等级下每个像元分类的概率，即大于该概率分类阈值的像元在下一等级，也就是更精细的分辨率水平下将不再被重新分类。其取值范围为 0~0.9，默认值为 0，本案例选择默认值。

Classification Probability Threshold：分类概率阈值。如果一个像元计算得到的规则概率小于该值，则该像元被归为未分类（Unclassified），其取值范围为 0.0~1.0，默认值为 0.0，这里选择默认值。

Output Result to：选择 File，即输出结果为文件，点击 Enter Output Class Filename 的 Choose 按钮，设置分类结果输出路径和文件名。

Output Rule Images?：按钮 ⇅ 用于选择是否输出规则图像。Yes，即输出规则图像，可点击 Enter Output Rule Filename 的 Choose 按钮，设置规则图像输出路径和文件名；No，即不输出。选择 Yes，每个地类均输出为规则图像的一个波段，可以利用该图像进行决策树分类或其他应用。这里选择 Yes。

2. 最大似然法分类

在工具箱（Toolbox）中，选择 Classification/Supervised Classification/Maximum Likelihood Classification 工具，在弹出的 Classification Input File 对话框中选择待分类影像 Landsat8-zz2021classify. dat，点击 OK 按钮，在弹出的 Maximum Likelihood Parameters 对话框中（见

图 7.8）进行参数设置，其中分类结果图像保存为 Landsat8-zz2021classify_MAX.dat（见图 7.9），分类规则图像保存为 Landsat8-zz2021classify_MAXrule。

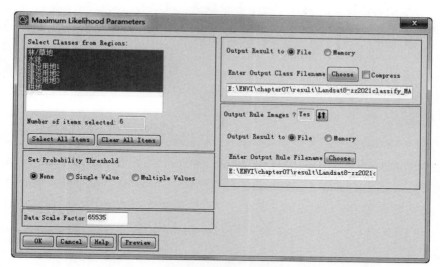

图 7.8 最大似然法分类器参数设置

资料来源：ENVI 软件。

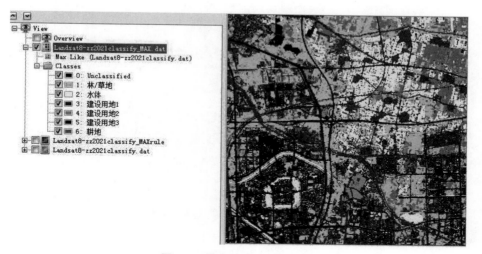

图 7.9 最大似然法分类结果

资料来源：ENVI 软件。

Maximum Likelihood Parameters 对话框参数含义如下：

Set Probability Threshold：设置似然度的阈值。如果选择 Single Value，则在 Probability Threshold 文本框中输入一个 0~1 内的值，似然度小于该阈值则不被分入该类。本实验选择 None。

Data Scale Factor：输入一个数据比例系数。这个比例系数是一个比值系数，用于将整型反射率或辐射率数据转化为浮点型数据。例如，如果反射率数据范围为 0~10000，则设定的比例系数就为 10000。对于没有定标的整型数据，也就是原始 DN 值，将比例系数设为 $2^n - 1$，n 为数据的比特数。例如，对于 8 位数据，设定的比例系数为 255；对于 10 位数据，设定的比例系数为 1023；对于 11 位数据，设定的比例系数为 2047。本实验所用数据为 16 位数据，此处设定的比例系数为 65535。

Preview：点击 Preview 按钮，可以在右边窗口中预览分类结果。在出现的预览分类结果框中，点击 Change View 按钮可以改变预览区域。

3. 神经网络分类

在工具箱（Toolbox）中，选择 Classification/Supervised Classification/Neural Net Classification 工具，在弹出的 Classification Input File 对话框中选择待分类影像 Landsat8–zz2021classify. dat，点击 OK 按钮，在弹出的 Neural Net Parameters 对话框中（见图 7. 10）进行参数设置，此处按照默认设置参数输出分类结果，其中分类结果图像保存为 Landsat8–zz2021classify_Neural. dat（见图 7. 11），分类规则图像保存为 Landsat8–zz2021classify_Neuralrule。

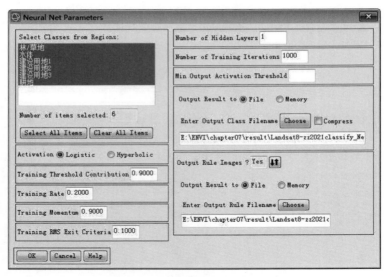

图 7. 10　神经网络分类器参数设置

资料来源：ENVI 软件。

Neural Net Parameters 对话框参数含义如下：

Activation：选择活化函数，提供对数函数（Logistic）和双曲线函数（Hyperbolic）两种函数。本案例选择 Logistic。

Training Threshold Contribution：输入训练样本的贡献值，取值范围为 0~1。该参数决定于活化节点级别相关的内部权重的贡献量，用于调节节点内部权重的变化。训练算法交互式地调节节点间的权重和节点阈值，从而使输出层和响应层误差达到最小。设置为 0 时，即不调节节点内部权重。适当调整节点的内部权重可以生成一幅较好的分类图像，但

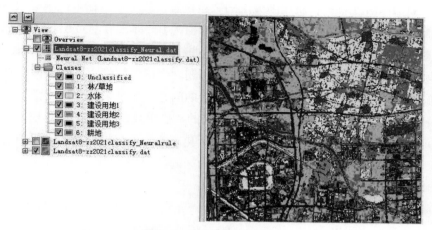

图 7.11　神经网络分类结果

资料来源：ENVI 软件。

如果权重设置太大，对分类结果会产生不良影响。这里采用默认设置 0.9。

Training Rate：设置权重调节速度，取值范围为 0~1。参数值越大，则训练速度越快，但也增加了摆动或者使训练结果不收敛。这里采用默认设置 0.2。

Training Momentum：输入一个 0~1 内的值。该参数的作用是促使权重沿当前方向改变。该值大于 0 时，在 Training Rate 文本框中键入较大值不会引起摆动。该值越大，训练的步幅越大。这里采用默认设置 0.9。

Training RMS Exit Criteria：指定 RMS 均方根误差为何值时训练应该停止。RMS 误差值在训练过程中将显示在图表中（见图 7.12），当该值小于输入值时，即使还没有达到迭代次数，训练也会停止，然后开始进行分类。这里采用默认设置 0.1。

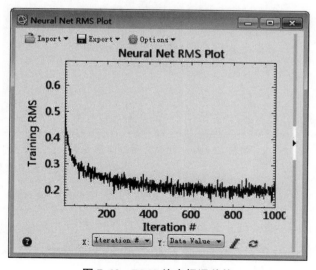

图 7.12　RMS 均方根误差值

资料来源：ENVI 软件。

Number of Hidden Layers：所用隐藏层的数量设置。当不同的输入区域必须与一个单独的超平面线性分离时，进行线性分类，此时键入值为0，即没有隐藏层。要进行非线性分类，输入值应该大于或等于1，当输入的区域并非线性分离或需要两个超平面才能区分类别时，必须拥有至少一个隐藏层才能解决这个问题。当该参数值为2时，两个隐藏层主要用于区分输入空间中的不同要素不邻近也不相连的问题。这里采用默认设置1。

Number of Training Iterations：输入用于训练的迭代次数。这里采用默认设置1000。

Min Output Activation Threshold：输入一个活化阈值，如果被分类的像元的活化值小于该阈值，则该像元被计入未分类中（Unclassified）。这里不做设置。

4. 最小距离分类

在工具箱（Toolbox）中，选择 Classification/Supervised Classification/Minimum Distance Classification 工具，在弹出的 Classification Input File 对话框中选择待分类影像 Landsat8 - zz2021classify. dat，点击 OK 按钮，在弹出的 Minimum Distance Parameters 对话框中（见图 7.13）进行参数设置，此处按照默认设置参数输出分类结果，其中分类结果图像保存为 Landsat8 - zz2021classify _ Mini. dat（见图 7.14），分类规则图像保存为 Landsat8 - zz2021classify_Minirule。

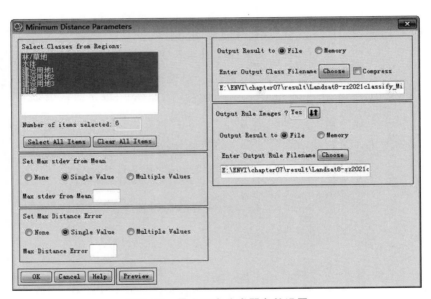

图 7.13　最小距离分类器参数设置

资料来源：ENVI 软件。

Minimum Distance Parameters 对话框参数含义如下：

Set Max stdev from Mean：设置标准差阈值。有 3 种类型：None，不设置标准差阈值；Single Value，为所有类别设置一个标准差阈值；Multiple Values，分别为每一个类别设置一个标准差阈值。本实验选择 None。

Set Max Distance Error：设置最大距离误差。以 DN 值方式输入一个值，距离大于该值

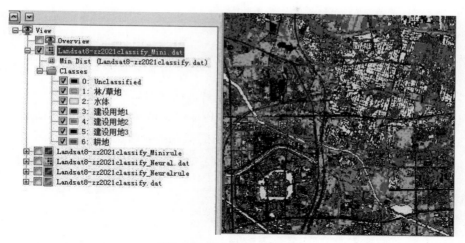

图 7.14 最小距离分类结果

资料来源：ENVI 软件。

的像元不被分入该类。如果不满足所有类别的最大距离误差，它们就会被归为未分类（Unclassified）。有 3 种类型：None，不设置距离阈值；Single Value，为所有类别设置一个距离阈值；Multiple Values，分别为每一个类别设置一个距离阈值。这里选择 None。

另外，对于没有介绍的平行六面体（Parallelepiped Classification）和马氏距离（Mahalanobis Distance Classification）分类法，其使用方法和分类器设置的参数含义与上面四种分类方法基本一致，在此不做赘述。

监督分类中的样本选择和分类器的选择比较关键。在样本选择时，为了更清楚地查看地物类型，可以适当对图像做一些增强处理，如主成分分析、最小噪声变换、波段组合等操作，便于样本的选择；分类器需要根据数据源和影像的质量来选择，比如支持向量机对高分辨率、四个波段的影像效果比较好。

第二节　分类后处理

监督分类和决策树分类等方法得到的是分类后的初步结果，还需要对分类图像做后处理，主要通过去除碎图斑、类别合并、颜色更改、分类结果转矢量等一系列操作实现分类结果图的优化，便于后续分类图像的使用。

本节以上一节基于支持向量机方法获取的分类结果图 Landsat8-zz2021classify_SVM. dat 为数据，以几种常见的分类后处理操作为例，学习分类后处理工具。

一、类别合并

类别合并（Combine）主要是将分类过程中由于需要或者错误分类将原本是同一类的地物分为了不同的地物类别的地物重新合并成同一类地物的过程。

在 ENVI 5.3 中，选择 Toolbox/Classification/Post Classification/Combine Classes，选择分类图像 Landsat8-zz2021classify_SVM. dat，在弹出的 Combine Classes Parameters 对话框中把建设用地 1～3 合并成唯一的地类——建设用地 1，如图 7.15 所示，具体操作如下：

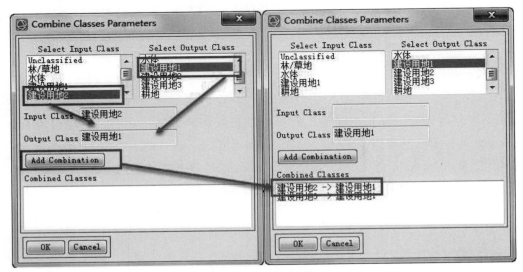

图 7.15　类别的合并

资料来源：ENVI 软件。

在 Combine Classes Parameters 对话框中选择需要合并的类别，首先从 Select Input Class 中点击选择建设用地 2，此时在 Input Class 框中会出现建设用地 2，然后在 Select Output Class 中选择并入的类别，此处选择建设用地 1，在 Output Class 框中会出现建设用地 1（见图 7.15），点击 Add Combination 按钮，将合并方案添加到 Combined Classes 中，此时在 Combined Classes 中出现建设用地 2->建设用地 1，Input Class 框为空，按照此种方法继续完成建设用地 3 合并为建设用地 1 的操作，该类别合并完成的界面如图 7.15 右图所示。当合并类别出现错误时，可以在 Combined Classes 列表中点击错误合并项，即可移除错误的合并方案。

完成合并后，点击 OK 按钮，即弹出 Combine Classes Output 对话框（见图 7.16）。设置输出合并文件为 Landsat8-zz2021classify_SVMCombine. dat，在 Remove Empty Classes 框中选择 Yes，可以得到合并结果（见图 7.17）。

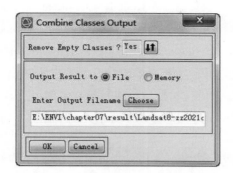

图 7.16 Combine Classes Output 对话框

资料来源：ENVI 软件。

图 7.17 原始分类结果（左）和合并处理结果（右）

资料来源：ENVI 软件。

二、小斑块去除

在遥感图像分类中，无论是监督分类、非监督分类还是决策树分类，都会产生碎小图斑，比如一个或者几个像元组成的小斑块，这些碎斑块的存在会影响后续使用，比如专题制图和分类应用。因此，需要对这些小图斑进行剔除或重新分类，目前常用的方法有过滤处理（Sieve）、Majority/Minority 分析、聚类处理（Clump）和分类聚合（Classification Aggregation）等。

（一）过滤处理（Sieve）

过滤处理（Sieve）用来解决分类图像中出现的孤岛问题。过滤处理使用斑点分组方法来消除这些被隔离的分类像元。类别筛选方法为：通过分析周围的 4 个或 8 个像元，判定一个像元是否与周围的像元同组。如果一类中被分析的像元数少于输入的阈值，这些像元就会被从该类中删除，删除的像元归为未分类的像元（Unclassified）。

打开过滤处理（Sieve）工具，选择 Toolbox/Classification/Post Classification/Sieve Classes，在弹出的对话框中选择 Landsat8-zz2021classify_SVMCombine.dat，点击 OK 按钮，在 Classification Sieving 面板中，在 Class Order 框中点击选中所有的类别，Minimum Size 设置为 2，其他参数按照默认即可，如图 7.18 所示，然后点击设置输出路径和文件名为 Landsat8-zz2021classify_SVMSieve.dat，点击 OK 按钮，执行操作，即可完成过滤处理。结果如图 7.19 所示，可以看到原始分类结果的碎图斑分到了背景类别未分类（Unclassified）中。

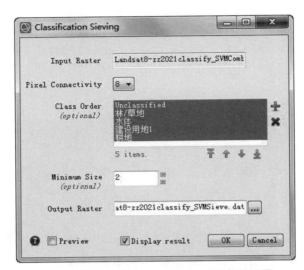

图 7.18　Classification Sieving 面板参数设置

资料来源：ENVI 软件。

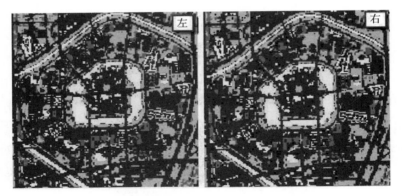

图 7.19　原始分类结果（左）和过滤处理结果（右）

资料来源：ENVI 软件。

Classification Sieving 面板各参数含义如下：

Pixel Connectivity：聚类邻域大小，可选四连通域或八连通域，分别表示使用中心像元周围 4 个或 8 个像元进行统计。

Class Order：选择参与过滤处理的类别，可以根据需要选择所有类别或者其中几个类别。

Minimum Size：过滤阈值设置，一组中小于该数值的像元将从相应类别中删除，归为未分类（Unclassified）。

（二）主要分析（Majority Analysis）和次要分析（Minority Analysis）

Majority/Minority 分析采用类似于卷积滤波的方法将较大类别中的虚假像元归到该类中。通过定义一个变换核尺寸，主要分析（Majority Analysis）用变换核中像元数最多的类别代替中心像元的类别，次要分析（Minority Analysis）用变换核中像元数最少的类别代替中心像元的类别。

在工具箱（Toolbox）中，通过 Classification/Post Classification/Majority/Minority Analysis 启用 Majority/Minority 分析工具，在弹出的对话框中选择已经进行过合并处理的数据 Landsat8-zz2021classify_SVMCombine.dat，点击 OK 按钮。在 Majority/Minority Parameters 面板中，点击 Select All Items 选中所有的类别，其他参数按照默认即可，然后设置输出路径和文件名 Landsat8-zz2021classify_SVMMajority.dat（见图 7.20），点击 OK 按钮，执行 Majority 操作，结果如图 7.21 所示。

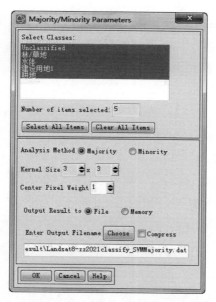

图 7.20　Majority/Minority Parameters 面板参数设置

资料来源：ENVI 软件。

Majority/Minority Parameters 面板各参数含义如下：

Select Classes：选择类别。用户可根据需要选择其中几个类别。

Analysis Method：分析方法。Majority 为执行主要分析，Minority 为执行次要分析。

Kernel Size：变换核的大小，必须为奇数。核越大，则处理后结果越平滑。

Center Pixel Weight：中心像元权重。当判定在变换核中哪个类别占主体地位时，中心

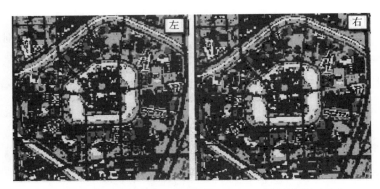

图 7.21 原始分类结果（左）和 Majority 处理结果（右）

资料来源：ENVI 软件。

像元权重用于设定中心像元类别将被计算多少次。例如，如果输入的权重为 1，系统仅计算 1 次中心像元类别；如果输入 3，系统将计算 3 次中心像元类别。权重设置越大，中心像元分为其他类别的概率越小。

（三）聚类处理（Clump）

聚类处理（Clump）是运用数学形态学算法——腐蚀和膨胀，将邻近的类似分类区域聚类并进行合并。分类图像由于斑点或洞的存在经常缺少空间连续性，聚类处理主要解决这个问题，主要过程是：先将被选的分类用一个膨胀操作合并到一起，然后用变换核对分类图像进行腐蚀操作。

打开聚类处理工具，路径为 Toolbox/Classification/Post Classification/Clump Classes，在弹出的对话框中选择 Landsat8-zz2021classify_SVMCombine. dat，点击 OK 按钮。在 Classification Clumping 面板中的 Class Order 中选中所有的类别，设置输出路径和结果文件 Landsat8-zz2021classify_SVMClump. dat，其他参数按照默认即可（见图 7.22），点击 OK 按钮，执行操作，得到聚类处理结果，如图 7.23 所示。

图 7.22 Classification Clumping 面板参数设置

资料来源：ENVI 软件。

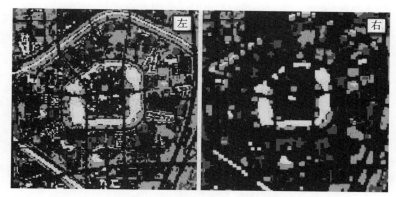

图 7.23 原始输入分类结果（左）和聚类处理结果（右）

资料来源：ENVI 软件。

Classification Clumping 面板参数含义如下：

Class Order：选择参与聚类处理的类别，用户可以根据需要选择所有类别或者其中几个类别。

Dilate Kernel Value：膨胀核设定，Rows 和 Cols 为数学形态学算子的大小，必须为奇数，设置的值越大，效果越明显。

Erode Kernel Value：腐蚀核设定，Rows 和 Cols 为数学形态学算子的大小，必须为奇数，设置的值越大，效果越明显。

（四）分类聚合（Classification Aggregation）

分类聚合工具将较小的碎斑区域合并到相邻的面积较大类的区域，当分类区域包括许多小区域时，聚合是一个有用的分类后处理过程。

在工具箱（Toolbox）中，选择 Classification/Post Classification/Classification Aggregation，在弹出的 Classification Aggregation 对话框的 Input Raster 中选择 Landsat8 - zz2021classify_SVMCombine. dat，将 Minimum Size 设置为 2，含义为大小等于或小于此值的区域将聚合到相邻的较大区域，默认值为 9，然后设置输出路径和结果文件 Landsat8 - zz2021classify_SVMAggregation. dat，其他参数按照默认即可（见图 7.24），点击 OK 按钮，执行操作，得到分类聚合结果（见图 7.25）。

需要说明的是，虽然处理碎小图斑有很多方法，原则上可以综合运用一种或者几种方法进行碎小图斑处理，但是由于在碎图斑处理过程中不可避免地会出现地类信息的减少或者无意义归并，会导致与实际地物类别不一致而带来分类精度的下降，因此，建议在使用的过程中充分结合当地现状，合理、有效使用碎图斑后处理的方法，以有效地实现碎图斑去除。

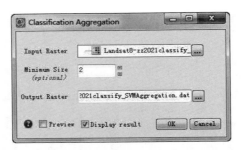

图 7.24　Classification Aggregation 面板参数设置

资料来源：ENVI 软件。

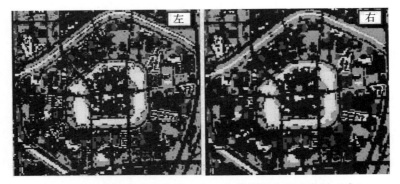

图 7.25　原始输入分类结果（左）和分类聚合处理结果（右）

资料来源：ENVI 软件。

三、分类统计

分类统计（Class Statistics）界面中的基本统计模块（Basic Stats）可以统计分类类别中的像元数、最小值、最大值、平均值以及类中每个波段的标准差等，可以绘制每一类对应源分类遥感图像像元值的最小值、最大值、平均值以及标准差，还可以记录每类的直方图，计算协方差矩阵、相关矩阵、特征值和特征向量，并显示所有分类的总结报告记录。

打开分类结果 Landsat8-zz2021classify_SVMCombine.dat 和其对应的原始影像 Landsat8-zz2021classify.dat。打开分类统计工具，路径为 Toolbox/Classification/Post Classification/Class Statistics，在弹出的对话框中选择 Landsat8-zz2021classify_SVMCombine.dat，点击 OK 按钮；在 Statistics Input File 面板中，选择原始影像 Landsat8-zz2021classify.dat，点击 OK 按钮；在弹出的 Class Selection 面板中，点击 Select All Items（见图 7.26），统计所有分类的信息，点击 OK 按钮。

在 Compute Statistics Parameters 面板中可以设置统计信息输出路径和文件名（见图 7.27），此处设置统计文件名为 Landsat8-zz2021classify_SVMCombine_class，报告文件名为

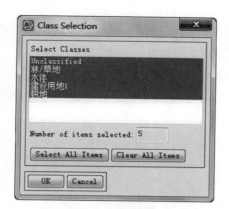

图 7. 26 类别选择

资料来源：ENVI 软件。

Landsat8-zz2021classify_SVMCombine_class_report. txt，生成的统计文件最终是以 * . sta 为后缀的各个分类别文件，比如此次加上未分类（Unclassified）将生成 5 个统计文件，分别为从 Landsat8-zz2021classify_SVMCombine_class_0. sta 到 Landsat8-zz2021classify_SVMCombine_class_4. sta。点击 Report Precision…按钮可以设置输入精度，按默认即可，点击 OK 按钮，即可完成统计分析。

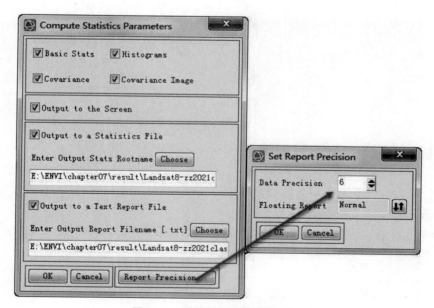

图 7. 27 统计结果参数设置面板

资料来源：ENVI 软件。

Compute Statistics Parameters 面板统计参数含义如下：

基本统计（Basic Stats）：基本统计信息包括所有波段和分类类型的最小值、最大值、均值和标准差，若该文件是多波段的，还包括特征值。

直方图统计（Histograms）：生成一个关于频率分布的统计直方图，列出图像直方图中每个像元值（DN 值）的 Count（点的数量）、Total（累积点的数量）、Percent（每个灰度值的百分比）和 Acc Pct（累计百分比）。

协方差统计（Covariance）：协方差统计信息包括协方差矩阵和相关系数矩阵以及特征值和特征向量，当选择这一项时，还可以将协方差结果输出为图像（Covariance Image）。

输出结果的方式：有三种，分别为输出到屏幕显示（Output to the Screen）、生成一个统计文件（Output to a Statistics File，*.sta）和生成一个文本文件（Output to a Text Report File，*.txt）。其中，生成的统计文件（*.sta）可以通过 ENVI 5.X 工具箱中的 Toolbox/Statistics/View Statistics File 方式打开。

图 7.28 为显示统计结果的窗口，统计结果以图形和列表的形式表示。从 Select Plot 下拉命令中选择分类结果中不同类别以及对应的统计信息绘制的不同图形对象，如基本统计信息、直方图等；从 Locate Stat 下拉列表中选择显示类别对应输入图像文件 DN 值统计信息，如协方差、相关系数、特征向量等信息；默认输出列表中的第一段显示的为分类结果中各个类别的像元数、占百分比等统计信息。

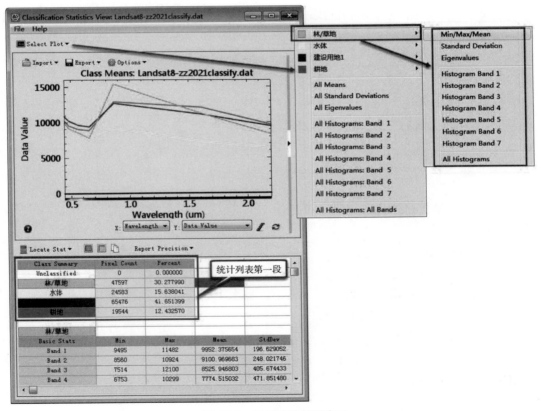

图 7.28　显示统计结果窗口

资料来源：ENVI 软件。

另外，也可以简单统计分类结果图像的基本信息，方法是在图层管理（Layer Manager）窗口中选择需统计的分类图，例如，此处选择的统计分类图是 Landsat8 - zz2021classify_SVMCombine. dat，然后右键点击 Classes（见图 7.29），在出现的对话框中选择 Statistics for All Classes…，即可实现类别的快速统计，结果与图 7.26 类似，只不过统计的是单一类别的信息。

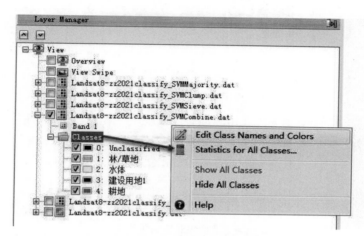

图 7.29 简单统计的分类结果

资料来源：ENVI 软件。

四、分类叠加

分类叠加（Overlay Classes）功能可以将分类结果的各种类别叠加在选定的一幅 RGB 彩色合成图像或者灰度图像上，从而生成一幅新的 RGB 图像，实现分类结果和影像图的合成。

打开分类叠加工具，路径为 Toolbox/Classification/Post Classification/Overlay Classes，这里将原始影像的真彩色图像作为背景图像，在打开的 Input Overlay RGB Image Input Bands 面板中，R、G、B 颜色通道分别选择 Landsat8 - zz2021classify. dat 的 Red、Green、Blue 三波段，点击 OK 按钮。

在 Classification Input File 面板中选择分类图像 Landsat8-zz2021classify_SVMCombine. dat，点击 OK 按钮；在 Class Overlay to RGB Parameters 面板中选择要叠加显示的类别（见图 7.30），这里选择水体，当然也可以在按住 Ctrl 键的同时点击鼠标左键选择多个类别，设置输出路径和文件名 Landsat8-zz2021classify_SVMOverlay. dat，点击 OK 按钮即可，叠加结果如图 7.31 所示。

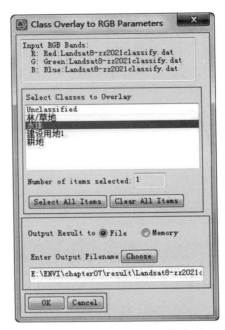

图 7.30　选择要叠加显示的类别

资料来源：ENVI 软件。

图 7.31　分类叠加效果

资料来源：ENVI 软件。

五、分类结果转矢量

通过 Toolbox/Classification/Post Classification/Classification to Vector 打开分类结果转矢

量工具，在 Raster To Vector Input Band 面板中选择 Landsat8-zz2021classify_SVMClump. dat 文件的 Band1 波段，点击 OK 按钮；在 Raster To Vector Parameters 面板中设置矢量输出参数（见图 7.32），这里选择所有类别，设置输出路径和文件名 Landsat8-zz2021classify_SVMResult. evf，点击 OK 按钮即可。

图 7.32　输出矢量参数设置

资料来源：ENVI 软件。

查看输出结果，打开生成的 Landsat8-zz2021classify_SVMResult. evf 文件，并加载到视图中（见图 7.33），可以在图层管理（Layer Manager）窗口列表中右键点击矢量文件名，选择 Properties，在弹出的 Vector Properties 面板中可以根据选择的属性，例如 Class_Name，修改不同矢量类别的颜色（见图 7.34），其中右上部分是对所有矢量斑块进行设置，可以设置斑块外部轮廓线的颜色（Line Color）、线型（Line Style）以及线宽（Line Thickness），如果想要对矢量内部进行填充，需要把 Fill Interior 设置为 True，Fill Color 内选择相应颜色设置；如果想要对某一地类进行单独设置，需要在左边 Attribute Values 框中点击需要更改的地物类别。此处以水体为例，在下面 Attribute Value 中点击水体属性框，通过设置 Line Color 和 Fill Color 来设置矢量图斑的外部边框和内部填充颜色，点击 OK 按钮，最终结果如图 7.35 所示。

另外，还可以把 *. evf 格式的数据转换成 *. shp 格式。打开刚才生成的文件，在图层管理（Layer Manager）窗口右键点击矢量文件 Landsat8-zz2021classify_SVMResult. evf，选择 View/Edit Attributes，出现 Attributes Viewer 对话框（见图 7.36），通过 File/Save Selected Records To New Shapefile…将 *. evf 格式文件转换为 *. shp 格式。实现格式转换前，必须先选中需要转换的矢量数据，本案例通过 Options/Select All 实现所有数据选择，最终可以实现 Landsat8-zz2021classify_SVMResult. evf 转换为 Landsat8-zz2021classify_SVM-Result. shp（见图 7.37）。

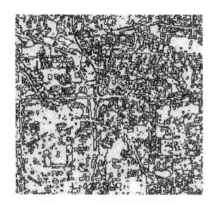

图 7.33　生成的矢量图层

资料来源：ENVI 软件。

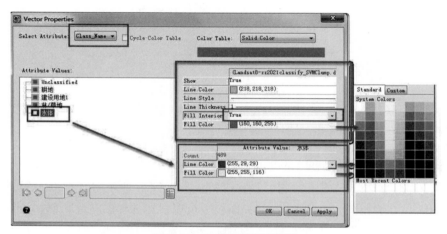

图 7.34　设置矢量图层属性

资料来源：ENVI 软件。

图 7.35　矢量数据设置显示结果

资料来源：ENVI 软件。

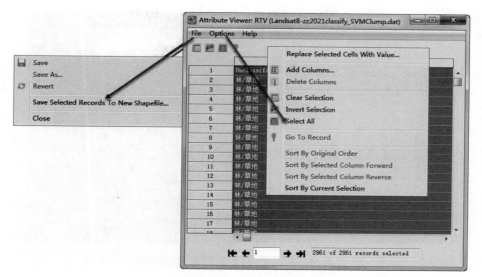

图 7.36　**Attributes Viewer** 对话框应用

资料来源：ENVI 软件。

图 7.37　矢量格式转换界面

资料来源：ENVI 软件。

六、分类别浏览分类结果

对于分类结果，可以单独打开其中某一地类，进行分类结果的浏览，用于辅助判定分类的准确性，通过 ENVI 5.X 和 ENVI Classic 两种方式均可实现该种浏览。

（一）基于 ENVI 5.3 的分类结果浏览

利用 ENVI 5.3 逐类浏览分类结果，只需在图层管理列表（Layer Manager）找到分类结果图像，在 Classes 中勾选复选框▣即可完成单一或者多个分类结果的浏览，图 7.38 所示为浏览水体的分类结果。

（二）基于 ENVI Classic 的分类结果浏览

打开 ENVI Classic，使用 File/Open Image File 打开 Landsat8-zz2021classify.dat 和 Land-sat8-zz2021classify_SVMCombine.dat。在显示 Landsat8-zz2021classify.dat 影像的主图像窗

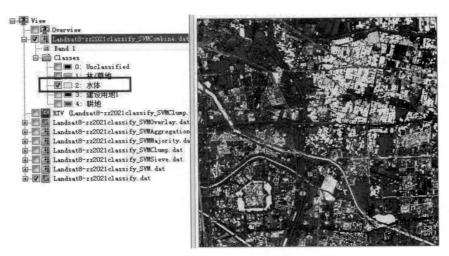

图 7.38　基于 ENVI 5.3 的分类结果浏览

资料来源：ENVI 软件。

口（Image）中，选择 Overlay/Classification，打开 Interactive Class Tool Input File 面板，选择 Landsat8-zz2021classify_SVMCombine.dat，出现 Interactive Class Tool 面板，只需勾选复选框□On ，即可将需要分类显示的结果叠加显示在 Landsat8-zz2021classify.dat 原图像上（见图 7.39）。

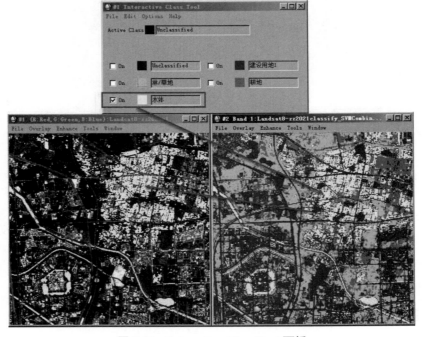

图 7.39　Interactive Class Tool 面板

资料来源：ENVI 软件。

七、分类结果局部修改

对于局部错分、漏分的像元，可以手动进行修改，此功能只能在 ENVI Classic 版本中实现。在 ENVI Classic 显示 Landsat8－zz2021classify＿SVMCombine.dat 的主图像窗口（Image）中，选择 Overlay/Classification，打开 Interactive Class Tool Input File 面板，选择 Landsat8－zz2021classify＿SVMCombine.dat，出现 Interactive Class Tool 面板，在 Interactive Class Tool 面板中可利用两个工具进行分类结果的局部修改。

（一）基于 Polygon Add to Class 工具的类别修改

该种类别修改的含义是将选择绘制修改的图斑修改为 Active Class 选项框激活选中的图斑类型，具体过程为：在 Interactive Class Tool 面板中（见图 7.40），点击某一类别前面的方形颜色块，让某种类别处于激活状态，此时 Active Class 中就会显示该种类别，然后勾选复选框 ☑On 显示修改结果。

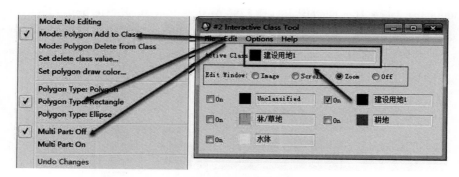

图 7.40　设置激活类别

资料来源：ENVI 软件。

此处激活"建设用地 1"窗口，含义是所有绘制修改的图斑都将修改为建设用地，具体操作为：在 Interactive Class Tool 面板中，设置绘制修改图斑的参数，选择 Edit/Mode：Polygon Add to Class；设置绘制多边形的类型，此处选择 Polygon Type：Rectangle，绘制长方形；Multi Part 代表绘制多边形中可以存在几种地类，Off 代表允许多种地类存在，On 代表禁止；依据修改地类的大小选择一个编辑窗口，本案例由于研究区较小，在 Edit Window 选项中选择 Zoom，在 Zoom 窗口中绘制多边形，多边形以内的像元全部归于"建设用地 1"一类。

设置完成后，在 Zoom 窗口中找到需要修改的地类图斑，本案例中部分建设用地错分为水体，在此将其进行修改，点击鼠标左键在 Zoom 窗口选择黄色图斑代表的"水体"区域绘制，点击右键接受，即可实现图斑修改（见图 7.41）。如果对修改结果不满意，可以用 Edit/Undo Changes 取消修改。选择 File/Save Changes to File，可以将修改结果保存。

图 7.41　错误图斑修改前（左）和修改后（右）

资料来源：ENVI 软件。

（二）基于 Polygon Delete from Class 工具的类别修改

该种类别修改的含义是将 Active Class 选项框激活选中的图斑类型通过手工绘制的图形修改为 Set delete class value…中设置的图斑类型，具体过程如下：

在 Interactive Class Tool 面板中，选择 Edit/Mode：Polygon Delete from Class，然后选择 Edit/Set delete class value…，选择并入的目标类，此处同样选择建设用地 1，如图 7.42 所示，点击 OK 按钮，同时在 Interactive Class Tool 面板中勾选 "建设用地 1" 复选框，以便于显示修改结果。

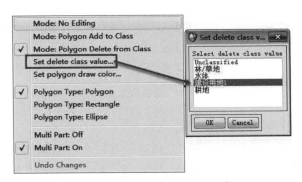

图 7.42　设置删除归入的目标类别

资料来源：ENVI 软件。

在 Interactive Class Tool 面板中，用鼠标左键点击 "水体" 前面的黄色方形色块，让 "水体" 类别处于激活状态（见图 7.43），该处设置的含义为将绘制图斑中涉及的 "水体" 类全部修改为 "建设用地 1" 类。

在 Edit Window 选项中选择 Image 为编辑窗口，在 Image 窗口中，点击鼠标左键绘制修改区域，点击右键接受绘制多边形，多边形以内的 "水体" 类别全部归于 "建设用地 1"。将修改后的图像命名为 Landsat8-zz2021classify_Result.dat，图 7.44 所示为修改前后的图像对比。

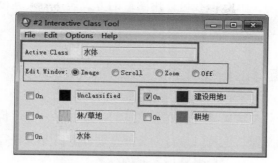

图 7.43 设置删除的激活类别

资料来源：ENVI 软件。

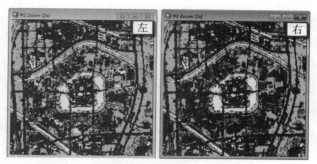

图 7.44 错误图斑修改前（左）和修改后（右）

资料来源：ENVI 软件。

八、更改类别颜色和名字

该部分操作可以参见本章第四节第四部分内容，里面有详细的介绍，在此不做赘述。

本案例中后处理工具的使用以演示其使用方法为主，实际应用中，并不是按照教材中使用的顺序逐一使用，需要根据研究区的实际分类情况，确定后处理工具的类型和使用顺序，建议使用顺序为先进行类别合并，再进行碎图斑去除，然后再进行局部错分、漏分的像元修改，上述操作完成后可以进行颜色和名字修改、分类统计以及栅格转换成矢量等操作。

第三节 精度评价

精度评价主要是对分类结果进行评价，确定分类的精度和可靠性。ENVI 软件有两种方式用于精度验证，分别是混淆矩阵和 ROC 曲线。混淆矩阵用于评价普通的分类结果，以数据形式表示分类精度；ROC 曲线可以用图形的方式表达分类精度，比较抽象。混淆矩阵是比较常用的精度评价方法。

一、基于混淆矩阵的精度评价

采用混淆矩阵评价分类结果与地表真实信息的一致性时，待评价精度的分类图像可以是进行过分类后处理的图像，也可以是对分类器自动分类后并未进行后处理的图像，前者是为了评价分类结果的可靠性，后者是为了评价分类方法的优劣。

（一）基于地表真实图像的精度评价

当使用地表真实分类图像作为参考图像时，可以为每个分类计算误差掩膜图像，用于显示哪些像元被错误归类，来评价整个分类后处理图像的精度。事实上，通常不存在准确的参考图像来进行逐像元对比分析。在本案例中，假设本章第二节进行过分类后处理的 Landsat8-zz2021classify_SVMAggregation.dat 为地表真实分类图像，Landsat8-zz2021classify_SVMCombine.dat 为待评价的分类图像，以此演示基于地表真实图像的精度评价的过程。

在工具箱（Toolbox）中，点击 Classification/Post Classification/Confusion Matrix Using Ground Truth Image 工具，在 Classification Input File 对话框中，选择待评价分类图像 Landsat8-zz2021classify_SVMCombine.dat，在 Ground Truth Input File 对话框中，选择地表真实分类图像 Landsat8-zz2021classify_SVMAggregation.dat。

在出现的 Match Classes Parameters 对话框中（见图7.45），在两个列表中选择所要匹配的名称，再点击 Add Combination 按钮，把地表真实类别与最终分类结果相匹配。类别之间的匹配将显示在对话框底部的列表中。如果地表真实图像中的类别与分类图像中的类别名称相同，它们将自动匹配，如果不匹配，可以自行设置匹配类别（可参见基于地表真实感兴趣区的精度评价部分），点击 OK 按钮，输出混淆矩阵。

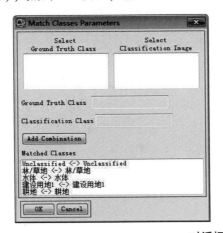

图7.45 Match Classes Parameters 对话框

资料来源：ENVI 软件。

在混淆矩阵输出窗口中（见图 7.46），设置混淆矩阵输出的各种参数，包括选择像素（Pixels）和百分比（Percent），精度评估报告（Report Accuracy Assessment）、误差图像（Output Error Images）、误差图像输出路径及文件名 accuracyerror. dat，点击 OK 按钮，输出混淆矩阵的结果（见图 7.47）。

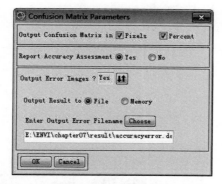

图 7.46　设置 Confusion Matrix Parameters

资料来源：ENVI 软件。

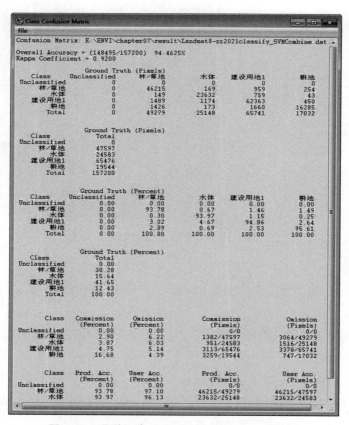

图 7.47　混淆矩阵（Confusion Matrix）的结果

资料来源：ENVI 软件。

（二）基于地表真实感兴趣区的精度评价

在计算混淆矩阵时，由于通常不存在准确的参考图像进行逐像元对比分析，因此应用中多使用地表的真实感兴趣区 ROI 作为参考。选择 ROI 验证点的原则是确保类别参考源的真实性，一般通过在高分辨率遥感图像上目视解译得到感兴趣区 ROI 作为验证点或者根据野外实地调查获取感兴趣区 ROI 验证点。

本案例以 Google Earth 获取的空间分辨率为 2.38 米的 reference.tif 图像为参考数据来获取检验样本的真实地物类别。具体介绍两种获取验证点的方法：

1. 目视解译建立精度验证样本点

在 ENVI 5.3 中打开 reference.tif 图像，在该图像上建立感兴趣区，直接利用 ROI 工具，与分类样本选择的方法一样，在 reference.tif 图像上选择四类验证样本（见图 7.48），选择完毕，保存感兴趣区为 test1.xml。

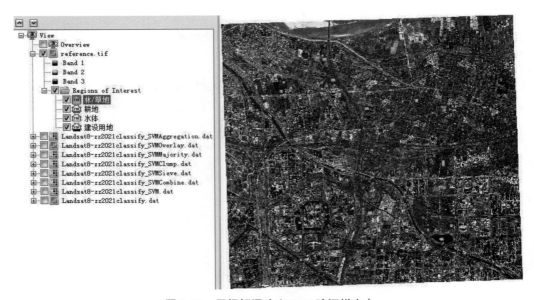

图 7.48　目视解译建立 ROI 验证样本点

资料来源：ENVI 软件。

需要注意的是，在建立验证样本点 ROI 前，最好在数据管理工具（Data Manager）中，在原始分类图像 Landsat8－zz2021classify.dat 的分类样本 rawsample.xml 上点击右键选择 Close 或者使用 ✖ 按钮，将分类样本移除，以免后续计算混淆矩阵时对验证样本点的选择造成混淆，产生错误。

2. 运用已分类图像产生精度验证样本点

如果研究区具备真实的参考分类图像，可以直接利用该参考图像生成具有真实地物类别的检验样本。本案例不存在真实的参考分类图像，因此基本思路是先根据分类结果图像 Landsat8－zz2021classify_SVMCombine.dat 随机生成检验样本的空间位置，然后参考高分辨率图像 reference. tif，目视判定生成的各检验样本类别的正确性并进行修改，最后以修改完善后的检验样本评价分类结果。

在工具箱（Toolbox）中，选择 Classification/Post Classification/Generate Random Sample Using Ground Truth Image，在弹出的 Select the Ground Truth Classification Image 对话框中选择分类后的 Landsat8-zz2021classify_SVMCombine. dat 影像，勾选需要产生样本点的类别（见图 7. 49），点击 OK 按钮，如图 7. 50 所示，进行相关设置，即可产生精度验证的随机样本点 test2. roi。

图 7.49　随机样本产生选择框

资料来源：ENVI 软件。

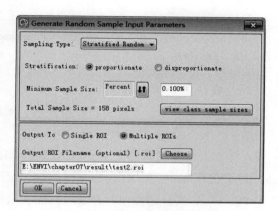

图 7.50　随机样本产生对话框

资料来源：ENVI 软件。

Generate Random Sample Input Parameters 对话框各参数的含义如下：

Sampling Type：抽样方式选择。软件提供三种抽样方法：Stratified Random 分层随机抽样，即在每个类别中随机抽样。Stratification 可以选择 proportionate，即每个类别中的样本量 Minimum Sample Size 可按各类别所占比例设置，此处设置的采样比例是 0. 100%；或者选择 disproportionate，不按比例设置，此时用户可根据需求自定义每类样本的数量（见图 7. 51）。Equalized Random 平均抽样法，即在每个类别中随机抽样，且每个类别中的样本量一样。Random 随机抽样法，即对整幅图像随机抽样，此时极有可能遗漏面积较小的类别。本案例选择 Stratified Random 分层随机抽样，共抽取 158 个采样点。

Total Sample Size：总的采样点数量。

view class sample sizes：查看各类采样点数量。

Output To：ROI 输出方式。Single ROI，即将所有类别的样本 ROI 输出为一个类别的数据层；Multiple ROIs，即将各个类别的样本 ROI 均单独输出为一个数据层。考虑到后面还需对每个样本点进行编辑以确定其真实的类别属性，故选择输出为 Multiple ROIs。

经过上述操作，获取到随机采样点 test2. roi，将其加载到 ENVI 中，在 Region of Interest（ROI）Tool 面板中逐一修改采样点像元，获取得到新的验证点 test2. roi。

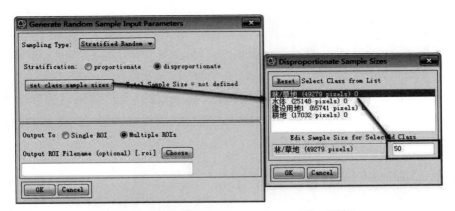

图 7.51   随机样本 disproportionate 产生对话框

资料来源：ENVI 软件。

3. 精度验证

完成采样点获取后，在进行精度验证前，最好把不用的样本点都移除，以免影响精度验证的结果。

首先导入上面生成的验证点 test1.xml 或者 test2.roi，方法为打开需要验证的分类图像 Landsat8-zz2021classify_SVMCombine.dat，此处使用目视解译的 test1.xml 作为验证点，通过点击 File/Open 或者 📂 按钮打开 test1.xml，从弹出的对话框 Select Base ROI Visualization Layer 中选择其匹配的分类图像 Landsat8-zz2021classify_SVMCombine.dat（见图 7.52），即可把生成的精度验证感兴趣区样本 test1.xml 导入。

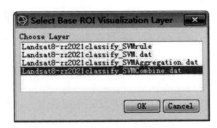

图 7.52   导入检验样本感兴趣匹配图像

资料来源：ENVI 软件。

其次进行精度验证。在工具箱（Toolbox）中选择 Classification/Post Classification/Confusion Matrix Using Ground Truth ROIs，选择分类结果 Landsat8-zz2021classify_SVMCombine.dat，软件会根据分类代码自动匹配验证类别（见图 7.53），如不匹配，可以手动匹配更改（见图 7.54）。例如，从 Select Ground Truth ROI 中点击选择建设用地，此时在 Ground Truth ROI 框中会出现建设用地，在 Select Classification Image 中选择对应的类别，此处选择建设用地 1，在 Classification Class 框中会出现建设用地 1（见图 7.54），点击 Add Combination 按钮，对应方案到 Matched Classes 中，此时在 Matched Classes 中出现"建设用

地<-> 建设用地 1"，Ground Truth ROI 和 Classification Class 框为空，完成各类别的匹配，点击 OK 按钮。接下来选择报表的表示方法、Pixels 像素和 Percent 百分比，点击 OK 按钮，就可以得到精度报表（见图 7.55）。

图 7.53 精度验证操作面板

资料来源：ENVI 软件。

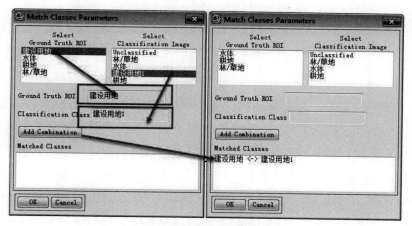

图 7.54 手动添加配对

资料来源：ENVI 软件。

（三）混淆矩阵（Confusion Matrix）的含义

以图 7.55 混淆矩阵精度报表为例，分类总体精度为 92.2948%，Kappa 系数为 0.8928，分类精度较高。下面对混淆矩阵中的主要评价指标进行说明：

（1）总体分类精度（Overall Accuracy）：通过被正确分类的像元总和除以总像元数得到。被正确分类的像元数目指位于混淆矩阵的对角线的像元数，总像元数为所有参加分类的像元总数，所以本次分类的总体分类精度 =（455 + 202 + 191 + 254）/1194 = 1102/1194 = 92.2948%。

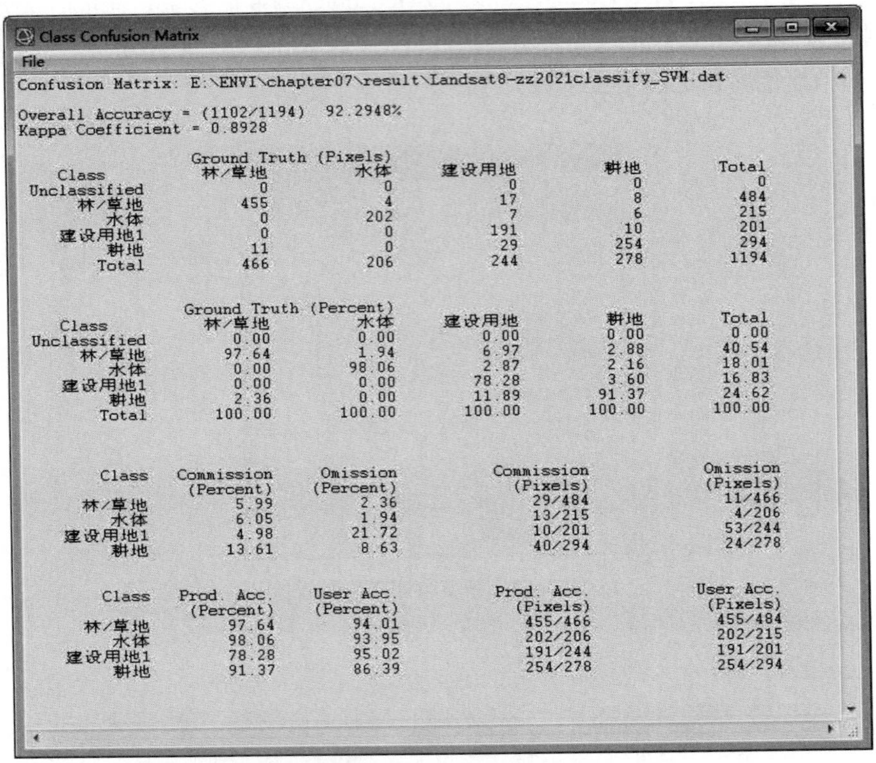
Class Confusion Matrix

File

Confusion Matrix: E:\ENVI\chapter07\result\Landsat8-zz2021classify_SVM.dat

Overall Accuracy = (1102/1194) 92.2948%

Kappa Coefficient = 0.8928

Class	Ground Truth (Pixels) 林/草地	水体	建设用地	耕地	Total
Unclassified	0	0	0	0	0
林/草地	455	4	17	8	484
水体	0	202	7	6	215
建设用地1	0	0	191	10	201
耕地	11	0	29	254	294
Total	466	206	244	278	1194

Class	Ground Truth (Percent) 林/草地	水体	建设用地	耕地	Total
Unclassified	0.00	0.00	0.00	0.00	0.00
林/草地	97.64	1.94	6.97	2.88	40.54
水体	0.00	98.06	2.87	2.16	18.01
建设用地1	0.00	0.00	78.28	3.60	16.83
耕地	2.36	0.00	11.89	91.37	24.62
Total	100.00	100.00	100.00	100.00	100.00

Class	Commission (Percent)	Omission (Percent)	Commission (Pixels)	Omission (Pixels)
林/草地	5.99	2.36	29/484	11/466
水体	6.05	1.94	13/215	4/206
建设用地1	4.98	21.72	10/201	53/244
耕地	13.61	8.63	40/294	24/278

Class	Prod. Acc. (Percent)	User Acc. (Percent)	Prod. Acc. (Pixels)	User Acc. (Pixels)
林/草地	97.64	94.01	455/466	455/484
水体	98.06	93.95	202/206	202/215
建设用地1	78.28	95.02	191/244	191/201
耕地	91.37	86.39	254/278	254/294

图 7.55　混淆矩阵（Confusion Matrix）精度报表

资料来源：ENVI 软件。

（2）卡帕系数（Kappa Coefficient）：是把所有真实参考的像元总数（N）乘以混淆矩阵对角线（x_{ii}）的和，减去某一类中真实参考像元数与该类中被分类像元总数之积，再除以像元总数的平方减去某一类中真实参考像元总数与该类中被分类像元总数之积对所有类别求和的结果。Kappa 系数计算结果为［-1，1］，但通常 Kappa 系数是落在［0，1］内，其中 0.0～0.20 代表极低的一致性（slight）、0.21～0.40 代表一般的一致性（fair）、0.41～0.60 代表中等的一致性（moderate）、0.61～0.80 代表高度的一致性（substantial）、0.81～1 表示几乎完全一致（almost perfect）。Kappa 系数具体计算公式如下：

$$K=\frac{N\sum_{i=1}^{n}x_{ii}-\sum_{i=1}^{n}(x_{i+}x_{+i})}{N^2-\sum_{i=1}^{n}(x_{i+}x_{+i})} \tag{7.1}$$

式中，N 为总样本个数；i 为某一个类别；n 为混淆矩阵中的总列数，也就是总类别数；x_{ii}为混淆矩阵中第 i 行、第 i 列上的样本个数，也就是分类正确的数目；x_{i+}和 x_{+i}分别为第 i 行和第 i 列的总样本个数。

（3）错分误差（Commission）：是指在分类图像中被分为某种地类的像元实际上属于另一地类的情况。例如，本案例中共有 215 个像元分为水体，其中正确分类 202，13 个是其他类别错分为水体，也就是混淆矩阵中水体一行其他类的总和。从图 7.55 第一个表中可以发现有 7 个建设用地和 6 个耕地的像元错分为了水体，所以水体的错分误差为 13/215=6.05%。

（4）漏分误差（Omission）：指本身属于地表真实分类而没有被分类器分到相应类别中的像元数。以本案例中的水体为例，有真实参考像元 206 个，其中 202 个正确分类，其余 4 个被错分为林/草地，水体的漏分误差为 4/206=1.94%。

（5）制图精度（Prod. Acc.）：是指分类器将整个影像的像元正确分为 A 类的像元数（对角线值）与 A 类真实参考总数（矩阵中 A 类列的总和）的比率。如本案例中水体有 206 个真实参考像元，其中 202 个正确分类，因此水体的制图精度是 202/206=98.06%。

（6）用户精度（User Acc.）：是指正确分到 A 类的像元总数（对角线值）与分类器将整个影像的像元分为 A 类的像元总数（矩阵中 A 类行的总和）的比率。如本案例中水体有 202 个正确分类，总共划分为水体的有 215 个，所以水体的用户精度是 202/215=93.95%。

二、基于 ROC 曲线的精度评价

ROC（Receiver Operating Characteristic）曲线即受试者工作特征曲线，是一种利用图形来表示分类精度的方法。ROC 曲线是针对二元分类模型的评价方法，其输出结果只有两种类别，分别记为正类和负类。实际分类结果会出现四种情况：①归属为正类，事实上也属于正类，即为真正类（True Positive，TP）；②归属为正类，但事实上不属于正类，称之为假正类（False Positive，FP）；③归属为负类，事实上也属于负类，称之为真负类（True Negative，TN）；④归属为负类，但事实上不是负类，则为假负类（False Negative，FN）。依据上述情况可以构建一个混淆矩阵（见表 7.2），并引入几个评价指标：真正类率（True Positive Rate，TPR），计算公式为 TPR=TP/(TP+FN)，表示的是分类器所识别出的正实例占所有正实例的比例；假正类率（False Positive Rate，FPR），计算公式为 FPR=FP/(FP+TN)，计算的是分类器错认为正类的负实例占所有负实例的比例。

表 7.2　ROC 曲线混淆矩阵

实际	预测		
	正类	负类	合计
正类	真正类（TP）	假负类（FN）	实际正类（TP+FN）
负类	假正类（FP）	真负类（TN）	实际负类（FP+TN）
合计	预测正类（TP+FP）	预测负类（FN+TN）	

在对遥感图像进行二分类时，当给定一个阈值 A 时，将遥感图像分为两类，正类样本将被划分为真正类和假正类，而对于负类样本，也被划分为假负类和真负类，随之产生相对应的 TPR 和 FPR。不同的阈值将会产生与之相对应的 TPR 和 FPR，ROC 曲线就是将一系列阈值对应的 TPR 和 FPR 的坐标点连接成线，也就是说 ROC 曲线上的每一个点都会对应

一个阈值。ROC 曲线就是用来表示不同阈值下的真正类率和假正类率的曲线，当阈值最小时，TP＝FP＝0，对应于原点；阈值最大时，TN＝FN＝1，对应于 ROC 右上角的点（1，1）。

通过 ROC 曲线来检测分类器的精度，从而选择合适的判定阈值。ROC 曲线将一系列不同阈值的规则图像分类结果与地表真实信息进行比较。ENVI 通过地表真实图像或地表真实感兴趣区来计算一条 ROC 曲线。对于每种所选类别（规则波段），都将记录该类别的"探测"概率（P_d）相对于"false alarm"（被错误分类）概率（P_{fa}）曲线和 P_d 相对于阈值的曲线。主要通过两种方式建立 ROC 曲线。

本案例中将 Landsat8-zz2021classify_SVM. dat 作为待评价的分类图像，此处假设进行过分类后处理的 Landsat8-zz2021classify_SVMAggregation. dat 为真实分类图像，以此演示基于 ROC 曲线的精度评价的过程。

（一）使用地表真实分类图像

建立 ROC 曲线，需要使用监督分类时生成的分类规则图像，此处加载分类过程中生成的 Landsat8-zz2021classify_SVMrule 规则图像。

在工具箱（Toolbox）中，启动 Classification/Post Classification/ROC Curves Using Ground Truth Image 工具。在 Rule Input File 对话框中，选择分类规则图像 Landsat8-zz2021classify_SVMrule，规则图像中选择的每个波段将用于生成一条 ROC 曲线（见图 7.56），每一个规则波段匹配一种地表真实分类。在 Ground Truth Input File 对话框中，选择地表真实图像 Landsat8-zz2021classify_SVMAggregation. dat。

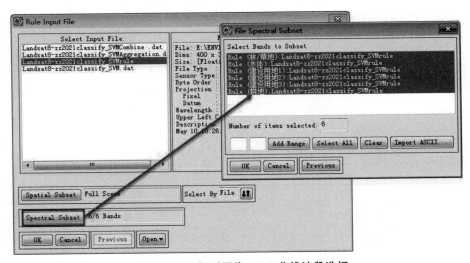

图 7.56　规则图像 ROC 曲线波段选择

资料来源：ENVI 软件。

在 Match Classes Parameters 对话框中，在两个列表中选择要匹配的类别名字，然后点击 Add Combination 按钮，将地表真实分类与规则图像分类相匹配。各个类别之间的匹配情况显示在对话框底部的列表中。如果地表真实图像中的类别与分类图像中的类别名称相同，它们将自动匹配。点击 OK 按钮，出现 ROC Curve Parameters 对话框（见图 7.57），对参数进行设置，点击 OK 按钮，在图表窗口中绘制 ROC 曲线（见图 7.58）和探测曲线（见图 7.59）。

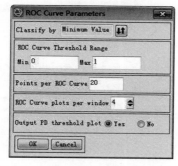

图 7.57 ROC 曲线参数设置对话框

资料来源：ENVI 软件。

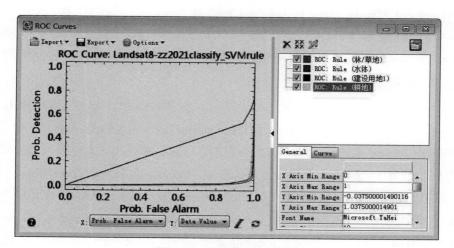

图 7.58 各地类 ROC 曲线

资料来源：ENVI 软件。

ROC 曲线参数设置对话框各参数含义如下：

Classify by：点击 🔼 按钮，选择用最大值（Maximum Value）或最小值（Minimum Value）对规则图像进行分类。如果规则图像来自于最小距离或波谱角分类器，选用最小值进行分类。如果规则图像来自于最大似然分类器，选用最大值进行分类。

ROC Curve Threshold Range：ROC 曲线阈值范围。在 Min 和 Max 参数文本框中，为 ROC 曲线阈值范围键入最小值和最大值，规则图像将按照包括端点在内的最小值和最大值之间的 N 等分阈值，即由 Points per ROC curve 文本框设定的数量进行分类。这些分类中的每一个类别都与地表真实类别相比较，成为 ROC 曲线上的一个点。例如，如果规则图像来自最大似然分类器，最好选择键入的最小值为 0，最大值为 1。

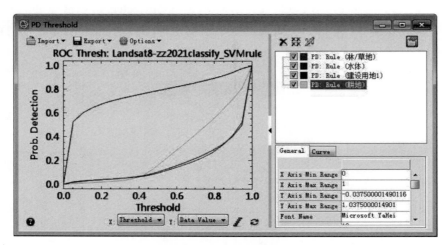

图 7.59　各地类探测曲线

资料来源：ENVI 软件。

Points per ROC Curve：设置 ROC 曲线上的点数。

ROC Curve plots per window：设置每个窗口中图表的数量。

Output PD threshold plot：选择 Yes 或 No 单选框确定是否输出探测相对于阈值的曲线。

（二）使用地表真实感兴趣区

打开待评价的分类图像 Landsat8-zz2021classify_SVM. dat 和其分类规则图像 Landsat8-zz2021classify_SVMrule，导入地表真实感兴趣区 roctest. roi。需要注意的是，此时用的感兴趣区文件必须是 *. roi 文件，*. xml 文件不识别；另外，感兴趣区文件要与选择的规则图像大小相同。打开 roctest. roi 文件，通过 Choose Associated Raster of the Classic ROIs 和 Select Base ROI Visualization Layer 将其与 Landsat8-zz2021classify_SVM. dat 图像相匹配。

在工具箱（Toolbox）中，点击 Classification/Post Classification/ROC Curves Using Ground Truth ROIs 工具，在 Rule Input File 对话框中，选择分类规则图像 Landsat8-zz2021classify_SVMrule，规则图像中所选择的每个波段将用于生成一条 ROC 曲线，点击 OK 按钮；在 Match Classes Parameters 对话框中，在两个列表中选择要匹配的类别名字，ROC Curve Parameters 对话框中的参数设置与图 7.57 一样；点击 OK 按钮，在图表窗口中绘制出 ROC 曲线（见图 7.60）和探测曲线（见图 7.61）。

ROC 曲线用于精度评价的依据是曲线下的面积（area under the curve of ROC，AUC of ROC），曲线下面积越大，说明该分类方法越可靠。曲线下的面积的范围为 0~1，其判断标准如下：当 AUC=1.0 时，不管设定什么阈值都能得出完美预测，在绝大多数预测的场合，不存在完美分类器；当 0.5<AUC<1 时，优于随机猜测，如对这个分类器妥善设定阈值，能有预测价值；当 AUC=0.5 时，与随机猜测一样，模型没有预测价值；当 AUC<0.5 时，比随机猜测还差，但如果是反预测，则优于随机猜测。另外，还可以根据 ROC 曲线来选择合适的阈值。例如，分别给定 TPR 和 FPR 值的下限，就可以确定该方法下哪个分

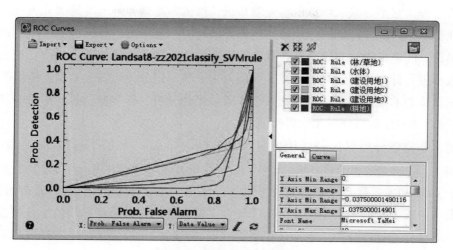

图 7.60 各地类 ROC 曲线

资料来源：ENVI 软件。

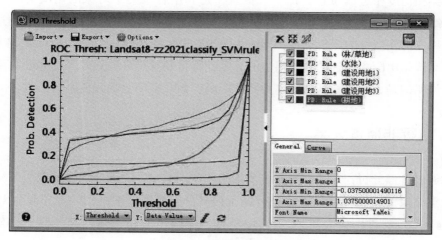

图 7.61 各地类探测曲线

资料来源：ENVI 软件。

类阈值符合要求。通过图 7.58 和图 7.60 可知本案例利用 ROC 曲线进行精度评价效果并不太理想，主要原因是 ROC 曲线专门用于评价分类规则图像或者软分类结果，对于二元分类模型评价效果较好。因此，在精度评价中较为常用的是混淆矩阵。

第四节　非监督分类

非监督分类也称为聚类分析或点群分类，是在多光谱图像中搜寻、定义其自然相似光谱集群的过程。它不必获取影像地物先验知识，仅依靠影像各种地类地物光谱或纹理信息进行特征提取，再统计特征的差别来达到分类的目的，最后对已分出的各个类别的实际属性进行确认。简单来说，非监督分类就是在没有先验类别作为样本的条件下，根据像元间相似度大小进行计算机自动判别归类，无须人为干预，但分类后需人工确定地物类别。

遥感影像的非监督分类一般包括 6 个步骤：影像分析、分类器选择、影像分类、类别定义/类别合并、分类后处理和结果验证。

目前，非监督分类器比较常用的是 ISODATA（Iterative Self-Organizing Data Analysis Technique）、K-Means 和链状方法。ENVI 包含了 ISODATA 和 K-Means 两种分类方法。

（1）ISODATA 迭代自组织数据分析技术，首先计算数据空间中均匀分布的类均值，其次用最小距离技术将剩余像元进行迭代聚合，每次迭代都重新计算均值，且根据所得的新均值，对像元进行再分类，这一过程持续到每一类的像元数变化少于选择的像元变化阈值或已经达到了迭代的最大次数。

（2）K-Means 聚类算法也称 K 均值聚类算法，其使用了聚类分析方法，随机查找聚类簇的聚类相似度相近的位置，即中心位置，是利用各聚类中对象的均值所获得的一个"中心对象"（引力中心）来进行计算的，然后迭代地重新配置它们，完成分类过程。该方法将距离作为相似性的评价指标，即认为两个对象的距离越近，其相似度就越大。该算法认为，类簇是由距离靠近的对象组成的，因此将得到紧凑且独立的簇作为最终目标。

需要说明的是，本节提到的距离为特征距离，而非空间上的几何距离。

一、执行非监督分类

首先通过影像分析，大体上判断主要地物的类别数量。一般非监督分类设置分类数目为最终分类结果的 2~3 倍为宜，这样有助于提高分类精度。本案例的数据源为 Landsat8-zz2021classify. dat，类别分为耕地、林地/草地、建设用地和水体四类。接下来分别通过 ENVI 5.3 进行 ISODATA 和 K-Means 分类。

（一）基于 ISODATA 方法分类

通过 Toolbox/Classification/Unsupervised Classification/IsoData Classification 启用 ISODATA 分类方法工具，选择数据 Landsat8-zz2021classify. dat，点击 OK 按钮后，出现 ISODATA Parameters 分类参数设置页面，如图 7.62 所示。这里主要设置类别数目（Number of Classes）为 4~12、最大迭代次数（Maximum Iterations）为 15，其他选项按照默认设置，输出分类结果为 Landsat8-zz2021classify-ISO. dat（见图 7.63），共分为 12 类。

ISODATA Parameters 对话框参数设置的含义如下：

Number of Classes（分类类别数量范围设置）：Min/Max 为可分类的最小/最大类别个数。一般最小值不能小于最终分类数量，最大值为最终分类结果的 2~3 倍。本案例沿用监督分类的类别（4 类），故设置 Min 为 4，Max 为 12。

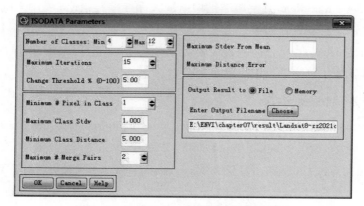

图 7.62 ISODATA 非监督分类参数设置

资料来源：ENVI 软件。

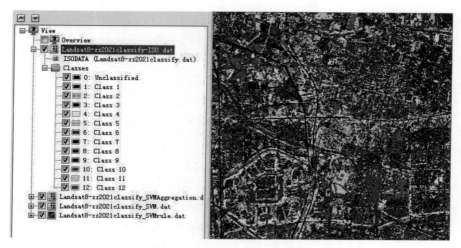

图 7.63 ISODATA 分类结果

资料来源：ENVI 软件。

Maximum Iterations（最大迭代次数）：数值越大，分类结果越精确，运行时间越长，这里设置为 15。

Change Threshold%（0~100）（变化阈值）：当每一类的变化像元数小于该阈值时，结束迭代。值越小，结果越精确，但运算时间会越长。这里采用默认值 5。

Minimum # Pixel in Class（形成一个类所需的最少像元数）：如果某一类中像元数小于该阈值，则该类将被合并到距离其特征属性最近的类别中。这里采用默认值 1。

Maximum Class Stdv（最大分类标准差）：以像元值为单位，如果某一类标准差比该阈值大，该类将被拆分成两类。这里采用默认值 1。

Minimum Class Distance（不同类别均值的最小距离）：以像元为单位，如果类均值之间的距离小于输入的最小值，则被合并。这里采用默认值 5。

Maximum # Merge Pairs（每次迭代操作最多合并的类别对数）：这里采用默认值 2。

Maximum Stdev From Mean (距离类别均值最大标准差)：该选项用来筛选小于这个标准差的像元参与分类，属于可选项。这里不设置。

Maximum Distance Error (允许的最大距离误差)：该选项用来筛选小于这个最大距离误差的像元参与分类，属于可选项。这里不设置。

(二) 基于 K-Means 分类

在工具箱 (Toolbox) 中，点击 Classification /Unsupervised Classification/K-Means Classification，在出现的 Classification Input File 对话框中，选择分类的文件 Landsat8 - zz2021classify. dat，点击 OK 按钮，打开 K-Means Parameters 对话框，设置 K-Means Parameters 对话框中的参数 (见图 7.64)，最终输出分类结果为 Landsat8 - zz2021classify - Kmean. dat (见图 7.65)，共分为 12 类。

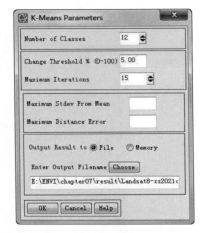

图 7.64　K-Means Parameters 设置

资料来源：ENVI 软件。

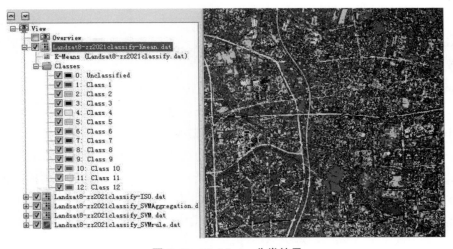

图 7.65　K-Means 分类结果

资料来源：ENVI 软件。

K-Means parameters 对话框中各参数的含义如下：

Number of Classes（分类数量）：一般为最终分类数量的 2~3 倍，此处设置为 12。

Change Threshold%（0-100）（变化阈值）：当每一类的变化像元数小于该阈值时，结束迭代。值越小，结果越精确，但运算时间会越长。这里采用默认值 5。

Maximum Iterations（最大迭代次数）：迭代次数越大，得到的结果越精确，运算时间也越长，此处设置为 15。

Maximum Stdev From Mean（距离类别均值最大标准差）：该选项用来筛选小于这个标准差的像元参与分类，属于可选项。这里不设置。

Maximum Distance Error（允许的最大距离误差）：该选项用来筛选小于这个最大距离误差的像元参与分类，属于可选项。这里不设置。

二、类别属性定义

由于分成的 12 类地物并不能明确表明具体地物类型，因此需要将原始图像和高分辨率参考图像 reference. tif 结合，通过人机交互式目视判读进行类别定义，以分类后的 Landsat8-zz2021classify-ISO. dat 图像为例演示如何确定地物类别。

打开 Landsat8-zz2021classify-ISO. dat，在图层管理（Layer Manager）工具中将分类图像 Landsat8-zz2021classify-ISO. dat 前面所有的对勾都去除，然后单独勾选某一类别，此处勾选 Class 1，如图 7.66 所示，通过参考原始图像 Landsat8-zz2021classify. dat 和高分辨率参考图像 reference. tif，确定其类别为水体，以此为例，将所有类别逐一确定类别属性，结果如表 7.3 所示。

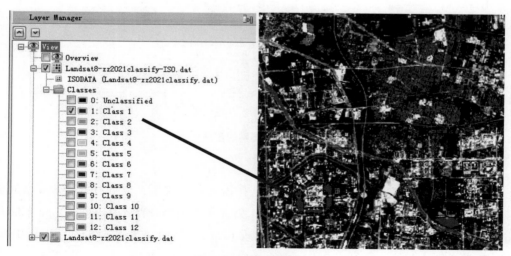

图 7.66 类别确定方法

资料来源：ENVI 软件。

表 7.3　非监督分类图像 Landsat8-zz2021classify-ISO. dat 类别属性定义

分类类别	实际类别	分类类别	实际类别
Class1	水体	Class7	林/草地
Class2	水体	Class8	建设用地
Class3	建设用地	Class9	耕地
Class4	林/草地	Class10	林/草地
Class5	林/草地	Class11	建设用地
Class6	林/草地	Class12	建设用地

三、子类类别合并

在 ENVI 5.3 主界面，选择 Toolbox/Classification/Post Classification /Combine Classes，选择已经确定好类别属性的分类图像 Landsat8-zz2021classify-ISO. dat，在弹出的 Combine Classes Parameters 对话框中，把同一属性的类别合并成一类，如图 7.67 所示，具体操作如下：

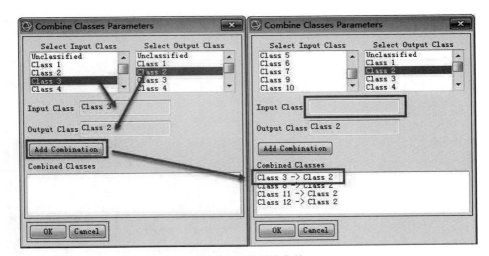

图 7.67　类别的合并

资料来源：ENVI 软件。

在 Combine Classes Parameters 对话框中选择需合并的类别，比如，根据表 7.3 可知，Class3、8、11、12 为建设用地，可以将以上 4 类合并成一类。首先从 Select Input Class 中点击选择 Class3，此时在 Input Class 框中会出现 Class3，然后在 Select Output Class 中选择并入的新类类别，此处选择 Class2，在 Output Class 框中会出现 Class2（见图 7.67），点击 Add Combination 按钮，将合并方案添加到 Combined Classes 中，此时在 Combined Classes 中出现 Class3-> Class2，Input Class 框为空，按照此种方法继续完成 Class8、11、12 均合并

为 Class2 的操作，该类合并完成的界面如图 7.67 右侧 Combined Classes 框所示。当合并类别出现错误时，可以在 Combined Classes 列表中点击错误合并项，即可移除错误的合并方案。根据表 7.3 设置合并方案，最终合并成为 Class1～4 共 4 类，其中 Class1、2 合并为 Class1 水体，Class3、8、11、12 合并为 Class2 建设用地，Class4、5、6、7、10 合并为 Class3 林/草地、Class 9 为 Class4 耕地。点击 OK 按钮，即可弹出 Combine Classes Output 对话框（见图 7.68），设置输出合并后文件为 Landsat8-zz2021classify-ISOcombine. dat。另外，在 Remove Empty Classes 中选择 Yes，可以得到合并结果图像（见图 7.69）。

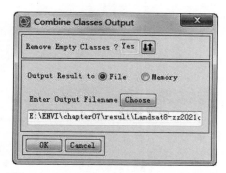

图 7.68　Combine Classes Output 对话框

资料来源：ENVI 软件。

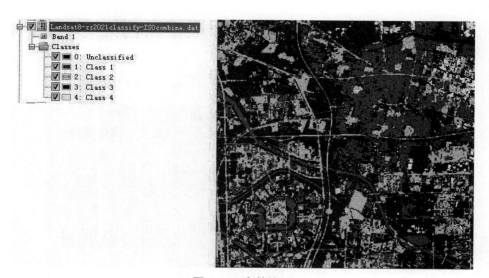

图 7.69　合并结果

资料来源：ENVI 软件。

四、类别名称和颜色修订

子类合并后，类别名称仍然是以 Class1、2、3、4 来表示，无法确定具体类别，需要后续处理添加名称，除此之外，类别颜色也可进行修改，具体操作如下：

在图层管理（Layer Manager）工具中，针对合并后图像 Landsat8-zz2021classify-ISO-combine.dat，右键点击 Classes，选择 Edit Class Names and Colors（见图 7.70），出现类别名称和颜色修改界面（见图 7.71）。

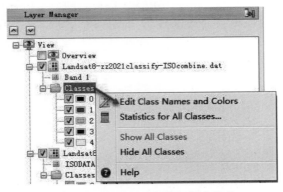

图 7.70　类别名称和颜色修改选项

资料来源：ENVI 软件。

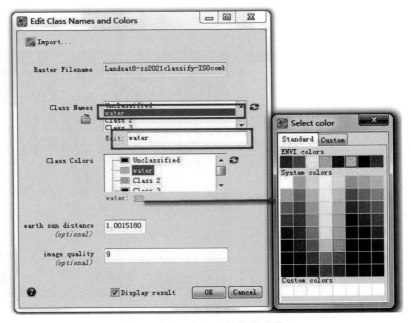

图 7.71　类别名称和颜色修改界面

资料来源：ENVI 软件。

首先在 Class Names 下拉列框中选择修改名称的类别，如 Class1，此时 Edit 对话框中出现 Class1 文字，可以在此框中修改类别名称为 water，即可完成名称修改，据此可以完成所有名称的修改；其次在 Class Colors 对话框中选择需要修改颜色的类别，此处选择

water，点击 Class Colors 对话框下面出现的 `water:` 颜色图例，如图 7.71 所示，在 Select color 面板中选择相应颜色进行修改，最终对所有类别进行名称和颜色修改，得到图 7.72。

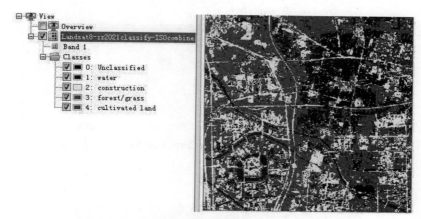

图 7.72　类别名称和颜色修改后分类图

资料来源：ENVI 软件。

需要注意的是，ENVI 5.3 中只能将名称命名为英文，不识别中文。中文命名可在 ENVI Classic 经典版本中进行，具体操作方法如下：

点击开始/所有程序/ENVI5.3/Tools/ENVI Classic 5.3（64-bit），启用 ENVI Classic 经典版本，点击主菜单/File/Open Image File/Landsat8-zz2021classify-ISOcombine. dat，在 A-vailable Bands List 列表中，选中 Landsat8-zz2021classify-ISOcombine. dat 文件的 Band1，点击 Load Band 按钮，即在 Image 窗口打开该数据。然后在 Image 窗口的工具栏选择 Overlay/Classification，在弹出的 Interactive Class Tool Input File 对话框中选择 Landsat8-zz2021classify-ISOcombine. dat 文件，点击 OK 按钮，即可打开 Interactive Class Tool 面板（见图 7.73）。在 Interactive Class Tool 面板中选择 Options/Edit class colors/names，出现 Class Color Map Editing 面板（见图 7.74），在该面板中选择 RGB、HLS 或 HSV 其中一种颜色系统，点击 `Color▼` 按钮选择标准颜色，或者通过移动 Red、Green、Blue 颜色调整滑块分别调整各个颜色分量定义颜色。具体做法为在 Selected Classes 中选择需要修改名字的类别，如 Class1，在 Class Name 空白框中键入"水体"，即可完成命名，在 `Color▼` 中选择相应的颜色进行颜色修改（见图 7.74）。如果觉得颜色设置不合理，选择右下角 Reset 可以恢复初始颜色。

除此之外，也可以根据一个显示的 RGB 影像来自动分配类别颜色，方法为使用 ENVI Classic 主菜单下 Classification/Post Classification/Assign Class Colors 功能。

最后，需要对非监督分类的结果图进行分类后处理和精度验证，这些操作参照本章第二节和第三节即可。

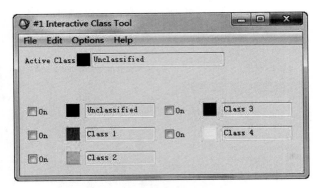

图 7.73　Interactive Class Tool 面板

资料来源：ENVI 软件。

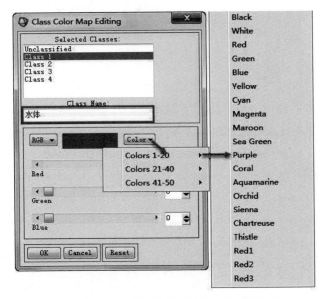

图 7.74　ENVI 经典版本类别名称和颜色修改界面

资料来源：ENVI 软件。

第五节　决策树分类

决策树（Decision Tree）分类法是一种归纳式学习法，其主要是由分类已知的实例建立一种树状结构，并从中归纳出某些规律。在决策树的树状结构中，每个内部节点（Internal Node）代表对像元某一属性的判断与区分，其下的每个子分支（Child Branch）分别代表符合或不符合该条件的像元的集合。

和传统分类方法相比，决策树分类方法可以综合多种类型的数据源，如结合遥感影像图和DEM，利用多种信息对土地利用进行分类提取，可以充分利用GIS数据库中的地学知识辅助分类，而且不需要依赖任何先验统计假设条件，具有灵活、直观、清晰、运算效率高等特点，同时也可以处理非线性关系，大大提高了分类精度，将其用于土地利用现状信息提取具有十分重要的研究意义和使用价值。

决策树分类的基本过程包括定义分类规则、构建决策树和执行决策树分类。分类完成后，与监督分类和非监督分类一致，仍需进行分类后处理和精度评价。

一、分类规则定义

决策树分类器是由一个根节点、一系列分支节点及叶节点组成，其中每一个分支节点有且只能有一个父节点，但是可以有两个或多个叶节点。从根节点到终节点每一个节点都是一个决策问题，在决策树上从一个节点到其子节点候选对象单调递减，直到终节点有且仅有一个对象。在每一个分支点上，特征定义和规则都不同，要根据具体的类别特征进行调整，这就是决策树分类的基本思想。

在遥感图像分类的过程中，决策树可以进行自定义，若已知所需分类的类别，根据每个节点上的区分规则将遥感数据进行逐级细分，这些分类规则可以用条件语句来描述，并变成计算机可以识别的语句。例如，如果把影像上的全部地物看作一个原级A（根节点），可以把所有地物先分为A1植被和A2非植被两大类，然后对A1植被和A2非植被分别进行细分；A1植被可以先分为B1耕地和B2非耕地，A2非植被可以分为C1水域和C2非水域；B1已为叶节点，不必再分，B2非耕地则需再分为D1林地和D2草地；同样，C1不必再细分，C2再分为D3建筑用地和D4未利用土地。至此，将该遥感图像上所有地物大致分为六大类，如图7.75所示，分别为B1耕地、C1水域、D1林地、D2草地、D3建筑用地和D4未利用土地。

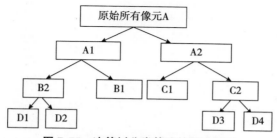

图7.75 决策树分类算法的基本原理

决策树分类难点是规则的获取，规则可以来自经验总结，如坡度小于20度是缓坡；也可以通过统计的方法从样本中获取规则，如C4.5算法、CART算法等。本案例的分类问题较为简单，故采用经验法总结分类规则。

本次实验分类地区为Landsat8-zz2021classify.dat数据所涉及范围，因此土地利用类型仍分为耕地、水体、林/草地、建设用地四类。经过分析可知，用到的主要数据有 NDVI 图像，利用工具箱中的 Spectral/Vegetation/NDVI 工具提取或采用本书第五章第四节第一小节介绍的波段运算工具提取，数据名为 NDVI. dat，主要原因为 NDVI 可以区分不同覆盖度的植被信息，该指数还可以很好地区分植被、水体和其他地类；Landsat8-zz2021classify-band5NIR. dat 数据为 Landsat8-zz2021classify. dat 的第五波段数据，主要原因是 Landsat8 OLI 图像第五波段属近红外波段，对植物生长状态比较敏感，长势好的植被反射率高；另外一个用到的数据为归一化差值水体指数 MNDWI. dat，该数据采用本书第五章第四节第二小节介绍的波段运算工具提取，主要用来提取水体；本次分类以 Landsat8-zz2021classify. dat 第 5、4、3 波段合成的标准假彩色图像作为显示波段进行，根据以往经验以及对各要素进行采样分析，建立以下分类规则：

- ·Class1（水体）：MNDWI<0.33
- ·Class2（林/草地）：$0.15 \leqslant NDVI \leqslant 1$，且 Band5-NIR 的 DN 值$\geqslant$12000
- ·Class3（耕地）：$0.15 \leqslant NDVI \leqslant 1$，且 Band5-NIR 的 DN 值<12000
- ·Class4（建设用地）：NDVI<0.15

二、决策树创建

打开新建决策树工具，路径为 Toolbox/Classification/Decision Tree/New Decision Tree，如图 7.76 所示，默认显示一个节点和两个类别。

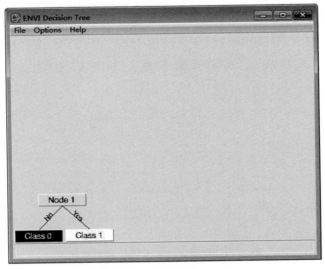

图 7.76　决策树规则建立界面

资料来源：ENVI 软件。

首先依据 MNDWI 来区分水体与非水体。单击节点 Node1，在弹出的对话框节点名（Name）中输入 MNDWI>0.33，条件表达式 Expression 中输入 b1 gt 0.33，如图 7.77 所示。

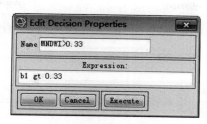

图 7.77 新建一个节点

资料来源：ENVI 软件。

创建节点时应注意以下事项：

（1）在进行条件表达式 Expression 编写时，需要符合 IDL 的语法规则，包括运算符和函数名。常用的运算符和函数可参见第三章的表 3.6。

（2）ENVI 决策树分类器中的变量是指一个波段或作用于数据的一个特定函数。如果为波段，需要命名为 bN，其中 N 为 1~255 的数字，代表数据的某一个波段。此处在创建第一个节点时用 b1，之后每次用一个新的数据，就需要起名 b2、b3 等新的波段名字；如果为函数，则变量名必须包含在大括号中，即 {变量名}，如 {ndvi}。如果变量被赋值为多波段文件，变量名必须包含一个写在方括号中的下标，表示波段数，比如 {pc [1]}表示主成分分析的第一主成分。支持特定变量名，如表 7.4 所示，用户也可以通过 IDL 编写自定义函数。

表 7.4 ENVI 支持的变量表达式

变量	作用
Slope	计算坡度
Aspect	计算坡向
Ndvi ()	计算归一化植被指数
Tascap [n]	穗帽变换，n 表示获取的是哪一分量
pc [n]	主成分分析，n 表示获取的是哪一分量
lpc [n]	局部主成分分析，n 表示获取的是哪一分量
mnf [n]	最小噪声变换，n 表示获取的是哪一分量
lmnf [n]	局部最小噪声变换，n 表示获取的是哪一分量
Stdev [n]	波段 n 的标准差
lStdev [n]	波段 n 的局部标准差
Mean [n]	波段 n 的平均值
lMean [n]	波段 n 的局部平均值
Min [n]、Max [n]	波段 n 的最小、最大值
lMin [n]、lMax [n]	波段 n 的局部最小、最大值

点击 OK 按钮后，在弹出的 Variable/File Pairings 对话框内需要为 b1 指定一个数据源，

如图 7.78 所示，或者在菜单栏 Options/Show Variable/File Pairings 下打开 Variable/File Pairings 对话框，点击面板中显示 b1 的表格，然后选择 MNDWI. dat（见图 7.79），点击 OK 按钮即可。

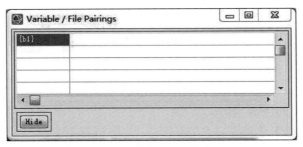

图 7.78　变量/文件匹配对话框

资料来源：ENVI 软件。

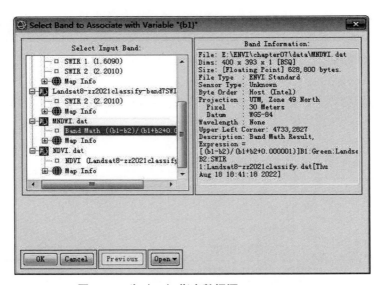

图 7.79　为 {b1} 指定数据源 MNDWI. dat

资料来源：ENVI 软件。

　　第一层节点根据 MNDWI 的值划分为水体和非水体，如果不需要进一步分类，这个影像就会被分成两类：Class0 和 Class1。此时左键点击 Class0 节点或者右键点击 Edit Properties…，打开 Edit Class Properties 对话框，可以对节点进行重命名为 water、修改分类颜色为 cyan　　　　　　等一系列操作（见图 7.80）。

　　对 MNDWI 大于 0.33 的部分，也就是非水体 Class1 部分，继续根据规则定义划分地类，接下来根据 NDVI 划分成建设用地和林/草地。方法为在 Class1 图标上点击鼠标右键，选择 Add Children。点击该节点标识符，打开节点属性窗口，参照上一节点建立方法，Name 为 NDVI<0.15，在 Expression 中填写 b2 lt 0.15，设置 b2 波段对应数据为 NDVI. dat，完成该节点设置（见图 7.81）。

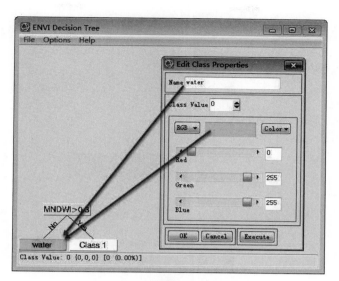

图 7.80　编辑终端节点并命名

资料来源：ENVI 软件。

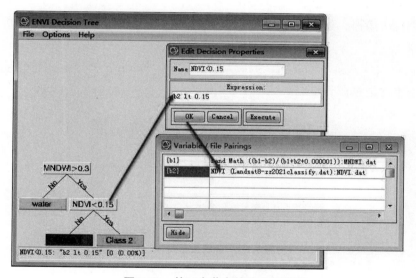

图 7.81　第二个节点的建立与设置

资料来源：ENVI 软件。

该节点完成后，对于 Class2 可以定义为建设用地（construction），设置分类颜色为 ；对于此时的 Class1 类，重复建立第二节点 NDVI<0.15 的操作，添加 Add Children，操作同上，其中 Name 设为 NIR<12000，在 Expression 中填写 b3 lt 12000，设置 b3 波段对应数据为 Landsat8-zz2021classify-band5NIR. dat，完成该节点设置，末端节点图标上右键点击 Edit Properties，将 Class1 和 Class3 分别设置分类结果为 forest/grass 和 cultivated land，并修改颜色，最后建立决策树，如图 7.82 所示。

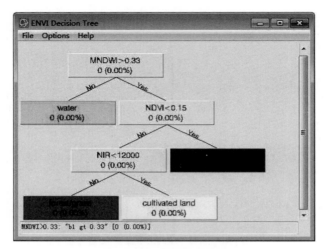

图 7.82　决策树制作结果

资料来源：ENVI 软件。

在决策树制作过程中，其他注意事项如下：

（1）决策树制作完毕，点击 File/Save Tree…，将决策树文件保存为 decisiontree.txt；保存后下次创建决策树，可以选择 File/Restore Tree…，选择 decisiontree.txt 即可恢复之前建立的决策树。

（2）可以单独打开菜单 Options/Show Variable/File Pairings 进行参数与变量的数据源设定和修改。本次数据源设定结果如图 7.83 所示。

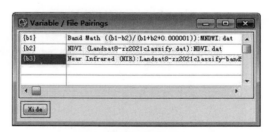

图 7.83　参数设置结果

资料来源：ENVI 软件。

（3）节点属性编辑。对于中间层的节点，点击节点处，打开节点属性编辑窗口（Edit Decision Properties），编辑节点名称和表达式；右键点击节点处，Prune Children 菜单命令是剪除与后面子节点的联系，当执行决策树时，它们不会再被使用；使用 Prune Children 菜单命令后，出现的 Restore Pruned Children 菜单命令是恢复节点与后面子节点的联系；Delete Children 菜单命令是从决策树中将后面子节点永久地移除。

（4）更改输出参数。第一次执行决策树之后，当需要再次执行时，选择 Options/Change Output Parameters，打开 Decision Tree Execution Parameters 对话框，重新设置输出参

数，以免结果重复和覆盖。

三、执行决策树分类

在 ENVI Decision Tree 窗口选择 Options/Execute，可以执行决策树分类或者启用 Toolbox/Classification/Execute Decision Tree 工具，选择保存好的 decisiontree. txt 决策树文件，设置好变量对应的数据（见图 7.83），也可以执行决策树分类。最终设置输出路径和分类结果为 Landsat8-zz2021classify_Decisiontree. dat（见图 7.84）。如果 ENVI 没有自动打开结果文件，可以手动打开分类结果，如图 7.85 所示。

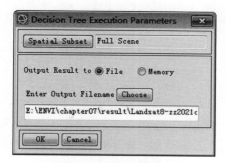

图 7.84　执行决策树分类

资料来源：ENVI 软件。

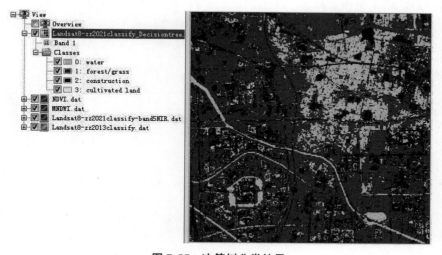

图 7.85　决策树分类结果

资料来源：ENVI 软件。

本案例由于使用的数据都来源于 Landsat8-zz2021classify 计算获得，因此 Execute 输出界面 Decision Tree Execution Parameters 如图 7.84 所示，但当使用了多源数据时，各个数据可能拥有不同的坐标系、空间分辨率等，以图 7.86 为例，当有三个不同来源的数据时，在弹出的 Decision Tree Execution Parameters 对话框中，需要选择输出结果的参照图像，这里选择 Landsat8_OLI_multi_classify. dat，即输出的分类结果的坐标系和空间分辨率等信息与 Landsat8_OLI_multi_classify. dat 相同，设置重采样方式、空间裁剪范围，输出路径和文件名，点击 OK 按钮即可完成分类。

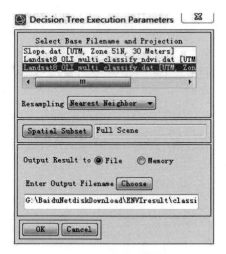

图 7.86　输出参数设置面板

资料来源：ENVI 软件。

决策树分类结束后，分类后处理和评价分类结果的过程与监督分类的方法一样，可参考前面的章节，这里不再赘述。

第八章

面向对象图像特征提取

📢 概述

面向对象的信息提取技术以对象为基本处理单元，充分利用高分辨率影像的空间、光谱、纹理特征进行图像分割和分类。本章学习面向对象的图像特征提取，包括图像分割、对象提取和影像分类（基于样本和基于规则）三部分知识内容。

🔍 目的

（1）理解常用的影像光谱特征、空间特征、纹理特征。

（2）掌握对象提取的方法。

（3）掌握面向对象基于样本的影像分类方法，并理解与前面章节学习的监督分类之间的区别与联系。

（4）掌握面向对象基于规则的影像分类方法，理解类别与规则、特征之间的关系并能灵活运用。

📚 数据

提供数据：

附带数据文件夹下的…\ chapter08 \ data \

GF2Image、rule-based. rul、FarmLand. xml

🎥 实践要求

1. 图像分割

2. 对象提取

3. 基于样本的面向对象信息提取

4. 基于规则的面向对象信息提取

第一节　图像分割

图像分割是指从图像中将某个特定区域与其他部分进行分离并提取出来的处理，即把"前景目标"从"背景"中提取出来，通常也称图像的二值化处理。ENVI 软件提供的 Segmentation Image 工具是基于阈值法对图像进行分割，其基本思路是：确定待分割目标的灰度值范围（即最小和最大灰度值），将一幅灰度图像分割为由连通的像元组成的单个分割单元，并对每个分割单元进行单独编号，即贴标签。图像分割的目的是通过二值化处理得到目标地物。本案例中使用 GF2Image 影像的第一波段进行耕地的提取。

一、新建耕地 ROI 并统计灰度范围

在图层管理（Layer Manager）工具窗体中右键点击 GF2Image，选择 New Region of Interest，打开 Region of Interest（ROI）Tool 面板，在影像的耕地上建立若干样本并保存为 FarmLand. xml（见图 8.1）。

图 8.1　耕地样本

资料来源：ENVI 软件。

选择完成耕地 ROI 样本后，在图层管理（Layer Manager）工具窗体中右键点击新建的感兴趣区 FarmLand，在弹出的菜单中选择 Statistics 对耕地样本进行统计，出现 ROI Statistics View：GF2Image 窗口（见图 8.2），查看样本在四个波段中的灰度最小值、平均值、标准差等统计量，其中可知在第一波段中的最小值和最大值分别是 326 和 392。

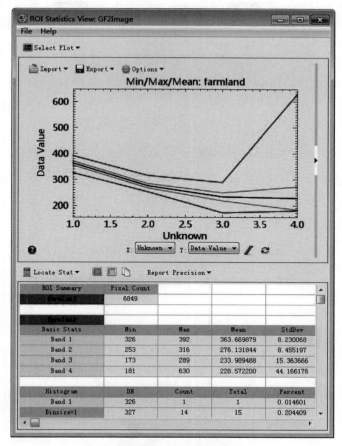

图 8. 2　ROI Statistics View 窗口

资料来源：ENVI 软件。

二、图像分割

在工具箱（Toolbox）中，选择 Feature Extraction/Segmentation Image，启动影像分割工具，在 Segmentation Image Input File 对话框中选择 GF2Image 的 Band1 波段，点击 OK 按钮，弹出 Segmentation Image Parameters 对话框（见图 8.3），各参数设置如下：

Min Thresh Value：用于设置最小分割阈值，本案例中取耕地的最小值 326。

Max Thresh Value：用于设置最大分割阈值，本案例中取耕地的最大值 392。

Population Minimum：用于设置每个分割对象的最少像元个数，取决于提取地物的对象大小及与背景像元的灰度差值，本案例中取 100。

Number of Neighbors：用于设置邻近像元个数，即选择 4 邻域或 8 邻域，本案例中取 8 邻域。

然后定义输出路径和结果为 band1farmland. dat，点击 OK 按钮输出结果（见图 8.4），可见整幅影像主要被分成耕地和非耕地，通过快速统计 Quick Stats 查询可知，整个图像被分成 12 个地类，每类区域都有唯一的属性值。

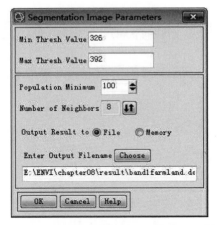

图 8.3　Segmentation Image Parameters 对话框

资料来源：ENVI 软件。

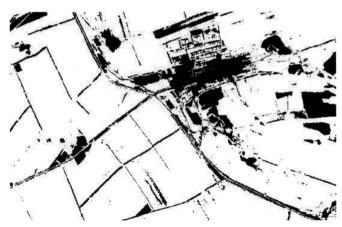

图 8.4　阈值分割结果

资料来源：ENVI 软件。

三、耕地分布范围获取

在图层管理（Layer Manager）窗口中右键点击分割结果 band1farmland. dat，选择 New Raster Color Slices，在弹出的 File Selection 对话框中选择 band1farmland. dat 的波段 Segmentation Image，可以发现整个图像按照属性值 0～11 分为了 12 类，经过与原始图像对比分析可知，属性值为 10 的区域是耕地区，因此在 Edit Raster Color Slices：Raster Color Slice 面板中点击▨按钮删除所有默认切片。点击➕按钮新增 3 个分割区间，重新设置 Slice Min

和 Slice Max，将属性值 0~9 和 11 的区域设置为黑色，作为非耕地区，属性值为 10 的区域设置为白色，作为耕地区，点击 OK 按钮得到耕地分布区域（见图 8.5）。

另外也可以通过波段运算（Band Math）工具中的关系运算，将耕地区设置为 1，非耕地区设置为 0，进行耕地分布范围提取。

图 8.5 耕地（白色区域）提取结果

资料来源：ENVI 软件。

第二节 对象提取

遥感图像中的对象指图像中具有相同特征的邻近像元的集合。由于高分影像空间分辨率显著提高，原本在中低分辨率影像中仅用少量像元表示的地物在高分影像中需要的像元个数成倍增加，同一地物内部的差异性（"同物异谱"现象）更加明显，以至于将传统基于像元的处理方法应用于高分影像存在诸多弊端；同时，由于高分影像光谱分辨率较低，加剧了像元方法在高分影像中应用的不足。因此，以对象代替像元的处理方式是高分影像信息提取的主要形式。

图像分割并经二值图像处理之后，虽然提取出了"同质均一"的各目标单元，但得到的结果仍然是二值图像，所有的目标单元像元值均为 1。如果图像存在多个连通域，一般需将各个连通域分开，以便单独分析其属性，因此需对各目标单元进行识别并赋以单独的编号。同时，为了方便对对象的形态特征进行分析，还需将各目标单元矢量化，以提取各目标单元的封闭边界轮廓。ENVI 软件提供的 Segment Only Feature Extraction Workflow 流程化操作工具可以实现图像分割后进行合并处理，然后对分割单元进行矢量化，从而得到具有封闭边界轮廓的各个对象。

本案例中使用 GF2Image 影像进行对象提取。

在工具箱（Toolbox）中，选择 Feature Extraction/Segment Only Feature Extraction Workflow 启用对象提取工具，打开 Feature Extraction–Segment Only 对话框，该对话框的操作步骤依次是 Data Selection、Object Creation、Export 三个面板，通过这三个步骤完成对象提取工作。

一、Data Selection 面板

该面板主要用于原始数据、辅助数据的设置，包括 Input Raster、Input Mask、Ancillary Data、Custom Bands 四个选项卡。

（一）Input Raster 选项卡

该选项卡用于打开数据，当软件中只打开了一个数据时，会自动加载到数据框中（见图 8.6）。否则，需要点击后面的 Browse... 按钮，在弹出的 File Selection 中选择要分割的影像文件。

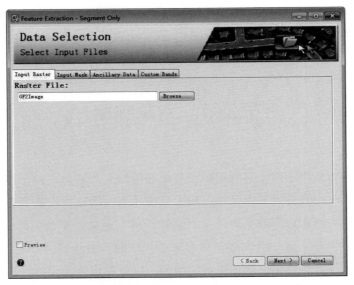

图 8.6　Data Selection 面板 Input Raster 选项卡

资料来源：ENVI 软件。

（二）Input Mask 选项卡

该选项卡用于设置掩膜数据（见图 8.7），掩膜文件可以是矢量数据，也可以是与输入影像具有相同分辨率的 ENVI 标准格式文件影像，其头文件里面 data ignore value 字段对应的像元值即为掩膜值，不会被进行特征提取处理。勾选 Inverse Mask 可以用于反转掩膜文件，被忽略值转变为被处理值，即只有覆盖范围之外的输入影像参与影像分割处理。本案例中不使用掩膜。

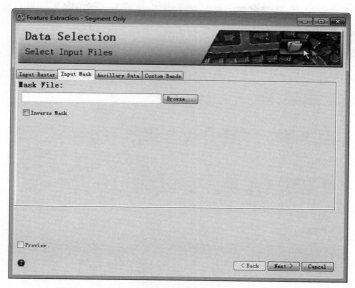

图 8.7　Data Selection 面板 Input Mask 选项卡

资料来源：ENVI 软件。

（三）Ancillary Data 选项卡

该选项卡主要用于设置辅助数据（见图 8.8），辅助数据需要符合如下三个条件：①必须是栅格数据；②具有地理投影信息或 RPC 坐标信息；③与输入影像有重叠区。Add Data 按钮用于添加辅助数据，Clear Data 按钮用于清除已选中的辅助数据。本案例中不使用辅助数据。

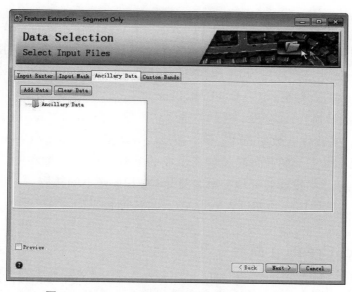

图 8.8　Data Selection 面板 Ancillary Data 选项卡

资料来源：ENVI 软件。

辅助数据的加入，将参与图像分割以及后面章节学习的对象分类、规则建立过程。

（四）Custom Bands 选项卡

该选项卡用于设置自定义数据，自定义数据与辅助数据一样，也参与后续的图像分割、对象分类、规则建立过程。ENVI 中提供了归一化差值指数（Normalized Difference）、颜色空间转换（Color Space）两种自定义数据方式（见图 8.9）。

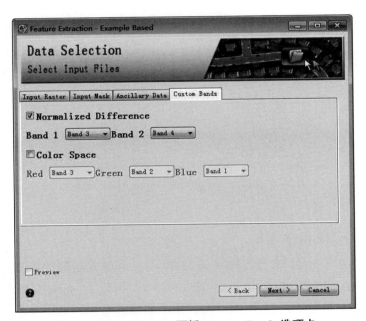

图 8.9　Data Selection 面板 Custom Bands 选项卡

资料来源：ENVI 软件。

（1）归一化差值指数（Normalized Difference）：ENVI 中定义的公式为（b2−b1）／（b2+b1+eps），其中 eps 为极小值，以避免分母为 0。勾选复选框，启用该指数，再为 Band1 和 Band2 分别指定波段作为 b1 和 b2 进行计算。本案例中使用归一化差值指数，并将第 3 波段和第 4 波段分别指定为 Band1 和 Band2。

（2）颜色空间转换（Color Space）：勾选复选框后，为 Red、Green、Blue 分别指定一个波段进行转换。若将输入数据的红、绿、蓝波段分别指定为 Red、Green、Blue，则将执行由 RGB 空间向 HSI 空间的颜色转换，新生成的色调（Hue）、饱和度（Saturation）、亮度（Intensity）将用于后续影像处理。本案例中不使用颜色空间转换。

设置完成后，点击 Next 按钮进入 Object Creation 面板。

二、Object Creation 面板

该面板主要用于图像分割、对象合并参数设置（见图 8.10），勾选 Preview 复选框可以预览不同设置下对象提取的结果。

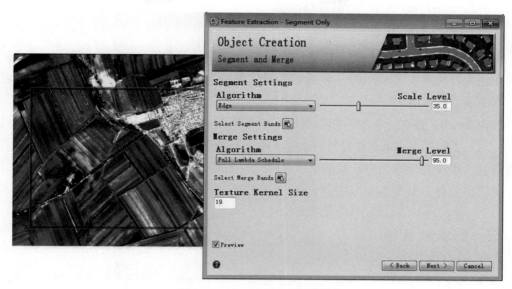

图 8.10　Object Creation 面板

资料来源：ENVI 软件。

（一）Segment Settings

ENVI 中提供了基于边缘（Edge）和亮度（Intensity）两种分割算法。其中，Edge 算法适用于边缘有较大梯度的感兴趣目标，再结合对象合并算法可以达到最佳效果；而 Intensity 算法适用于微小梯度变化的图像（如 DEM、电磁场图像）且不需要对象合并。本案例中使用 Edge 算法。

调整右侧 Scale Level 滑块位置或手动在文本框中输入数值来设置分割阈值，阈值取值范围为 0~100，取值越小，分割对象越破碎、数量越多；反之，对象越完整，但个数偏少。本案例中设置为 35。

点击 Select Segment Bands 后面的 ▣ 按钮设置参与分割的波段，默认输入影像的所有波段均参与分割。本案例中使用默认设置。

（二）Merge Settings

ENVI 中提供了 Full Lambda Schedule 和 Fast Lambda 两种合并算法。其中，Full Lambda Schedule 适用于合并纹理性强的大块区域（如树林、云等），对过分割现象有较好作用；Fast Lambda 适用于合并具有类似颜色的相邻对象。本案例中使用 Full Lambda Schedule 算法。

调整右侧 Merge Level 的滑块位置或手动在文本框中输入数值设置合并阈值，阈值取值范围为 0~100，取值越小，则合并对象效果越不明显；反之，合并效果越明显，对象个数也偏少。本案例中设置为 95。

点击 Select Merge Bands 后面的 ▣ 按钮设置参与合并的波段，默认输入影像的所有波段均参与合并。本案例中使用默认设置。

（三）Texture Kernel Size

其用于设置纹理内核大小，取值范围为 3~19，默认设置为 3，单位是像元。当分割区域面积较大且纹理差异较小时，可设置为较大值；而当纹理较为粗糙时，需要设置较小值。本案例中设置为 19。

点击 Preview 按钮，在视窗中会出现一个矩形预览区，能够查看在当前设置下的对象形态。在日常使用 ENVI 软件分割对象时，结合预览区查看到的对象效果，不断调整上述参数设置，可以获得较优的分割结果。

设置完成后，点击 Next 按钮进入 Export 面板。

三、Export 面板

该面板用于分割后对象的导出设置，包括 Export Vector、Export Raster、Advanced Export、Auxiliary Export 四个选项卡（见图 8.11）。

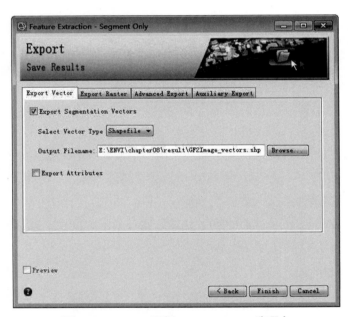

图 8.11　Export 面板 Export Vector 选项卡

资料来源：ENVI 软件。

（一）Export Vector 选项卡

勾选 Export Segmentation Vectors 复选框，将输出矢量形式的分割对象，默认所有对象均在一个矢量文件中（见图 8.11）。由于 Shapefile 文件最大容量为 2GB，因此当分割对象个数较多，超出最大容量时，会被分开保存为若干较小的 Shapefile。

ENVI 软件提供了 Shapefile 和 Geodatabase 两种输出格式，本案例中使用 Shapefile，输出文件名默认为"输入影像文件名_vectors. shp"，因此本案例中输出文件名为 GF2Image_vectors. shp。

另外，由于大于 1.5GB 的 Shapefile 文件不能被显示，因此当数据较大时建议将分割对象保存成 Geodatabase 格式。

勾选 Export Attributes 复选框，将分割对象的光谱、空间和纹理属性保存输出到 Shapefile 文件中。本案例中不勾选此项。

（二）Export Raster 选项卡

勾选 Export Segmentation Image 复选框，将输出栅格形式的分割对象，所有对象均显示在一个栅格图像中，每个对象的像元值为其包含所有像元的光谱平均值（见图 8.12）。默认输出文件名为"输入影像文件名_segmentation. dat"，本案例中使用默认设置文件名 GF2Image_segmentation. dat。

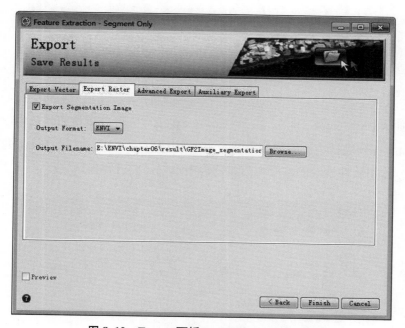

图 8.12　Export 面板 Export Raster 选项卡

资料来源：ENVI 软件。

（三）Advanced Export 选项卡

Advanced Export 选项卡（见图 8.13）属性图像输出的方法与 Export Raster 选项卡中方法一致，在此不再赘述。

在该选项卡中，当勾选 Export Attributes Image 复选框时，将输出对象的属性图像，同时弹出 Select Attributes 对话框（见图 8.14），用于选择要输出到属性图像中的属性类型。

在 Select Attributes 对话框的 Available Attributes 列表框中选中一个属性、一类或者某

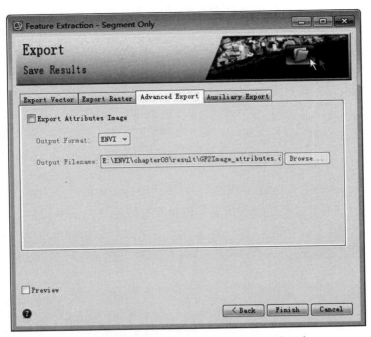

图 8.13　Export 面板 Advanced Export 选项卡

资料来源：ENVI 软件。

几个属性（如 All Attributes、Spectral、Texture、Spatial），点击 ➡ 按钮将选中的属性添加到 Selected Attributes 列表框中；同样的方法点击 ⬅ 按钮可将 Selected Attributes 列表框中选中的属性删除。输出属性涉及的波段在波段列表中根据需要进行勾选。

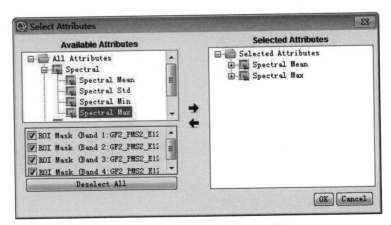

图 8.14　Select Attributes 对话框

资料来源：ENVI 软件。

ENVI 软件提供了光谱属性（Spectral）、纹理属性（Texture）、空间属性（Spatial）三类，具体属性名称及描述如表 8.1 所示。本案例不勾选输出属性影像复选框。

表 8.1　对象属性

属性类别	属性名称	属性描述
光谱属性 （Spectral）	Spectral Mean	光谱均值，描述对象所选波段的平均灰度值
	Spectral Std	光谱标准差，描述对象所选波段的灰度值标准差
	Spectral Min	光谱最小值，描述对象所选波段的最小灰度值
	Spectral Max	光谱最大值，描述对象所选波段的最大灰度值
纹理属性 （Texture）	Texture Range	纹理范围，卷积核范围内的平均灰度值范围
	Texture Mean	纹理均值，卷积核范围内的平均灰度值
	Texture Variance	纹理方差，卷积核范围内的平均方差
	Texture Entropy	纹理熵，卷积核范围内的平均灰度信息熵
空间属性 （Spatial）	Area	对象的面积（不含岛）。若影像没有地理信息，则单位为像元，否则与影像单位保持一致。下述所有特征的单位均与 Area 一致
	Length	对象外边框周长，包括岛，与 Major_Length 不同
	Compactness	描述对象紧致度，其值等于 Sqrt(4 * Area/Pi)/外轮廓长度
	Convexity	凸度，其值等于凸包长度/周长
	Solidity	完整度，其值等于对象面积与周围凸出对象面积之比，即 Solidity = 对象面积/凸包面积
	Roundness	圆度，其值等于 $4 * Area/(Pi * Major\ Length^2)$
	Form Factor	形状系数，其值等于 $4 * Pi * Area/周长^2$
	Elongation	延展度，其值等于 Major Length/ Minor Length，正方形为 1，矩形大于 1
	Rectangular Fit	矩形度，其值等于 Area/(Major Length * Minor Length)
	Main Direction	主方向，对象长轴（最大直径）与 x 轴之间的夹角，范围是 0～180 度，90 度为南北方向，0 度和 180 度分别指向东、西方向
	Major Length	对象外接多边形长轴的长度
	Minor Length	对象外接多边形短轴的长度
	Number of Holes	对象中岛的个数
	Hole Area/Solid Area	对象面积和外轮廓面积的比值，没有岛的对象值为 1

（四）Auxiliary Export 选项卡

勾选 Export Processing Report 复选框，输出图像分割报告（见图 8.15），默认输出文件名为"输入影像文件名_report. txt"。影像分割报告描述分割选项、属性设置等处理过程，本案例中设置为不输出。

完成所有设置后，点击 Finish 按钮输出结果（见图 8.16）。本案例输出结果分别是矢量图（GF2Image_vectors. shp）和栅格分割图（GF2Image_segmentation. dat）。

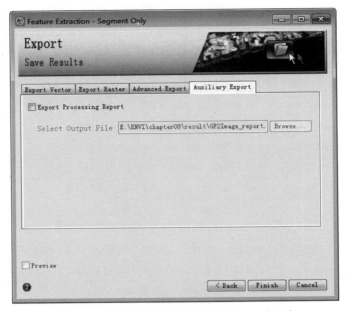

图8.15　Export 面板 Auxiliary Export 选项卡

资料来源：ENVI 软件。

图8.16　对象提取的栅格和矢量结果

资料来源：ENVI 软件。

第三节　基于样本的面向对象信息提取

　　基于样本的面向对象信息提取方法的实质是监督分类，与第七章介绍的监督分类方法原理一致，只是将分类的基本单元由像元替换为对象，增加了面向对象分割的环节（方法与本章第一节所述一致）。

　　本案例中使用 GF2Image 影像，以3、2、1真彩色波段合成显示，结合样本进行面向对象分类。观察图像，大致分为耕地、林地、建设用地和未利用地四类地物。

在工具箱（Toolbox）中，选择 Feature Extraction/Example Based Feature Extraction Workflow，启动基于样本的特征提取工具，弹出 Feature Extraction-Example Based 对话框。

Feature Extraction-Example Based 对话框的前两个步骤中 Data Selection 面板、Object Creation 面板所有参数设置参照本章第二节即可，点击 Next 进入基于样本的分类面板（Example-Based Classification 面板）进行相应参数设置，具体含义如下：

一、Example-Based Classification 面板

该面板主要用于设置分类的类别并选择样本、设置样本属性和选择分类算法，包括 Examples Selection、Attributes Selection、Algorithms 三个选项卡。

（一）Examples Selection 选项卡

首先，建立分类类别，点击 ✚ 按钮添加一个分类类别 New Class，选中 All Classes 列表下的第一个类别 New Class，在右侧的 Class Properties 中修改类别名称 Class Name 为 Farm-Land，类别颜色 Class Color 为（255，0，0）。

本案例中影像包含耕地（FarmLand）、林地（Forest）、建设用地（Building）、未利用地（unUsedLand）四类，故多次点击 ✚ 按钮使 All Classes 列表下的类别达到四类，新增类别名称分别设置为 Forest、Building、unUsedLand，类别颜色分别为（0，128，0）、（0，0，255）、（255，255，0），具体设置如图 8.17 所示。

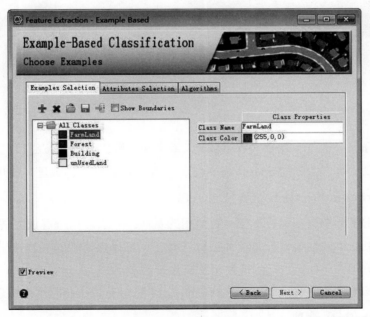

图 8.17　Example-Based Classification 面板 Examples Selection 选项卡

资料来源：ENVI 软件。

当建立的分类类别不符合要求时，点击 ✖ 按钮删除相应类别。

其次，进行样本选择。本案例中，耕地表现为棕色的规则地块，林地呈深绿色和浅绿色的块状分布，建设用地为白色的规则形状地区，未利用地主要为林地周边的亮白色区域。

为便于样本选择，在图层管理（Layer Manager）工具中将 Region Means 图层前复选框中的"√"去掉使其不显示而只显示原图，同时勾选 Show Boundaries 复选框，显示对象边界。

选中 All Classes 列表下耕地类别 FarmLand，在图像上耕地区域点击选择若干样本，可见被选区域已显示为 Class Properties 中 Class Color 设置的颜色。若某样本选择错误，在该样本上再次点击可取消选中。

采用同样的方式为 Forest、Building、unUsedLand 分别选择若干样本，完成后每个地类括号内显示的数字为该类选择的样本个数（见图 8.18）。

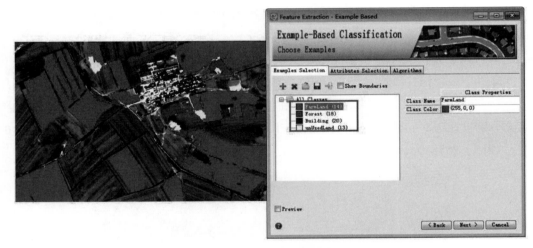

图 8.18　样本选择示意图

资料来源：ENVI 软件。

点击 🖫 按钮将已选样本保存为 test. shp 矢量文件，后续点击 📂 按钮可打开直接使用。另外，可以将真实数据的 ShapeFile 矢量文件作为训练样本加载进来使用。

（二）Attributes Selection 选项卡

该选项卡用于选择在基于样本分类时要用的属性，默认使用所有波段的所有属性。实际应用中可以根据影像中地物分布特征进行选择，也可以点击 ⬛ 按钮由 ENVI 软件自动选择相应属性（见图 8.19）。本案例中使用默认设置。

该选项卡其他显示内容、操作方式均与图 8.14 完全一致，在此不再赘述。

（三）Algorithms 选项卡

基于样本的面向对象分类采用监督分类方法，ENVI 软件提取了 K 近邻法（K Nearest

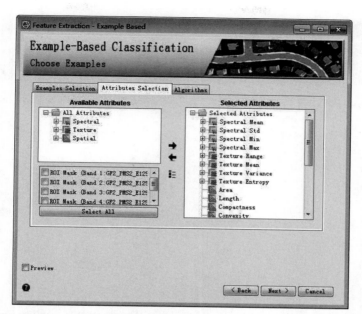

图 8.19　Example-Based Classification 面板 Attributes Selection 选项卡

资料来源：ENVI 软件。

Neighbor，KNN）、支持向量机（Support Vector Machine，SVM）、主成分分析（Principal Component Analysis，PCA）三种分类算法。

1. 通用操作

三种算法均涉及 Allow Unclassified 复选框和 Threshold 两个参数。勾选 Allow Unclassified 复选框，允许将不满足条件的对象划分到未分类类别中。Threshold 为分类阈值，经计算，若某对象的所有概率均小于该值，则该对象将不被分类，取值范围是 0～100，默认值为 5。

2. K 近邻法（K Nearest Neighbor，KNN）

KNN 算法以待分类对象与样本对象在 N 维特征空间中的欧式距离为判断依据进行分类，N 为分类时选择的目标物属性的数量（见图 8.20）。

Neighbors 参数是分类时要考虑的邻近元素的数量，为经验值，不同值生成的分类结果相差较大，默认值为 1。Neighbors 参数的设置依赖于数据组及选择的样本，较大的值可以降低分类噪声，但同时可能会带来分类误差，实际应用中一般设置为 3～7。

3. 支持向量机（Support Vector Machine，SVM）

SVM 是一种源于统计学习理论的分类方法，ENVI 软件提取了 Linear、Polynomial、Radial Basis、Sigmoid 四种核函数类型（Kernel Type），每个核函数所需设置的参数各不相同，涉及的所有参数设置如下（见图 8.21）。

Degree of Kernel Polynomial：用于设置多项式次数，仅在选择 Polynomial 核函数时使用。该值范围为 1～6，取值越大，则描绘类间的边界越精确，但会增加分类变成噪声的风

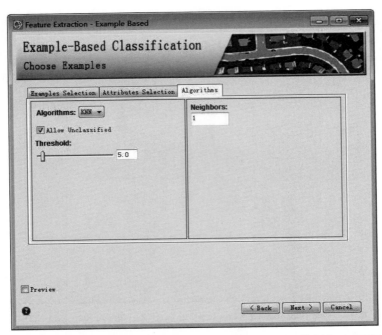

图 8. 20 Example-Based Classification 面板 Algorithms 选项卡 (KNN)
资料来源：ENVI 软件。

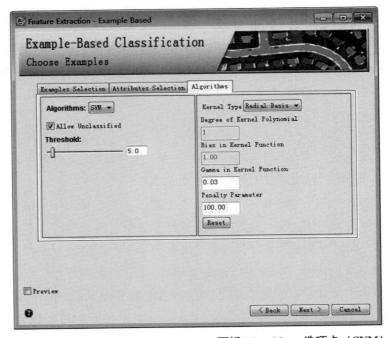

图 8. 21 Example-Based Classification 面板 Algorithms 选项卡 (SVM)
资料来源：ENVI 软件。

险，默认值为 1。

　　Bias in Kernel Function：用于设置偏移量，在选择 Polynomial、Sigmoid 核函数时需要使用，默认值为 1。

　　Gamma in Kernel Function：在选择 Polynomial、Radial Basis、Sigmoid 核函数时使用，该值为大于 0 的浮点型数值，默认值为输入波段的倒数。

　　Penalty Parameter：惩罚因子，用于控制样本错误与分类刚性延伸之间的平衡。该值为大于 0 的浮点型数值，默认值为 100。

　　4. 主成分分析（Principal Component Analysis，PCA）

　　PCA 算法不涉及参数设置，其通过比较主成分空间的每个分割对象和样本，将得分最高的归为这一类。

　　本案例中选择支持向量机算法（Support Vector Machine，SVM），均采用默认值。

　　设置完成后，点击 Next 按钮进入 Export 面板。

二、Export 面板

　　该面板用于输出分类结果，包括 Export Vector、Export Raster、Advanced Export、Auxiliary Export 四个选项卡。该面板内容与本章第二节 Export 面板相差不大，本节仅简单介绍，详细内容参照本章第二节。

（一）Export Vector 选项卡

　　该面板用于输出矢量形式的分类结果（见图 8.22）。勾选 Export Classification Vectors 复选框，导出矢量形式的分类结果，点击 Browse 按钮定义输出的路径和文件名。勾选 Merge Adjacent Features 复选框，把具有相同属性的相邻对象合并成一个对象，勾选此选项可以减少输出文件的数据量。勾选 Export Attributes 复选框，将会在输出文件中同步导出对象属性，对象的属性信息参照本章第二节。本案例勾选上述三个复选框，输出文件名为 GF2Image_vectors_example. shp。

（二）Export Raster 选项卡

　　勾选 Export Classification Image 复选框，输出栅格形式的分类结果，点击 Browse 按钮定义输出的路径和文件名（见图 8.23）。勾选 Export Segmentation Image 复选框，输出栅格形式的分割对象。本案例中只勾选 Export Classification Image 复选框输出分类结果，输出文件名为 GF2Image_class. dat。

（三）Advanced Export 选项卡

　　勾选 Export Attributes Image 复选框，输出对象的属性图像（见图 8.24），涉及内容与本章第二节相同。勾选 Export Confidence Image 复选框，输出每个对象属于某一个类别的可信度图像，像元的 DN 值代表像元属于该类别的可信度。亮度越高，则可信度越高，反之越低。可信度图像为多波段图像，每个波段代表一种类别。本案例中对两者都不勾选。

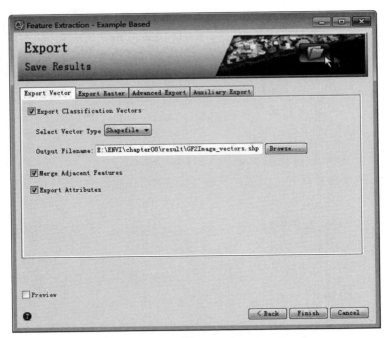

图 8.22　Export 面板 Export Vector 选项卡

资料来源：ENVI 软件。

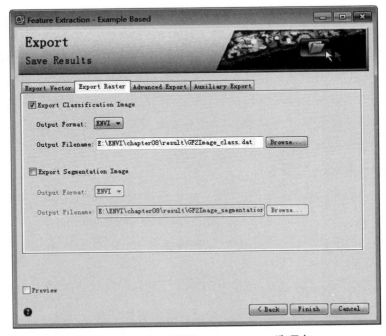

图 8.23　Export 面板 Export Raster 选项卡

资料来源：ENVI 软件。

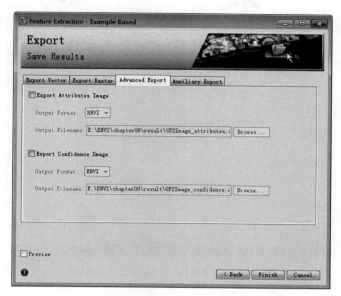

图 8.24　Export 面板 Advanced Export 选项卡

资料来源：ENVI 软件。

（四）Auxiliary Export 选项卡

勾选 Export Feature Examples 复选框，输出分类时选择的训练样本，默认为 Shapefile 格式（见图 8.25）。本案例中选择样本时已保存输出，此处不再勾选。勾选 Export Processing Report 复选框，输出影像分割报告。本案例中不输出。

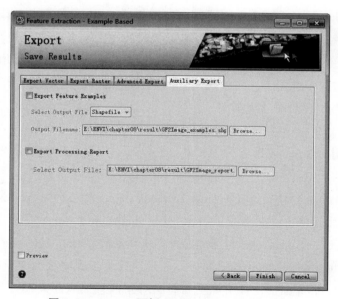

图 8.25　Export 面板 Auxiliary Export 选项卡

资料来源：ENVI 软件。

完成上述所有设置后，点击 Finish 按钮，完成基于样本的面向对象分类并导出若干属性，分类结果如图 8.26 所示。对分类结果的分类后处理方法和精度评估参照第七章相应内容。

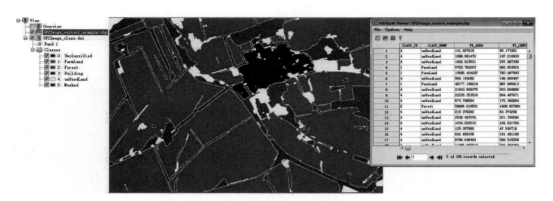

图 8.26　基于样本的面向对象分类结果

资料来源：ENVI 软件。

第四节　基于规则的面向对象信息提取

基于规则的面向对象信息提取是利用一条或多条规则将具有相似特征的对象划分为一个相同的类型，其中每个规则由一个或多个特征组成。ENVI 软件中默认每条规则的权重为 1（等权重），每条规则中各个特征的权重默认为 1/N（N 为该条规则中属性的个数，即属性也是等权重）。在实际应用中，当某条规则或某个属性对信息提取更有效时，可适当加大其权重。在同一类别中，各条规则之间采用逻辑运算的"或"操作（满足任意一个即可）进行计算；而在同一规则下，多个特征之间采用逻辑运算的"与"操作（同时满足）进行计算。

本案例中使用 GF2Image 影像，以耕地（Farmland）提取为例，结合规则对其进行面向对象的分类。

在工具箱（Toolbox）中，选择 Feature Extraction/Rule Based Feature Extraction Workflow，启动基于规则的特征提取工具，弹出 Feature Extraction-Rule Based 对话框。

Feature Extraction-Rule Based 对话框的操作步骤依次是 Data Selection、Object Creation、Rule-Based Classification、Export 四个面板，通过这四个步骤完成面向对象的分类。其中，Rule-Based Classification 面板是基于规则的面向对象信息提取的关键（见图 8.27），其余三个面板的参数设置与本章第二节完全一致，在此不再赘述。下面重点介绍 Rule-Based Classification 面板的使用方法，该面板主要涉及类别添加、规则和属性设置两部分内容。

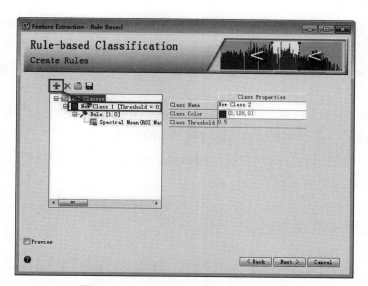

图 8.27　Rule-Based Classification 面板

资料来源：ENVI 软件。

一、类别添加

当选中 All Classes 时，点击 Add Class ➕ 按钮可以添加一个分类类别 New Class1 （见图 8.27）。鼠标选中该类别，在右侧的类别属性 Class Properties 列表中可设置类别的以下属性（见图 8.28）：

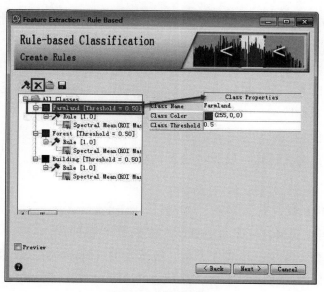

图 8.28　类别创建

资料来源：ENVI 软件。

Class Name：类别名，默认为 New Class1，选中可自定义。此处定义为 FarmLand。

Class Color：类别颜色，默认为红色，点击可自定义。此处使用默认值红色（255，0，0）。

Class Threshold：类别阈值，默认值为 0.5，根据类别下规则中属性权重计算得到。此处使用默认值。

如果该类别创建不合适，可以在 All Classes 下选中该类别，比如选中 FarmLand［Threshold = 0.50］，点击 ✖ 按钮可以删除被选中的类别。

通过此方法可以按照实际地类逐一建立林地（Forest）、建设用地（Building）类别，完成所需类别创建（见图 8.28）。

二、规则和属性设置

在规则分类界面，每一个类别下可以有若干个规则（Rule），每一个规则可以有若干个属性表达式。规则与规则之间是逻辑"或"的关系，属性表达式之间是逻辑"与"的关系。

在 Rule-Based Classification 面板中创建一个类别会自动生成一个 Rule［1.0］和 Spectral Mean 条目，这代表为该类默认创建了一个规则和属性。使用鼠标选中 Rule［1.0］，可以看到右侧的规则属性 Rule Properties 列表中显示该规则的权重 Rule Weight 为 1.0。

对于一个类别来说，添加规则的方法是先选中该类别， ➕ 按钮变更为 Add Rule to Class 🐾，比如选中 Farmland［Threshold = 0.50］后，通过点击添加规则按钮 🐾 对该类别添加多个规则（见图 8.29），默认情况下每条规则的权重均为 1.0，此时多个规则之间采用逻辑"或"运算的关系来判定一个类别。如果认为某条规则对该类别识别更为重要，可在规则属性 Rule Properties 中修改权重，将更高的权重赋值给该规则。

在某一规则下添加属性的方法是选中某一规则，即选中 Rule［1.0］， ➕ 按钮变更为 Add Attribute to Rule 🔲，点击可以为选中的规则添加一个新的属性（见图 8.29）。除此之外，点击 ✖ 按钮可以删除被选中的规则。

当选中某一属性时，对话框右侧显示有 Attributes 和 Advanced 两个属性设置选项卡，如果属性不合适，点击 ✖ 按钮可以删除被选中的属性（见图 8.30）。属性使用的具体设置如下：

（一）Attributes 选项卡

根据图 8.30 可以了解其具体的使用含义如下：

Type：属性类型，提供三种属性类型，包括光谱（Spectral）、纹理（Texture）、空间（Spatial）。此处默认为 Spectral。

Name：属性名称，用于选择具体属性指标，各种属性指标的类型、名称和含义与表 8.1 所述一致。此处默认为 Spectral Mean。

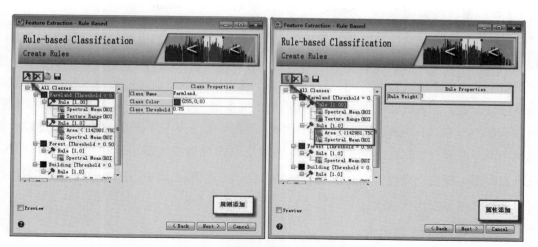

图 8.29　规则和属性的添加和删除

资料来源：ENVI 软件。

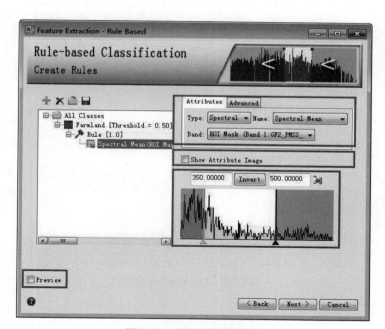

图 8.30　属性设置选项卡

资料来源：ENVI 软件。

Band：输入波段，点击可选择图像波段、辅助数据或者自定义波段等。此处默认为输入图像的第 1 波段（Band 1）。

（二）Show Attribute Image 复选框

勾选该复选框，同时选中操作界面左下角 Preview 选项，在图像显示窗口中可预览按照属性定义分类后的图像。

（三）属性值域设置

当选择好具体的属性指标后，下方显示直方图为选中属性的值域范围，其被绿色竖线和蓝色竖线分隔为中间的白色和两侧的灰色三部分（见图 8.30）。ENVI 软件默认选择阈值分布于值域的中间（白色区间），其上限、下限范围可以分别通过拖动绿色竖线和蓝色竖线进行设置，也可以在上方 Invert 按钮两侧的文本框中手动输入，图 8.30 所示的阈值范围为 350~500 并以白色区间显示。但有时阈值范围可能会位于特征值域的两端，即较大值或较小值，此时可以点击 Invert 按钮，将阈值范围变更为小于等于 350 或大于等于 500，此时直方图中颜色也变更为中间灰色、两侧白色。点击 Undock Histogram Window 按钮可以使直方图界面浮动显示。

（四）Advanced 选项卡

该选项卡用于设置特征的权重和算法（见图 8.31）。

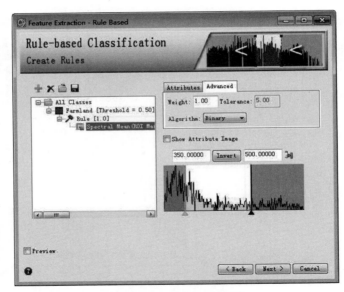

图 8.31　Advanced 选项卡

资料来源：ENVI 软件。

Weight：用于设置选中属性的权重。同一规则下的多条属性，各属性描述之间默认权重相等，取值均为 $1/n$，其中 n 为该规则下属性的总个数，此时多个属性之间采用逻辑"与"运算的关系来进行运算。另外，如果要修改某一属性的权重，需在定义完该规则下所有的属性描述之后再进行，因为增加或删除一条属性描述，该规则下所有属性描述的权重会自动重置为默认值。

Algorithm：用于选择对阈值微调的评分算法，包括二值化（Binary）、线性方程（Linear）、二次多项式（Quadratic）三种。其中，二值化直接按阈值打分，而线性方程和二次多项式则会在选定的阈值拐点处做线性或多项式拟合，适当拉大阈值范围。

Tolerance：容差值，当选择 Linear 和 Quadratic 算法时需要设置，默认值为 5.0（即容许 5%误差）。该值设置越大，表示容错程度越高，提取得到的对象就越多，误差也相应加大。

三、基于规则的面向对象信息提取

本案例中以提取耕地（Farmland）类别为例，在提取耕地过程中，只建立一条规则，该规则下有两条属性，构建的规则及使用的属性参数如表 8.2 所示，具体的设置方法如下：

表 8.2　构建规则及属性参数

地物类别	使用属性参数
耕地	−0.07052<NDVI<0.18377 7.60600<Texture Variance（b1）<1021.40016

第一条属性描述为−0.07052<NDVI<0.18377，在默认的属性 Spectral Mean 上点击鼠标，激活属性，右边出现属性 Attributes 选择面板，如图 8.32 所示。Type 下拉列表中选择 Spectral，Name 下拉列表中选择 Spectral Mean，Band 下拉列表中选择 Normalized Difference。在第一步自定义波段中选择的波段是红色和近红外波段，所以在此计算的是 NDVI，通过拖动滑条或者手动输入确定阈值 [−0.07052，0.18377]，完成设置。

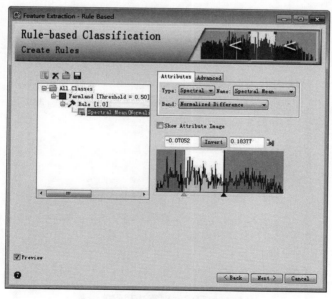

图 8.32　设置 NDVI 的属性阈值

资料来源：ENVI 软件。

第二条属性描述为 7.60600<Texture Variance(b1)<1021.40016，该属性设置是在属性 Attributes 面板中，Type 下拉列表中选择 Texture，Name 下拉列表中选择 Texture Variance，Band 下拉列表中选择 GF2Image 的 Band1，通过拖动滑条或者手动输入确定阈值 [7.60600，1021.40016]，完成设置（见图 8.33）。

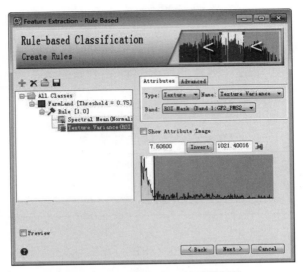

图 8.33　设置 Texture 的属性阈值

资料来源：ENVI 软件。

另外，在 Advanced 面板中，选择类别归属算法为二值化（Binary），Weight 为默认的 0.5，如图 8.34 所示。

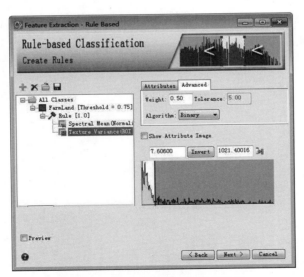

图 8.34　归属类别算法和阈值设置

资料来源：ENVI 软件。

最终创建了 Rule-Based Classification 面板的规则和属性特征，规则设置好后，点击保存■按钮，将设置的规则保存为 rule. rul，便于后续重复使用，点击 Next 按钮进入 Export 面板，涉及内容与本章第三节完全一致，在此不再赘述，最终获得耕地分类图 GF2Image_ class_rule. dat 和矢量图 GF2Image_class_rule. shp（见图 8.35）。

图 8.35 提取的耕地分类图

资料来源：ENVI 软件。

第九章

遥感动态监测

📢 概述

遥感动态监测是遥感数据处理和应用的重要内容，在国民经济建设领域发挥了极其重要的作用。本章以双时相影像介绍变化检测的原理与方法，主要包括变化检测的流程和常用方法、图像直接比较法、分类后比较法三部分。

🔍 目的

（1）掌握直接比较法及其流程化操作的方法，理解流程化操作中涉及的算法的原理。

（2）掌握分类后比较法及流程化操作的方法，理解流程化操作中涉及的算法的原理。

（3）通过对比实验结果，理解直接比较法、分类后比较法两者的异同。

📚 数据

提供数据：

附带数据文件夹下的...\ chapter09 \ data \

Landsat8－zz2013classify. dat、Landsat8－zz2021classify. dat、2013classify＿class、2021classify＿class

其中，前两个数据是郑州市某地 2013 年和 2021 年的多光谱影像，后两个数据是对前者监督分类的结果。

🎥 实践要求

1. 直接比较法及其流程化操作

2. 分类后比较法及其流程化操作

第一节　遥感变化检测概述

遥感影像变化检测是指利用不同历史时期获取的覆盖同一地表的遥感影像和相关地理数据，采用图像图形处理理论及数学模型方法，确定和分析覆盖区域地表变化的技术与方法。

变化检测技术主要解决两个方面的问题，即判断覆盖区域是否发生变化以及确定发生变化的位置和范围；然后将覆盖区域划分为变化和未变化两种类型；最后结合面对的具体问题，决定是否继续开展如下工作：①变化类型的确定，即确定变化区域在前后时相影像上的地物类型；②分析变化发生的时空分布规律，评估和预测可能发生的趋势，为决策部门提供数据支持。

一、变化检测的工作流程

遥感影像变化检测的完整技术流程包括数据收集与获取、数据预处理、变化检测方法选择及阈值处理、精度评估四个方面。

（一）数据收集与获取

选择适合的遥感影像是提高变化检测精度的前提，影像的选择一般要考虑以下几个方面的问题：①尽量选择同一季节、同一成像时刻的影像，并尽量具有相同的天气状况和土壤温度，以避免物候、阴影、反射率等因素的影响；②尽量选择同一传感器、同一分辨率的影像，以避免辐射差异、分辨率等因素的干扰；③考虑大气状况、物候特征等外界因素的影响。

但在实际应用中，双时相影像往往难以同时满足上述要求，因此，需要对双时相影像进行一系列的预处理工作。

（二）数据预处理

变化检测中，数据预处理主要包括几何配准、辐射校正、直方图匹配、重采样等。

当获取影像的地理参考信息不一致时，需要以其中一幅为参考图像对其他影像进行几何配准。变化检测中几何配准的精度要求不低于 0.5 个像元。同时，当多幅图像之间的空间分辨率不一致时，还需要对其重采样。

变化检测中的辐射校正一般情况下采用相对辐射纠正的方法，以辐射质量较好的一幅为参考影像，再将其他影像以其为基准进行变换，使所有影像的光谱统计特征趋于一致。同时，考虑到获取影像的成像时刻、季节、天气等因素的影响，为避免像元灰度不一致导致的误检测现象，也会以其中一幅图像为基准，对其他图像进行直方图匹配，使图像中同一地物的像元值差别不大。

（三） 变化检测方法选择及阈值处理

变化检测常用方法在下一小节中详加阐述。

在变化检测中，需要对得到的差异影像进行阈值分割，从而得到变化影像。阈值的选择对变化的精度有重要的影响。

目前常用的阈值选择方法有最大类间方差法（otsu）、迭代分割、分水岭分割、区域生长算法等。

（四） 精度评估

获得变化检测结果后，需要与覆盖地区实地调查的数据比对，进行精度评估。通常采用的评估方法为混淆矩阵、总体精度、Kappa 系数以及变化类与未变化类（或从某类变化到另一类）的生产者精度、用户精度等，上述指标与第七章影像分类的精度评估方法相同。

二、变化检测的常用方法

变化检测常用的方法有代数运算法、变化向量分析法、指数运算法、分类后比较法等。

（一） 代数运算法

代数运算方法就是逐个像元对双时相影像的灰度值进行差值或比值运算，并对计算结果选取变化阈值，提取变化信息。其数学模型分别如式（9.1）和式（9.2）所示。

差值影像：

$$I_{ij}^k = | \ I_{ij}^k \ (t_2) \ - I_{ij}^k \ (t_1) \ | \tag{9.1}$$

比值影像：

$$I_{ij}^k = I_{ij}^k \ (t_2) \ / I_{ij}^k \ (t_1), \quad I_{ij}^k \ (t_1) \ \neq 0 \tag{9.2}$$

其中，$I_{ij}^k(t_1)$ 和 $I_{ij}^k(t_2)$ 分别为 t_1 和 t_2 时相影像在第 k 个波段 i 行 j 列像元的灰度值。

该方法原理简单，算法易实现。当某一像元未变化时，在差值影像中灰度值接近于 0，而在比值影像中趋近于 1.0；反之，在差值影像中的灰度值较大，而在比值影像中则远离 1.0。所以，只要选取了合适阈值即可实现变化类提取。但是影像中信息量分散在多个波段中，代数运算法需要对每个波段逐次计算，且该方法不能获取地物变化的类型。

（二） 变化向量分析法

变化向量分析法（Change Vector Analysis，CVA）将双时相影像多波段中同一位置的多个灰度值认为是空间中的一对点，以此构建一个具有变化方向和变化强度（大小）两个特征的变化向量。变化强度的数学模型如式（9.3）所示。

$$CM = \sqrt{\sum_{k=1}^{n} \ [I_{ij}^k(t_2) - I_{ij}^k(t_1)]^2} \tag{9.3}$$

其中，n 为选用的波段数，其余变量含义与式（9.1）和式（9.2）一样。

变化向量分析法可以解决代数运算中只能使用一个波段的不足，且变化方向反映了影像中地物变化的类型，选取变化强度阈值即获得变化检测结果。但该方法对输入影像的配准精度、辐射差异度等要求比较高。

（三）指数运算法

指数运算法通过对比前后时相影像中指数的变化获得地物的变化结果，常用的指数有归一化植被指数、水体指数、积雪指数等。

指数运算法简单、易操作，但只能适用于植被、水体等特殊的地表覆盖类型。

（四）分类后比较法

分类后比较法是一种比较常见的变化检测方法，通常的做法是采用相同的分类方法先对双时相影像分别进行独立的分类，然后比较前后时相同一位置的类别差异来获取变化检测的结果。与前述方法相比，分类后比较法的优势在于获取变化影像的同时还获取了地物的变化类型，并且可以避免不同传感器或外部环境造成的辐射差异对结果的影响。但影像分类的误差也会不可避免地向下传递，从而影响变化检测结果的精度。

第二节　图像直接比较法

ENVI 软件提供了 Change Detection Difference Map 和 Image Change Workflow 两种直接比较法工具，原理为本章第一节第二小节所述的代数运算法。

本节使用的数据是郑州市某地 2013 年 10 月 10 日和 2021 年 9 月 30 日的 Landsat8 多光谱影像，并对其进行了相应的数据预处理工作以利于开展变化检测。

由于直接比较法每次只能对一个波段进行运算，而地物信息分散于影像的多个波段中，故本节仅以近红外波段为例，提取覆盖地区在 2013~2021 年的地表变化情况。

一、变化检测差值图（Change Detection Difference Map）

打开实验数据 Landsat8‑zz2013classify.dat 和 Landsat8‑zz2021classify.dat，在工具箱（Toolbox）中，选择 Change Detection/Change Detection Difference Map，启用变化检测工具。

（一）设置参与运算的不同时相影像波段

在 Select the 'Initial State' Image 对话框中（见图 9.1），选择 2013 年影像的近红外波段，即 Near Infrared（NIR），点击 OK 按钮，进入 Select the 'Final State' Image 对话框（见图 9.2），以同样的方式选择 2021 年影像的近红外波段并点击 OK 按钮，进入 Compute Difference Map Input Parameters 对话框。

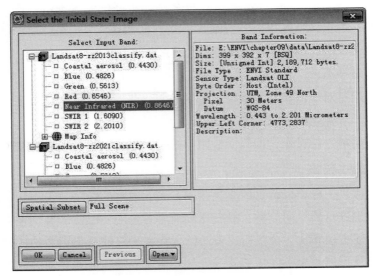

图 9.1　Select the 'Initial State' Image 对话框

资料来源：ENVI 软件。

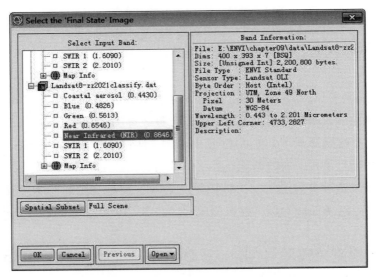

图 9.2　Select the 'Final State' Image 对话框

资料来源：ENVI 软件。

（二）设置变化类及输出参数

Compute Difference Map Input Parameters 对话框（见图 9.3）各参数设置如下：

Number of Classes：设定变化检测的类别个数，在编辑框中可以直接修改，默认值为 11，最小值为 2。点击 Define Class Thresholds 按钮设定每类的变化阈值和类别名称，其用法见第三步（变化阈值设置）。本案例中提取所有地物的变化状况，数值设置为 3，即分为正向变化区、无变化区、负向变化区三类。

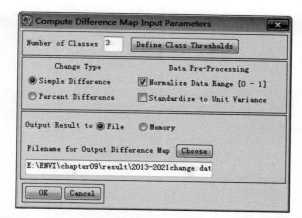

图 9.3 Compute Difference Map Input Parameters 对话框

资料来源：ENVI 软件。

Change Type：用于选择变化类型，包括 Simple Difference 和 Percent Difference 两个选项。选择 Simple Difference 即为双时相影像的波段进行差值运算，以 Final State Image 减去 Initial State Image，其结果的取值范围为 -1~1；而选择 Percent Difference 是为双时相影像的波段进行比值运算，其结果为 Simple Difference 的结果除以 Initial State Image，取值范围为 -100%~100%。本案例中选择 Simple Difference。

Data Pre-Processing：数据预处理，包括归一化 Normalize Data Range ［0-1］ 和统一像元单位 Standardize to Unit Variance 两个选项，两者对图像处理的公式如式（9.4）所示。本案例勾选 Normalize Data Range ［0-1］ 预处理选项。

$$
\text{Normalization} = \frac{DN - DN_{min}}{DN_{max} - DN_{min}}
$$

$$
\text{Standardization} = \frac{DN - DN_{mean}}{DN_{stdev}}
$$

(9.4)

其中，DN_{min}、DN_{max} 和 DN_{stdev} 分别为图像的像元最小值、最大值和标准差。

（三）变化阈值设置

点击 Define Class Thresholds 按钮，弹出图 9.4 所示 Define Simple Difference Class Thresholds 对话框。默认生成以无变化为中心相对称的变化类别，两侧正值与负值的类别个数相同。点击每个类别后面的编辑框，可以修改变化类别的名称。本案例中将变化类别 Change（+）、No Change 和 Change（-）分别修改为正向变化区、无变化区、负向变化区共三类。

最右侧编辑框中设置每个类变化阈值，在上一步骤中若选择 Simple Difference 选项，则此对话框中取值范围为 -1~1，而选择 Percent Difference 时为 -100%~100%。每个类别的变化阈值需要多次实验后确定。本案例将差值在 -0.15~0.15 的像元定义为无变化区，大于 0.15 的为正向变化区，小于 -0.15 的为负向变化区（见图 9.4）。

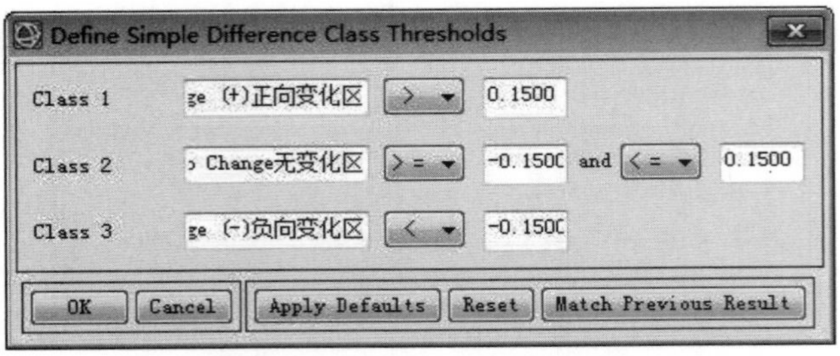

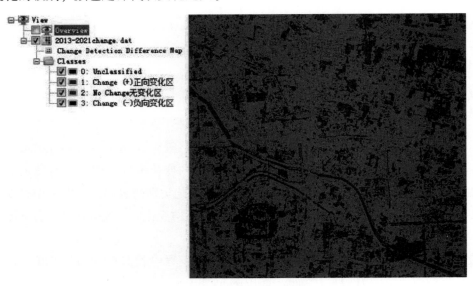

图9.4 定义变化检测类别阈值

资料来源：ENVI软件。

Define Simple Difference Class Thresholds 对话框其余按钮的含义如下：

Apply Defaults：应用缺省的变化检测分类设置。

Reset：重置变化检测分类设置。

Match Previous Result：与之前的变化检测分类设置相匹配。点击此按钮，将会出现 Select a Previous Difference Map Classification Result 对话框，可以选择已经有的分类结果作为变化检测分类依据。

（四）结果输出

点击 Choose 按钮定义输出文件的位置和文件名 2013-2021change.dat，最终获得研究区变化检测区域分布图（见图9.5）。

变化检测结果图像以彩色显示，正值以红色表示，负值以蓝色表示，并用颜色的渐变表示变化的级别，颜色越深代表变化越大。

图9.5 变化检测区域分布

资料来源：ENVI软件。

二、影像变化检测流程化工具（Image Change Workflow）

Image Change Workflow 变化检测流程化工具对单一波段进行运算，结合智能阈值算法获取变化阈值，获取图像中地物增加或减少的变化信息。

Image Change Workflow 变化检测流程化工具对输入的两幅影像有如下要求：①具有坐标信息（不能是伪坐标）、像素坐标或 RPC 信息；②当输入影像的投影信息不一致时以第一个输入影像的坐标信息为准，只分析两者的重叠区域；③当输入影像的空间分辨率不一致时，将低分辨率图像重采样为高分辨率后再运算。

打开实验数据 Landsat8－zz2013classify. dat 和 Landsat8－zz2021classify. dat，在工具箱（Toolbox）中，选择 Change Detection/Image Change Workflow，启动流程化变化检测工具 Image Change 对话框，其主要包括 File Selection、Image Registration、Change Method Choice、Image Difference、Thresholding or Export、Change Thresholding、Cleanup 和 Export 八个面板的操作步骤。

（一）File Selection 面板

在 Input Files 选项卡（见图 9.6）中点击 Time 1 File 的 Browse…，在弹出的 File Selection 对话框中选择 Landsat8－zz2013classify. dat 影像并点击 OK 按钮返回，以同样的方式为 Time 2 File 选择影像 Landsat8－zz2021classify. dat，点击 Next 按钮，进入 Image Registration 面板。

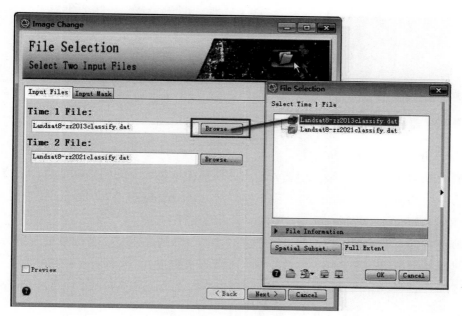

图 9.6　File Selection 面板

资料来源：ENVI 软件。

其中，File Selection 面板的 Input Mask 选项卡用于设置掩膜文件，通过设置掩膜文件使其覆盖范围内区域参与影像变化检测运算，掩膜数据可以是矢量数据、与输入影像具有相同分辨率的影像。勾选 Inverse Mask 复选框可以反转掩膜，即只有覆盖范围之外影像参与运算。

在只关注某一类地物变化时，使用本类的矢量范围数据做掩膜可以避免其他类别的影响，提高变化检测的精度。本案例中不使用掩膜。

（二）Image Registration 面板

该面板用于设置是否对输入的两幅图像进行几何配准，包括 Skip Image Registration 和 Register Images Automatically 两个选项，如图 9.7 所示。

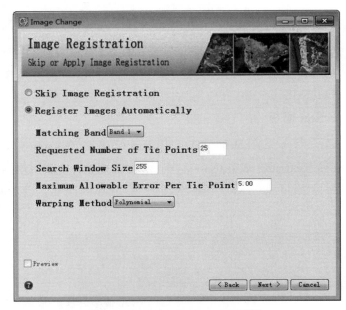

图 9.7　Image Registration 面板

资料来源：ENVI 软件。

1. Skip Image Registration

选择此项即忽略图像配准。但如果输入的两幅图像包含不同的坐标信息，下方会出现重投影方式（Reprojection Method）、重采样方法（Resampling）两个选项需要设置。

2. Register Images Automatically

选择此项即对图像进行自动配准，下方显示图 9.7 所示信息，各参数的设置方法和含义与第四章第二节第二小节相关参数一致，在此不再赘述。

本案例中选择 Skip Image Registration。点击 Next 按钮进入 Change Method Choice 面板。

（三）Change Method Choice 面板

ENVI 提供了两种变化检测方法：Image Difference 和 Image Transform（见图 9.8）。此

处方法选择不同，后续操作也不相同。

若选择 Image Transform 选项，接下来需要在面板中选择影像变换（Select Image Transform）的方法，包括 PCA（主成分变换）、MNF（最小噪声分离变换）、ICA（独立成分分析）三种，这三种变换的具体含义可以参考第五章第三节的内容；同时选择用于提取变换的波段（Select Band to Reflect Change），最后定义输出路径和文件名即可完成最终的变化检测。

本案例中选择 Image Difference，点击 Next 按钮进入 Image Difference 面板。

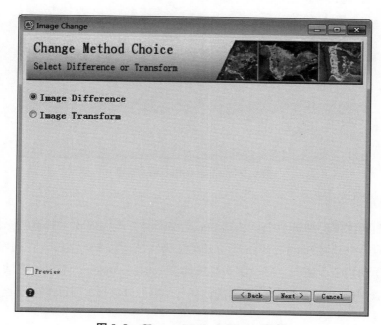

图 9.8　Change Method Choice 面板

资料来源：ENVI 软件。

（四）Image Difference 面板

Image Difference 属于图像直接比较法，用于设置变化检测方法，包括 Difference Method 和 Advanced 两个选项卡，如图 9.9 所示。其中，Difference Method 提供了三种检测方法，分别如下：

1. Difference of Input Band

波段差值法，选择此项时还需要在下方的 Select Input Band 列表中选择要计算差值的波段；若输入图像的天气条件等状况差别较大，可切换到 Advanced 选项卡中勾选 Radiometric Normalization 复选框，将第二时相影像辐射归一化到第一时相影像上。

2. Difference of Feature Index

特征指数差值，选择此方法的前提是输入影像为多光谱图像或高光谱图像，进而在下方的 Select Feature Index 列表中选择要计算差值的特征（见表 9.1、图 9.9）。各个特征均为两

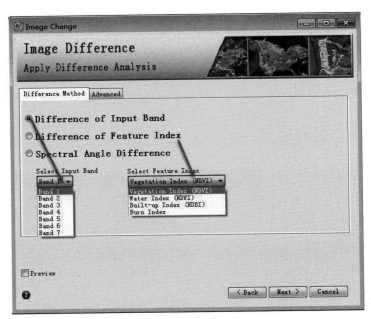

图 9.9　Image Difference 面板

资料来源：ENVI 软件。

个波段的差与和的比值，即计算公式为（Band2−Band1）／（Band2+Band1），在输入影像有中心波长信息时会自动将 Band2、Band1 分别指定为特征所需要的波段，否则需要切换到 Advanced 选项卡手动指定。例如，假设本实验选择 Vegetation Index（NDVI）方法，在 Advanced 选项卡中 Band2、Band1 分别默认为数据的波段 5（近红外波段）和波段 4（红波段）。

表 9.1　特征类型及波段

序号	特征名称	Band2	Band1
1	归一化植被指数 Vegetation Index（NDVI）	近红外波段	红波段
2	归一化水体指数 Water Index（NDWI）	近红外波段	绿波段
3	归一化建筑物指数 Built-up Index（NDBI）	中红外波段	近红外波段
4	燃烧指数 Burn Index	短波红外波段	近红外波段

3. Spectral Angle Difference

波谱角差值，即双时相影像上像元波谱曲线之间的波谱角，常用于高光谱影像。

本案例中选择 Difference of Input Band，选择的波段是 Band5，Advanced 选项卡勾选 Radiometric Normalization 复选框。点击 Next 按钮进入 Thresholding or Export 面板。

需要说明的是，如果选择 Difference of Feature Index 和 Spectral Angle Difference 两种方

法，接下来参数的设置也基本相同。

（五）Thresholding or Export 面板

该面板包括 Apply Thresholding 和 Export Difference Image Only 两个选项（见图 9.10）。选择 Export Difference Image Only 会直接进入到定义输出路径和文件名完成变化检测界面，而选择 Apply Thresholding 选项会对差值图像进行阈值处理。

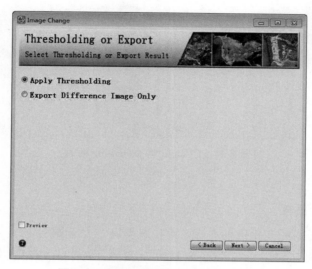

图 9.10　Thresholding or Export 面板

资料来源：ENVI 软件。

本案例中选择 Apply Thresholding，点击 Next 按钮进入 Change Thresholding 面板。

（六）Change Thresholding 面板

该面板包括 Auto-Thresholding 和 Manual 两个选项卡（见图 9.11），其中 Auto-Thresholding 用于设置变化检测提取信息的类型和自适应变化阈值分割方法，而 Manual 用于手动设置变化阈值。变化检测提取信息的类型（Select Change of Interest）包括增加和减少（Increase and Decrease）、只有增加（Increase Only）、只有减少（Decrease Only）三种。

自适应变化阈值分割方法提供了 Otsu's、Tsai's、Kapur's、Kittler's 四种算法。其中，Otsu's 和 Kittler's 均利用直方图形状寻找阈值，Otsu's 利用直方图的零阶和一阶累积矩阵来划分阈值，使背景和目标两类之间的方差最大，而 Kittler's 在直方图近似高斯双峰附近的拐点作为阈值；Tsai's 为基于力矩的方法；Kapur's 用概率密度分布函数划分目标和背景，并在两类的信息熵之和达到最大时作为阈值。

在设置完变化检测提取信息类型和阈值方法后，切换到 Manual 选项卡中查看分割阈值，并可以手动修改，此处将 Increase Threshold 和 Decrease Threshold 都修改为1500。勾选 Preview 复选框预览分割效果，可见图像被分成红色（减少）、蓝色（增加）、黑色（未变化）三种区域。

本案例中变化检测提取信息的类型选择 Increase and Decrease，阈值分割算法选择 Otsu's。点击 Next 按钮，进入 Cleanup 面板。

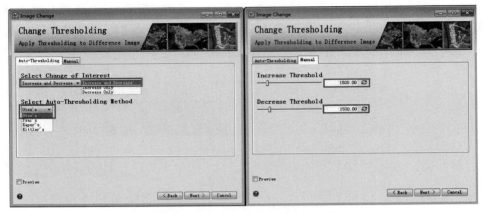

图 9.11　Change Thresholding 面板

资料来源：ENVI 软件。

（七）Cleanup 面板

该面板用于对提取的变化信息进行平滑和聚类设置（见图 9.12），以消除上一步骤结果存在的噪声。勾选 Enable Smoothing 复选框对图像进行平滑处理，主要去除椒盐噪声，默认是 5 * 5 窗口尺寸（Smooth Kernel Size），即在 5 * 5 窗口中心像元的值（类别）会被窗口中像元个数最多的值（类别）代替；勾选 Enable Aggregation 复选框对图像进行聚类处理，主要去除像元个数较少的小块地物，默认 100 个像元（Aggregate Minimum Size），即像元个数小于 100 的独立变化区域将合并到邻近较大的区域。

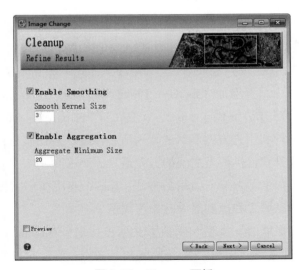

图 9.12　Cleanup 面板

资料来源：ENVI 软件。

本案例中勾选平滑和聚类两个复选框，Smooth Kernel Size 设置为 3，Aggregate Minimum Size 设置为 20。

（八）Export 面板

该面板用于变化检测结果的输出，包括 Export Files 和 Additional Export 两个选项卡（见图 9.13），提供了输出变化类影像（Export Change Class Image）、变化类矢量（Export Change Class Vectors）、变化类统计（Export Change Class Statistics）、差值影像（Export Difference Image）四种结果。

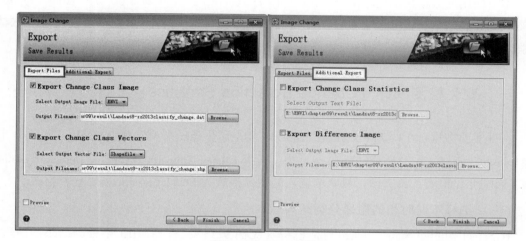

图 9.13　Export 面板

资料来源：ENVI 软件。

本案例中共输出变化类影像、变化类矢量两个文件（见图 9.14），文件名分别为 Landsat8-zz2013classify_change. dat、Landsat8-zz2013classify_change. shp。

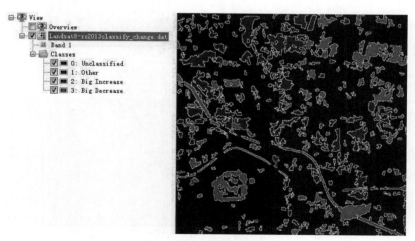

图 9.14　变化检测结果

资料来源：ENVI 软件。

第三节　图像分类后比较法

ENVI 软件提供了 Change Detection Statistics 和 Thematic Change Workflow 两种分类后比较法工具。

本节使用的数据是郑州市某地 2013 年 10 月 10 日和 2021 年 9 月 30 日的 Landsat8 多光谱影像的分类结果。根据地表覆盖实际情况，划分为耕地、林地/草地、建设用地和水体四类。

一、变化检测统计（Change Detection Statistics）

打开实验数据 2013 年和 2021 年 Landsat8 多光谱影像的分类结果 2013classify_class 和 2021classify_class，在工具箱（Toolbox）中，选择 Change Detection/ Change Detection Statistics，启动变化检测工具。该工具要求输入的图像格式为 ENVI Classification 栅格格式。

（一）选择不同时相的影像分类结果

在 Select 'Initial State' Image 对话框中（见图 9.15），选择 2013 年分类结果的波段，即 SVM（Landsat8-zz2013classify.dat），点击 OK 按钮进入 Select 'Final State' Image 对话框，以同样的方式选择 2021 年分类结果的波段，点击 OK 按钮进入 Define Equivalent Classes 对话框。

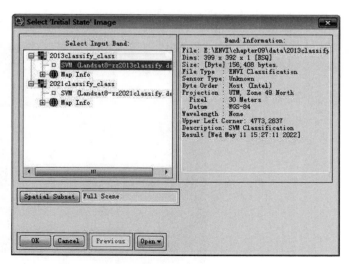

图 9.15　Select 'Initial State' Image 对话框

资料来源：ENVI 软件。

（二）变化类别设置

在 Define Equivalent Classes 对话框中（见图 9.16），如果前后两个时相影像分类结果的类别名称（像元值）一致，会自动将 Select Initial State Class 和 Select Final State Class 中各类别对应显示在 Paired Classes 中；否则需要在 Select Initial State Class 和 Select Final State Class 中手动选中同一类别后点击 Add Pair 按钮添加为一组配对类。当某一类别配对有误时，在 Paired Classes 中选中后点击 Remove Pair 取消配对。本案例中 2013 年和 2021 年分类结果类别名称一致，无须再匹配。

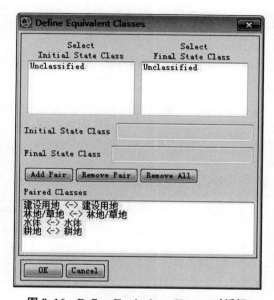

图 9.16　Define Equivalent Classes 对话框

资料来源：ENVI 软件。

所有类别配对完成后，点击 OK 按钮进入 Change Detection Statistics Output 对话框。

（三）变化检测统计输出设置

在 Change Detection Statistics Output 对话框中（见图 9.17），变化检测统计的类型（Report Type）包括像元形式（Pixels）、百分比形式（Percent）、面积形式（Area）三种，根据需要勾选相应的复选框即可。点击 Output Classification Mask Images 后面的转换开关，"No" 为不输出掩膜图像，"Yes" 为输出掩膜图像，并需要设置输出路径和文件名。设置完成后点击 OK 按钮弹出 Change Detection Statistics 面板。

本案例中选中 Pixels、Percent、Area 三个复选框，Output Classification Mask Images 设置为 Yes，掩膜图像文件名为 ChangeDetectionStatistics. dat，掩膜图像描述了前后两幅土地分类图之间的地类发生转变的位置和类别。点击 OK 按钮，即可完成变化检测统计。

（四）变化检测统计文件

变化检测统计完成后，将出现在 Change Detection Statistics 面板（见图 9.18），该面板

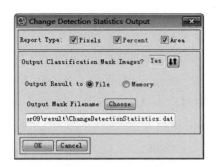

图9.17　Change Detection Statistics Output 对话框

资料来源：ENVI 软件。

包括 Pixel Count、Percentage、Area（Square Meters）、Reference 四个选项卡。其中，Pixel Count、Percentage、Area（Square Meters）分别为以像素形式、百分比形式和面积形式显示的地类变化统计报表，Reference 是对输入的两幅分类图像及变化检测的相关说明。

Change Detection Statistics (Initial State: 2013classify_class, Final State: 2021classify_class)						
Pixel Count				Initial State		
	建设用地	林地/草地	水体	耕地	Row Total	Class Total
Unclassified	0	0	0	0	0	0
建设用地	41357	15814	4639	4766	66576	66576
林地/草地	14305	19787	3069	4510	41671	41671
水体	2317	3266	7896	2105	15584	15584
耕地	7692	9473	4889	10523	32577	32577
Class Total	65671	48340	20493	21904		
Class Changes	24314	28553	12597	11381		
Image Difference	905	-6669	-4909	10673		

图9.18　变化检测分析统计表

资料来源：ENVI 软件。

在地类变化统计报表中，以行形式显示的是第二时相（Final State）影像分类结果的各个类别，此处指的是 2021 年的分类图像；以列形式显示的是第一时相（Initial State）影像分类结果的各个类别，此处指的是 2013 年的分类图像。以 Pixel Count 选项卡为例，各个地类交叉位置的数值为由第一时相某地类变化为第二时相地类的像元个数。如第一列中 41357 指两个时相中建设用地保持不变的像元数，而 14305 为在第一时相中是建设用地而在第二时相变化为林地/草地的像元数，即有 14305 个像元由 2013 年的建设用地转变为 2021 的林地/草地。

在地类变化统计报表中（见图9.18），非地类名称字段表示的意义如下（此处以两个时相的建设用地像元数量变化为例）：

列向 Class Total：第二时相中每个地类包含的像元数。如该列第二行 66576 指 2021 年建筑用地的总像元数。

Row Total：第二时相每个地类从第一时相变化的像元总和，数值上等于列向 Class Total。如该列第二行 66576，含义与列向 Class Total 一致。

行向 Class Total：在第一时相中每个地类包含的像元数。如该列第六行 65671 指 2013 年建筑用地的总像元数。

Class Changes：相较于第一时相各类发生变化的像元数，数值上等于行向 Class Total 与本列未变化像元，即与矩阵主对角线的差值。如该列第七行 Class Changes 值 24314 = 65671−41357，指 2013 年建筑用地在 2021 年变化为其他类的像元数。

Image Difference：同一地类在两个时相中发生变化的像元数，数值上等于同一地类的列向 Class Total 与行向 Class Total 的差值，即第二时相减去第一时相的值，正值代表类别增加，负值表示类别减少。如该列第八行 Image Difference 值 905 = 66576−65671，指 2021 年建筑用地增加的像元数。

选择 Change Detection Statistics 面板的 File 菜单下的 Save to Text File 可以将变化检测统计报表输出到文件。

输出得到的分类掩膜图像对哪些 Initial State Class 像元改变了类别归属、变化为哪一类进行空间识别（见图 9.19）。掩膜图像存储为 ENVI 分类图像，图像中的类别的名称、颜色、像元值均与 Final State Class 保持一致。在掩膜图像中，0 值像元代表没有发生变化；非 0 值说明像元发生了变化。

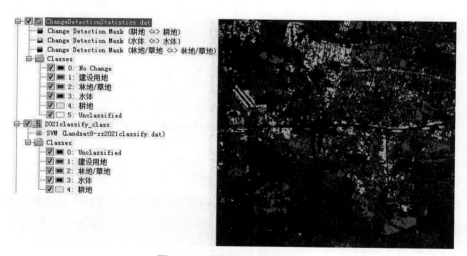

图 9.19　变化检测掩膜图像

资料来源：ENVI 软件。

二、专题图变化检测流程化工具（Thematic Change Workflow）

Thematic Change Workflow 是分类后比较方法的流程化操作，结合了平滑和聚类算法，利用该工具获取的变化结果相较于上一小节而言较少存在椒盐效应和破碎斑块。

应用 Thematic Change Workflow 工具时，对输入的两景分类影像的要求与本章第二节第二小节所述的 Image Change Workflow 工具一致，同时要求图像格式为 ENVI Classification 栅格格式。

打开实验数据 2013 年和 2021 年 Landsat8 多光谱影像的分类结果 2013classify_class 和 2021classify_class，在工具箱（Toolbox）中，选择 Change Detection/ Thematic Change Workflow 启动变化检测工具。

在 File Selection 面板中分别将 2013 年和 2021 年分类影像选择为 Time 1 File 和 Time 2 File，点击 Next 按钮进入 Thematic Change 面板（见图 9.20）。

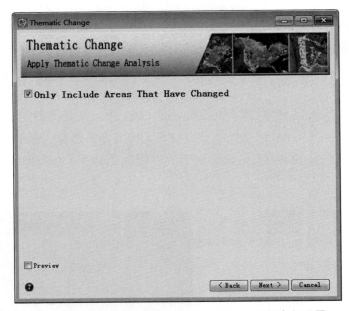

图 9.20　Apply Thematic Change Analysis 面板参数设置

资料来源：ENVI 软件。

如果输入两幅分类图像的分类数量和分类名称都一致，则在 Apply Thematic Change Analysis 面板中，Only Include Areas That Have Changed 选项可用，选中该复选框会将未发生变化的所有类别均归入一类并命名为 no change。本案例中勾选该复选框，点击 Next 按钮进入 Cleanup 面板（见图 9.21）。

Cleanup 面板中的内容与本章第二节第二小节一致，不再一一介绍。本案例中勾选平滑和聚类复选框，参数均用默认参数 3 和 9（见图 9.21），点击 Next 按钮进入 Export 面板。

Export 面板中的内容与本章第二节第二小节一致，不再一一介绍。本案例中输出变化影像和变化矢量，文件名分别为 2013classify_class_change.dat（见图 9.22）和 2013classify_class_change.shp，点击 Finish 按钮导出结果。

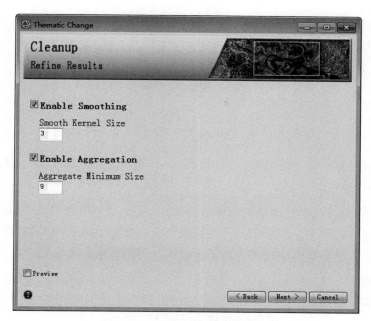

图 9.21 Cleanup 面板参数设置

资料来源：ENVI 软件。

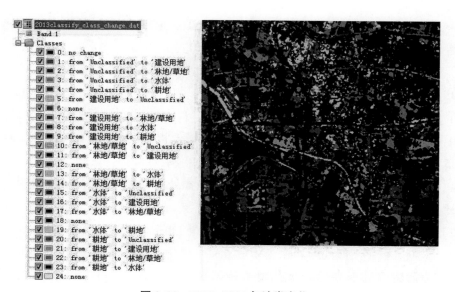

图 9.22 2013~2021 年地类变化

资料来源：ENVI 软件。

参考文献

［1］邓书斌，陈秋锦，杜会建，等．ENVI 遥感图像处理方法（第二版）［M］．北京：高等教育出版社，2014.

［2］邓书斌．ENVI 遥感图像处理方法［M］．北京：科学出版社，2010.

［3］彭望琭，白振平，刘湘南，等．遥感概论［M］．北京：高等教育出版社，2002.

［4］王书玉，于振华，于丹丹．基于决策树方法的遥感影像分类［J］．哈尔滨师范大学自然科学学报，2014，30（2）：61-64.

［5］韦修喜，周永权．基于 ROC 曲线的两类分类问题性能评估方法［J］．计算机技术与发展，2010，20（11）：447-50.

［6］韦玉春，汤国安，汪闽，等．遥感数字图像处理教程（第三版）［M］．北京：科学出版社，2019.

［7］吴健生，潘况一，彭建，等．基于 QUEST 决策树的遥感影像土地利用分类——以云南省丽江市为例［J］．地理研究，2012，31（11）：1973-1980.

［8］徐涵秋．基于谱间特征和归一化指数分析的城市建筑用地信息提取［J］．地理研究，2005，24（2）：311-320.

［9］张学工．关于统计学习理论与支持向量机［J］．自动化学报，2000，26（1）：32-42.

［10］张友水，冯学智，周成虎．多时相 TM 影像相对辐射校正研究［J］．测绘学报，2006，35（2）：122-127.

［11］章孝灿，黄智才，戴企成．遥感数字图像处理（第二版）［M］．杭州：浙江大学出版社，2008.

［12］赵英时．遥感应用分析原理与方法［M］．北京：科学出版社，2003.

［13］朱虹．数字图像处理基础［M］．北京：科学出版社，2021.

［14］张海涛．基于高分影像的滑坡提取关键技术研究［D］．武汉：中国地质大学，2017.

［15］朱文泉，林文鹏．遥感数字图像处理——原理与方法［M］．北京：高等教育出版社，2015.

［16］朱文泉，林文鹏．遥感数字图像处理——实践与操作［M］．北京：高等教育出版社，2016.

［17］Asner G P. Biophysical and Biochemical Sources of Variability in Canopy Reflectance

[J]. Remote Sensing of Environment, 1998 (64): 234-253.

[18] Bernstein L S, Jin X, Gregor B, et al. Quick Atmospheric Correction Code: Algorithm Description and Recent Upgrades [J]. Optical Engineering, 2012, 51 (11): 111719.

[19] Dowman I, Dolloff J T. An Evaluation of Rational Functions for Photogrammetric Restitution [J]. International Archives of Photogrammetry and Remote Sensing, 2000, 33 (B3): 254-266.

[20] Exelis Visual Information Solutions Inc. ENVI5. 3 Help [CP/OL]. Boulder, 2015.

[21] Fawcett T. An Introduction to ROC Analysis [J]. Pattern Recognition Letters, 2006, 27 (8): 861-874.

[22] Felde G W, Anderson G P, Adler-Golden S M, et al. Analysis of Hyperion Data with the FLAASH Atmospheric Correction Algorithm [C]. Algorithms and Technologies for Multispectral, Hyperspectral, and Ultra Spectral Imagery IX. SPIE Aerosense Conference, Orlando, 2003: 21-25.

[23] Hsu C W, Chang C C, Lin C J. A Practical Guide to Support Vector Classification [DB/OL]. National Taiwan University, 2010. http: //ntu. csie. org/~cjlin/papers/guide/guide. pdf.

[24] Jin X. Segmentation-based Image Processing System [P]. U. S. Patent 8260048, 2007-12-14.

[25] Kruse F A, Lefkoff A B, Boardman J B, et al. The Spectral Image Processing System (SIPS) —Interactive Visualization and Analysis of Imaging Spectrometer Data [J]. Remote Sensing of Environment, 1993 (44): 145-163.

[26] L3 Harris Geospatial Solutions, Inc. [EB/OL]. http: //www. exelisvis. com.

[27] Lin W P, Chen G S, Guo P P, et al. Remote-sensed Monitoring of Dominant Plant Species Distribution and Dynamics at Jiuduansha Wetland in Shanghai, China [J]. Remote Sensing, 2015, 7 (8): 10227-10241.

[28] McGlone J C. Manual of Photogrammetry (6th Edition) [J]. Photogrammetric Engineering and Remote Sensing, 2016, 82 (4): 249-250.

[29] Richards J A. Remote Sensing Digital Image Analysis: An Introduction [M]. Berlin: Springer, 1999.

[30] Roerdink Jos B T M, Meijster A. The Watershed Transform: Definitions, Algorithms, and Parallelization Strategies [J]. Fundamenta Informaticae, 2001 (41): 187-228.

[31] Tou J T, Gonzalez R C. Pattern Recognition Principles [M]. Massachusetts, Addison-Wesley Publishing Company, 1974.

[32] Wang Z Z. Principles of Photogrammetry (with Remote Sensing) [M]. Beijing: Publishing House of Surveying and Mapping, 1990.

[33] Wu T F, Lin C J, Weng R C. Probability Estimates for Multi-class Classification by

Pairwise Coupling [J]. Journal of Machine Learning Research, 2004 (5): 975-1005.

[34] Zhu Z, Wang S, Woodcock C E. Improvement and Expansion of the Fmask Algorithm: Cloud, Cloud Shadow, and Snow Detection for Landsats 4-7, 8, and Sentinel 2 Images [J]. Remote Sensing of Environment, 2015 (159): 269-277.

[35] Zhu Z, Woodcock C E. Object-Based Cloud and Cloud Shadow Detection in Landsat Imagery [J]. Remote Sensing of Environment, 2012 (118): 83-94.